JN280713

コンクリート施工設計学
序説

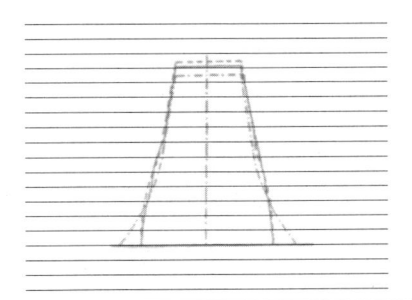

[監修] 村田二郎
[幹事] 下山善秀
[著者] 岡本寛昭・神山行男・菊川浩治
　　　 國府勝郎・越川茂雄・鈴木一雄

技報堂出版

刊行にあたって

　近年,コンクリート構造物の設計および施工は,濃淡の差はあるものの,性能照査型への移行が推進されている.照査型の施工とは,施工作業時のフレッシュコンクリートの挙動を予測し,事前に所望の施工性が得られるかどうかを照査する手法である.一般的な構造物において,標準的な施工を行う場合は別として,従来の経験則のみに依存する態勢からの脱却,現場条件の変化に対する対応,新工法の導入などに対しては,構造物が常に要求性能を満足するような照査型施工がきわめて重要である.

　施工作業時のコンクリートの挙動は,自重,圧力,振動などの種々の外力による流動と変形の組合せと考えることができるから,フレッシュコンクリートに対する適切なレオロジーモデルの設定,モデルを構成する流動または変形物性値(レオロジー定数)の確定,そして理論解析法または数値解析法の適用による流動または変形予測により工事の事前照査が可能になる.この方面の学問を「コンクリート施工設計学」という.コンクリート施工設計学は,いまだ歴史が浅く,不明な点が多いが,その反面,今後著しい進展が期待される分野である.

　本書は,コンクリート施工設計学序説であって,いわば基礎編である.これを初等教育にたとえれば,その根幹をなす読み,書き,そろばんに相当するものである.すなわち,本書の内容は,フレッシュコンクリートの流動および変形に直接関係するレオロジーの基礎理論,混合理論,フレッシュコンクリートやグラウトに関する比較的簡単な流動および変形解析法,管路内の流れ,コンクリートの振動締固め機構と締固め関数に基づく締固め予測,グリーンコンクリートの変形問題,および各種粘度試験方法の詳解などとなっており,主としてフレッシュコンクリートを一様の流体として取り扱う理論解析法を適用し,入念な実験によって確認または補完したものとなっている.そして,読者の理解を助けるよう各章ごとになるべく多

くの計算例を準備し，それぞれ懇切な回答を付している．このように本書は，コンクリート施工設計学の入門書であり，学生諸君をはじめ，新進技術者諸氏の良い参考書になるものと信じている．本書を丹念に読破し，若い方々がコンクリート施工設計学の新しい分野を開拓されることを切に願う次第である．

　本書の刊行にあたり，大平洋セメント(株)中央研究所技術企画部長下山善秀氏に終始献身的なご尽力をいただいた．また技報堂出版(株)編集部長小巻慎氏に編集出版全般にわたり多大なお世話をいただいた．記して謝意を表する．

　平成 16 年 10 月

村 田 二 郎

名　　簿 (五十音順)(太字は執筆箇所)

監　修	村田 二郎	工博・東京都立大学名誉教授[**序論**]
幹　事	下山 善秀	工博・大平洋セメント株式会社中央技術研究所[**1.1, 1.3, 3.2**]
著　者	岡本 寛昭	工博・舞鶴工業高等専門学校建設システム工学科[**1.2, 5章**]
	神山 行男	工博・元・株式会社竹中工務店技術研究所[**2章**]
	菊川 浩治	工博・名城大学理工学部建設システム工学科[**6.1, 6.2.1, 6.3.1～6.3.4**]
	國府 勝郎	工博・東京都立大学工学部土木工学科[**4章**]
	越川 茂雄	工博・日本大学生産工学部土木工学科[**6.2.2, 6.2.4**]
	鈴木 一雄	工博・全国生コンクリート工業組合連合会中央技術研究所[**3.1, 6.2.3, 6.3.4**]

記号と単位について

　本書では，基本的なレオロジー定数の記号と単位(SI 単位)を全章にわたって統一することに努めた．しかし，それ以外の記号については，各執筆者の裁量で記述している．そのため，同一記号であっても章ごとに定義や意味の異なる場合，逆に同一定義や意味であっても章ごとに記号の異なるものがある．また，単位も極力 SI 基本単位で取り扱い，表記することに努めたが，過去の文献引用などで対応が必ずしも十分にできなかった部分がある．各執筆者は，章ごとに記号の定義や意味を明確にし，記述するように努めたので，各記号の定義，意味をよくご確認，ご理解のうえお読みいただくようにお願いする．なお，主な物理量の SI 基本単位とそれ以外の単位の換算関数を下に示すので，参考にしていただきたい．

物　理　量	SI 基本単位	その他の単位との換算関係
① 長　　さ	m	$1\,\text{mm} \to 0.001\,\text{m}$, $1\,\text{cm} \to 0.01\,\text{m}$
② 時　　間	s(秒)	$1\,\text{ms} \to 0.001\,\text{s}$
③ 質　　量	kg	$1\,\text{g} \to 0.001\,\text{kg}$, $1\,\text{t} \to 1\,000\,\text{kg}$
④ 密　　度	kg/m³	$1\,\text{g/cm}^3 \to 1\,000\,\text{kg/m}^3$, $1\,\text{t/m}^3 \to 1\,000\,\text{kg/m}^3$
⑤ 力	N(ニュートン)	$1\,\text{N} = 1\,\text{kg}\cdot\text{m/s}^2$ $1\,\text{dyn}(1\,\text{g}\cdot\text{cm/s}^2) \to 10^{-5}\,\text{N}$, $1\,\text{kgf} \to 9.81\,\text{N}$, $1\,\text{gf} \to 0.00981\,\text{N}$
⑥ 圧力，応力 （降伏値，粘着力）	Pa(パスカル)	$1\,\text{Pa} = 1\,\text{N/m}^2$ $1\,\text{dyn/cm}^2 \to 0.1\,\text{Pa}$, $1\,\text{kgf/m}^2 \to 9.81\,\text{Pa}$ $1\,\text{kgf/cm}^2 \to 98\,100\,\text{Pa}$, $1\,\text{gf/cm}^2 \to 98.1\,\text{Pa}$
⑦ 粘　　度	Pa·s	$1\,\text{Pa}\cdot\text{s} = 1\,\text{N}\cdot\text{s/m}^2$ $1\,\text{P}(\text{ポアズ}) \to 0.1\,\text{Pa}\cdot\text{s}$, $1\,\text{cP} \to 0.001\,\text{Pa}\cdot\text{s} = 1\,\text{mPa}\cdot\text{s}$
⑧ 動粘度(粘度/密度)	m²/s	粘度 $1\,\text{Pa}\cdot\text{s}\,[=1\,\text{N}\cdot\text{s/m}^2 = 1(\text{kg}\cdot\text{m/s}^2)\cdot(\text{s/m}^2) = 1\,\text{kg}\cdot\text{s/m}]/$密度 $1\,\text{kg/m}^3$ $1\,\text{St}(\text{ストークス}) \to 1\,\text{cm}^2/\text{s} \to 10^{-4}\,\text{m}^2/\text{s}$
⑨ 仕事・エネルギー	J(ジュール)	$1\,\text{J} = 1\,\text{N}\cdot\text{m} = 1\,\text{W}\cdot\text{s}$ $1\,\text{erg}(\text{エルグ}) \to 1\,\text{dyn}\cdot\text{cm} \to 10^{-7}\,\text{J}$, $1\,\text{W}\cdot\text{h} \to 3\,600\,\text{J}$
⑩ 流　　量	m³/s	$1\,\text{L/s} \to 0.001\,\text{m}^3/\text{s}$, $1\,\text{cc/s} \to 10^{-6}\,\text{m}^3/\text{s}$

目　次

序　論　*1*

第1章　基礎理論　*7*

 1.1　粘　性　*7*
  1.1.1　粘性の概念　*7*
  1.1.2　ニュートン体　*8*
  1.1.3　ビンガム体　*9*
  1.1.4　管内流動の基礎式　*10*
   (1)　ニュートン体の管内流動　*10*
   (2)　ビンガム体の管内流動　*13*
  1.1.5　回転粘度計の基礎式　*15*
   (1)　ニュートン体　*15*
   (2)　ビンガム体　*19*
  1.1.6　球引上げ粘度計の基礎式　*21*

 1.2　粘弾性　*23*
  1.2.1　粘弾性の概念　*23*
  1.2.2　粘弾性モデルを使った物性説明　*24*
  1.2.3　マックスウェルモデル　*25*
  1.2.4　フォークトモデルを使った物性説明　*27*
  1.2.5　4要素モデル　*29*

 1.3　塑　性　*31*
  1.3.1　塑性の概念および物性　*31*
  1.3.2　湿った粉粒体(粘塑性体)　*32*
  1.3.3　粉粒体物性値(粘着力 C および内部摩擦角 ϕ)の測定　*33*
   (1)　一面せん断試験方法　*33*
   (2)　三軸圧縮試験　*34*

文　献　*37*

第2章　コンクリートの練混ぜ　39

2.1　練混ぜの基本原理　39

2.2　液・液の混合　41

2.3　固・固の混合　42

2.4　固・液の混合　43

2.5　コンクリートの混合　44

 2.5.1　コンクリートの練混ぜ機構　44

 2.5.2　コンクリートの練混ぜ性能　47

 2.5.3　コンクリートの練混ぜ技術　49

文　献　52

第3章　フレッシュコンクリートの流動と変形　53

3.1　フレッシュコンクリートの管内流動　54

 3.1.1　概　説　54

 3.1.2　フレッシュコンクリートの管内流動の理論　54

  (1)　ビンガム流れ　56

  (2)　管壁にすべりを伴うビンガム流れ　56

  (3)　半固体流れ　57

 3.1.3　グラウトの管内流動　58

  (1)　直管路内の流れ　58

  (2)　曲がり管路内の流れ　60

  (3)　高低差のある管路内の流れ　63

  (4)　グラウト圧送における配管計画例　65

 3.1.4　モルタルの管内流動　71

  (1)　直管路内の流れ　71

  (2)　曲がり管路内の流れ　74

  (3)　高低差のある管路内の流れ　77

  (4)　グラウト圧送における配管計画例　77

 3.1.5　コンクリートの管内流動　82

  (1)　直管路内の流れ　82

  (2)　曲がり管路内の流れ　88

  (3)　高低差のある管路内の流れ　90

  (4)　グラウト圧送における配管計画例　91

3.1.6　フレッシュコンクリートの分離現象解析への応用　*96*
　　　　　(1)　流動化剤を高添加した場合のペースト分離現象　*97*
　　　　　(2)　遠心力締固め時のスラッジ発生現象　*102*
　3.2　自由表面を持つコンクリートの流れ　*106*
　　　3.2.1　流体力学の応用　*106*
　　　　　(1)　Navier-Stokes の運動方程式　*106*
　　　　　(2)　連続の式の説明　*108*
　　　3.2.2　流体力学の応用および差分法，FEM による解析例の紹介　*109*
　　　　　(1)　自由表面を持つフレッシュコンクリートの流動解析例―1　*109*
　　　　　(2)　自由表面を持つフレッシュコンクリートの流動解析例―2　*109*
　　　　　(3)　自由表面を持つフレッシュコンクリートの流動解析例―3　*112*
　　　3.2.3　流体力学およびダルシーの法則の応用による解析例　*115*
　3.3　フレッシュコンクリートの変形　*117*
　　　3.3.1　最終変形の予測　*118*
　　　3.3.2　最終変形予測の例示　*119*
　　　　　(1)　スランプコーンの変形　*119*
　　　　　(2)　遠心力成形時の管体形成評価　*131*

　文　　献　*135*

第4章　フレッシュコンクリート中の振動の伝播　*137*

　4.1　コンクリートの特性と締固め　*137*
　4.2　締固め機構　*138*
　　　4.2.1　締固めの挙動　*138*
　　　4.2.2　振動機の力学　*139*
　　　4.2.3　波動の伝播と物性値　*140*
　　　4.2.4　締固めエネルギー　*142*
　4.3　内部振動機による締固め　*145*
　　　4.3.1　振動棒の加速度分布　*145*
　　　4.3.2　負荷減衰　*146*
　　　4.3.3　境界減衰　*148*
　　　4.3.4　距離減衰　*149*
　　　4.3.5　内部振動機の挿入間隔　*151*
　　　4.3.6　振動伝播の二次元的解析　*152*
　　　4.3.7　振動による流動の数値解析　*154*

4.4 表面振動機による締固め　*155*
　4.4.1 超硬練りコンクリートと表面振動機　*155*
　4.4.2 振動条件の影響　*155*
　　(1) 振動数および加速度　*155*
　　(2) 締固めエネルギー　*156*
　　(3) 限界加速度　*157*
　4.4.3 締固め性　*157*
　　(1) 締固め関数　*157*
　　(2) 締固め性試験と締固め係数　*159*
　　(3) 配合条件による締固め係数の変化　*160*
　4.4.4 締固め層内の加速度分布と充填率　*162*
　　(1) 表面振動機の振動条件と応答挙動　*162*
　　(2) 締固めに伴う振動応答の変化　*164*
　　(3) 応答加速度の深さ方向分布と充填率　*165*
　　(4) 締固め層の支持条件の影響　*166*
　4.4.5 締固め性試験の施工管理への応用　*167*
　　(1) 使用材料および配合の選定　*167*
　　(2) 締固め性の経時変化　*168*
　4.4.6 転圧施工のシミュレーション　*170*
　　(1) 計算方法の概要　*170*
　　(2) 締固め層内の充填率の推定　*172*
　　(3) 経時による充填率の変化　*174*

文　献　*175*

第5章　グリーンコンクリートの変形　*177*

5.1 対象コンクリートおよび粘弾性モデル　*177*
5.2 グリーンコンクリートの粘弾性モデル　*178*
5.3 グリーンコンクリートの粘弾性定数　*180*
　5.3.1 水セメント比の影響　*180*
　5.3.2 環境温度の影響　*181*
　5.3.3 粘弾性定数と圧縮強度の関係　*183*
　5.3.4 等価弾性係数　*184*
　5.3.5 グリーンコンクリートのポアソン比　*185*
5.4 線形弾性力学による変形解析法　*185*
　5.4.1 概　説　*185*

5.4.2　一般式　*186*
　　5.4.3　線形変化断面を有する壁状体　*187*
　　5.4.4　直立壁状体　*189*
　文　献　*195*

第6章　物性値測定および推定法　*197*
　6.1　概　説　*197*
　6.2　測　定　法　*198*
　　6.2.1　二重円筒型回転粘度計法　*198*
　　6.2.2　球引上げ粘度計法　*201*
　　　(1)　球引上げ粘度計　*201*
　　　(2)　球引上げ試験法　*202*
　　　(3)　試験結果の計算　*202*
　　　(4)　測定結果の例示　*203*
　　6.2.3　グラウト用傾斜管試験　*204*
　　　(1)　測定方法　*204*
　　　(2)　測定結果の例示　*211*
　　6.2.4　三軸圧縮試験　*211*
　　　(1)　測定方法　*211*
　　　(2)　測定結果の例示　*217*
　6.3　推　定　法　*219*
　　6.3.1　粘度式による塑性粘度の推定　*220*
　　　(1)　セメントペーストの粘度式　*220*
　　　(2)　コンクリートの粘度式　*223*
　　6.3.2　計　算　例　*224*
　　6.3.3　降伏値の推定　*226*
　　6.3.4　塑性粘度の推定例　*228*
　　　(1)　セメントペーストおよびモルタル　*228*
　　　(2)　コンクリート　*232*

　文　献　*235*

索　引　*239*

序　　論

　従来，コンクリートの施工は，一般に経験則に基づいており，したがって『コンクリート標準示方書　施工編』(土木学会)の諸規定も定性的な記述が多く，現場における具体的な作業は，多くは作業員の経験に依存している．

　例えば，示方書の解説にコンクリートの振動締固め作業が満足に行われたと判断する目安として，コンクリートとせき板との接触面にセメントペーストの線が現れることや，コンクリートの容積が減っていくのが認められなくなり，全体に均一に融け合って，表面に光沢が現れたように見えることを挙げている．

　しかし，施工時のコンクリートの挙動は，自重，圧力，振動等の種々の外力による流動と変形の組合せと考えることができるから，物体の流動と変形を取り扱うレオロジーを基礎理論として適用すれば，従来の施工性の定性的評価を定量的評価に転換することが可能となる．すなわち，レオロジーを適用することによって施工時のコンクリートの挙動を理論化し，これを予測することが可能となることから，施工作業の良否を事前に照査することができ，適正な施工作業の手順を示すことができる．これがコンクリート施工設計学であって，コンクリート構造物の構造設計学に対応するものである．

　フレッシュコンクリートへのレオロジーの適用の重要性に着目し，1977年，村田はフレッシュコンクリートのレオロジーに関する研究[1]を発表し，1988年，谷川は施工設計法の用語[2]を初めて公表し，その必要性を論じている．

　なお，今日までの研究の結果，工事の範囲は限られるが，施工時におけるコンクリートの挙動の定量化により，施工設計の各手法をプログラム化し，施工条件およびコンクリートの物性値を入力すれば，一連の施工作業を計算機上で完結する(仮想施工)ことが期待でき，使用機材の適正化，施工法の相互比較，試験施工の軽減または省略が可能となり，施工の合理化に寄与するとともに経済効果も大きいと考

えられる．そして，これらの知見は，コンクリート施工の自動化，ひいてはロボット化への重要な基礎条件となろう．

(1) レオロジー(Rheology)

レオロジーは，ギリシャ語の Rheos(=Stream)のロジック，すなわち，〈流れの論理〉であるから，「流動学」と訳してもよいが，弾性から塑性，粘性等すべてを対象とするから「流動学」から受ける語感より広い意味を持っている．レオロジーは，物理学の一分野で，力学に最も近い位置にある．

物体をある高さから落下させた時，物体に作用する力は，ニュートンの第二法則により，

$$F = m\alpha$$

ここで，F：力，m：質量，α：加速度．

物体が弾性体であっても，塑性体であっても，または水のような液体であっても，質量が m であれば，上式は成立する．これは力学の問題である．

しかし，落下物が面に衝突すると，弾性体は跳ね返り，塑性体は潰れ，液体は流れる．このような物体の変形および流動を取り扱う分野がレオロジーである．理想弾性体の跳返り現象はフックの法則が，理想塑性体の潰れ現象はサン・ブナンの式が，そして理想液体の流れ現象はニュートンの粘性流動の法則が，それぞれ基礎式となる．いずれも古典力学によって説明されるが，20世紀に入ると，塗料，印刷用インク，食品，化粧品等のコロイド物質の工業が盛んとなり，これに伴ってコロイド物質の変形および流動の研究が進み，これらは流動性を示してもニュートンの粘性流動の法則には従わず，半固体状のものでもフックの法則に従わないことが明らかとなった．これに対し，Bingham, E. C. は1919年に塑性流動の法則を発表し，いろいろの物質の変形と流動を総合的に取り扱う学問の重要性を指摘し，1929年，米国に The Society of Rheology を創立した．レオロジーは，金属のレオロジー，食品のレオロジー，分散系のレオロジー，生物のレオロジー等に分科しており，それぞれが個性的で，その分野の専門家でなければ容易に理解しがたいものとなっている．フレッシュコンクリートは，粒形，粒度分布および密度が相違する粒子を懸濁質とするはなはだ複雑な高濃度サスペンションであり，そのレオロジーは，きわめて特殊であって，当然コンクリートの専門家が解明しなければならな

い.

　次に，レオロジーを適用して硬化前のコンクリートの挙動を解析するには，コンクリートをモデル化し，種々の状態のコンクリートに適合する力学モデル(レオロジーモデル)を設定する．既往の多くの実験的研究の結果，軟練りモルタルおよびコンクリートは，ビンガム体近似，硬練りモルタルおよびコンクリートは，湿った土のような粉粒体にモデル化してよいことが明らかとなっている．そして，コンクリートをモデル化した瞬間にコンクリートは姿を消し，代わって所定の物性値(レオロジー定数)で構成される力学モデルが登場することになるから，以後はその力学モデルについて解析を進めればよい．例えば，高性能減水剤を用いた液状グラウトは，降伏値が無視できる程度に小となるので，ニュートン体近似となり，したがってニュートンの粘性流動の法則に従うと考えてよく，軟練りコンクリートは，ビンガム体近似であるから塑性方程式が成立すると考えてよい．

　次表に種々の硬化前コンクリートに適合する力学モデルとその物性値を例示す

コンクリートの力学モデルおよび物性値の例

コンクリートの状態	力学モデル(レオロジーモデル)	物性値(レオロジー定数)
軟練りモルタルおよびコンクリート	ビンガム体	塑性粘度，降伏値
硬練りモルタルおよびコンクリート	湿った粉粒体(粘塑性体)	粘着力，内部摩擦角
グリーンコンクリート	多要素モデル	弾性係数，粘性係数
振動を受ける場合(振動の伝播)	粘弾性体	動的弾性率，動的粘性率

注)　硬練りコンクリートのスランプの推定の場合のように最終変形量のみを対象とする場合は，レオロジーモデルは粉粒体(塑性体)としてよい。

る．

　力学モデルは，それぞれの物性値，すなわち物理量からなり，スランプやフローのような工学的な量は用をなさない．物性値(レオロジー定数)は，コンクリートの挙動を予測する際の最も基本となる値であるから，その値を正しく測定しておくことが絶対条件であって，測定作業が繁雑であっても，これは二義的に考えなければならない．

　従来，グラウトおよび軟練りモルタルの物性値は，大部分がレオメータによって測定できることが明らかになっているが，コンクリートの場合は，試験装置と試料間に相対移動(すべり)が生じるので，これを補正できるタイプのレオメータしか適用できない．本書では，グラウトおよび軟練りモルタルに対して，土木学会規準

JSCE-F 546「傾斜管によるグラウトのレオロジー定数試験方法」(略称)および回転粘度計法を，軟練りコンクリートに対して，回転粘度計法を推奨している．また，硬練りモルタルおよびコンクリートの物性値の測定には，三軸圧縮試験方法(モルタルの場合は，一面せん断試験方法でもよい)が推奨されている．

(2) 施工設計学序説

　施工作業中のフレッシュコンクリートの挙動を解析する方法として，理論的解析手法と数値計算手法とがある．前者は，コンクリートを一様な均等質材料として取り扱い，施工時のコンクリートの振る舞いにできるだけ近似し，これを単純化し，理論展開が可能な解析モデルを構築するものである．したがって，例えば材料分離における粗骨材粒子の挙動とか，高流動コンクリートにおける鉄筋間の粗骨材の透過問題，また非定常な動的問題等には適用できない．しかし，適用できる事例も少なく，例を挙げれば，圧力勾配を伴うビンガム体の管内流量式(バッキンガムの式)は，そのままポンプ圧送工事におけるコンクリートの粘性，管径および圧力勾配と流量の関係を与えるものである．プレパックドコンクリート用グラウトのような液状のグラウトの場合，流量は理論値と寸分違わぬほどよく一致する．しかし，コンクリートの場合，栓流半径が大となるため，かなり軟練りでもバッキンガム式で与えられる流量は，全吐出量の数%以下にすぎず，大部分は一体となってトコロテンのように押し出され，管壁における滑りに依存するから，すべりを伴う管内流量式が提示されている．

　また，コンクリート管の遠心力成形について，従来すべてのサイズおよびコンクリートの品質に対し，種々の遠心力で製管実験を行い，その結果から適切な回転数を定めている．

　しかし，遠心成形の現象は，コンクリートが遠心力の反力としての一軸圧縮応力を受ける場合の変形問題であるから，この応力によるモール円の外側にクーロンの破壊条件式があれば，製管作業は進行しないと判断し，クーロン式がモール円を切れば，製管が可能と予測することができる．この場合，硬練りコンクリートの物性値は，粘着力と内部摩擦角となる．

　本書は，コンクリート施工設計学の序説，すなわち入口であって，理論の根幹をなすレオロジーの基本事項の確実な修得に寄与すること，そしてレオロジーを適用

して，施工中の挙動を解析し，定式化に至るまでの過程を詳述することを第一の目的としている．そこで解析の対象は，主に理論的解析手法が適用される施工問題とし，数値計算手法については，次後の問題としてあまり触れていない．

以下の各章にフレッシュコンクリートの流動および変形の解析手法が述べられているが，第5章のみは即時脱型方式によるスリップフォーム工法の場合のコンクリート躯体の変形問題であって，グリーンコンクリートとしての粘弾性多要素モデルによる変形解析法が示されている．

なお，コンクリートの振動締固め過程の解析においては，振動時のコンクリートの物性値である動的弾性率および動的粘性率を確実に把握する試験方法が確立されていないため，締固め関数法に基づく予知技術が示されている．

また，練混ぜは，素材粒子と水がコンクリートになるまでの過程で，コンクリートの流動，変形に関わる施工とは別分野であるが，きわめて重要な過程であり，施工の作業とも密接な関係があるので，最も基本となる液-液，液-固，固-固の混合理論を解説するとともに，コンクリートの練混ぜ機構について述べ，将来のコンクリートの練混ぜ理論の確立のための基礎資料を提供している．

コンクリート施工設計学序説として以上のことが述べられているが，硬化前コンクリートの挙動の解析の方向性を定めたり，定式化した結果の正当性を確認するため，膨大な実験的な検討がなされていることを付記する．

粒子の粒度分布を一つのインデックスで表すことは，数学上の永遠の問題とされている今日，大きさの異なる多数の不定形粒子から構成されるコンクリートは，理論的に不安定な材料であって，このことを忘れて理論解析の追求のみにはしると，予期しない現象が発生して驚かされるのである．施工設計学の目的は，施工理論の確立であるが，その背後に労を厭わぬ実験的検討が根幹として存在するのであって，施工設計学は，理論展開と綿密な実験の両者により初めて進展しうるものである．

文　献

1) 村田二郎：まだ固まらないコンクリートのレオロジーに関する基礎的研究，コンクリート工学，Vol. **15**, No. 1, 1977. 1.
2) 谷川恭雄・森博嗣：コンクリートの「施工設計法」の確立をめざして，セメントコンクリート，No. **501**, 1988. 11.

第1章　基礎理論

1.1　粘　　性

1.1.1　粘性の概念

　プールや海等で水遊びをした際に水中(海中)の中をゆっくり歩こうとすると，それほど力まなくても歩けるが，速く歩こうとすると，かなり力まないと歩けないといった経験が多くの人にあると思う．これは，まさに水(海水)が粘性という性質を持っているからにほかならない．水や海水のような液体の粘性に関する概念を物理的に説明したのはニュートンである．ニュートンは，彼の著書『Principia』の中で，粘性による変形速度の違いによって生じる抵抗に関して，「液体各部の滑らかさの不足から起こる抵抗は，他の条件が同じであれば，液体各部が互いに引き離される速度に比例する」と説明している[1]．すなわち，図-1.1に示すような一つの平面は静止し，他の平面はいろいろな速度で動くような装置を考える．この2つの平面の間に水や海水等の粘性を持った液体(ニュートン体)を入れて，一方の平面の速度を変えて動かす時に必要な力(抵抗)は，速度に比例するということである[2]．

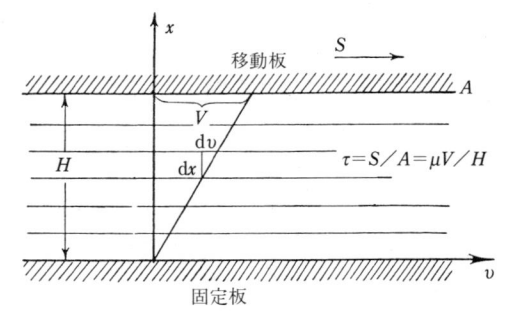

図-1.1　平行平面間の速度勾配

1.1.2 ニュートン体

図-1.1の装置において，面積 A の移動面にある力(せん断力)$S(N)$を作用させて移動速度 $V(m/s)$ の状態とした場合を考える．この状態では，固定面での液体は速度0であり，移動面との間に直線的な速度勾配(一般的には，せん断ひずみ速度と呼ばれる)が形成される．すなわち，速度勾配(せん断ひずみ速度)$\dot{\gamma}(1/s)$は，式(1.1)で示される．

$$\dot{\gamma} = \frac{V}{H} = \frac{dv}{dx} \tag{1.1}$$

式(1.1)の dv/dx は，前記の「液体各部が互いに引き離される速度」を表しており，液体層の接触面が単位面積であるとすると，前記の「滑らかさの不足から起こる抵抗」，すなわち，せん断抵抗(せん断応力)$\tau(Pa)$は，式(1.2)で表される．

$$\tau = \frac{S}{A} = \eta \frac{dv}{dx} = \eta \dot{\gamma} \tag{1.2}$$

式(1.2)におけるせん断応力 τ とせん断ひずみ速度 $\dot{\gamma}$ との間に存在する比例関係を示す定数 η を粘性率または粘性係数といい，次元は $N \cdot s/m^2$ であり，単位は $Pa \cdot s$ を使うのが一般的である．

ニュートン体は，粘性の性質を持った物質であるが，表-1.1に示すように物質によってその粘性係数は異なる．水あめは，水よりも高粘性係数のニュートン体であるが，同じせん断応力が作用した場合，同じせん断ひずみ[流動(変形)]に達するのに時間を要する挙動を示す．ニュートン体のレオロジーモデルは，一般的に図-1.2に示すダッシュポットで表され，せん断応力とせん断ひずみ速度の関係(ニュートン体の流動曲線)は，図-1.3のようである．しかしながら，現存する粘性挙動を示す物質の中には，せん断応力とせん断ひずみ速度の関係が必ずしもニュートン体のような直線関係にないものもある．このような物質を非ニュートン体といい，図-1.3中(破線)に示すように，下に凸もしくは上に凸といった流動曲線を示す．

表-1.1 種々の物質の粘性係数

物 質	トルエン	水	アルコール	水 銀	砂糖溶液 濃度60%	オリーブ油	カストル油
η (cp)	0.6	1	1.2	1.6	57	100	1 000

0.01 p(ポアズ)=1 cp(センチポアズ)=0.001 Pa·s

図-1.2 ニュートン液体のレオロジーモデル

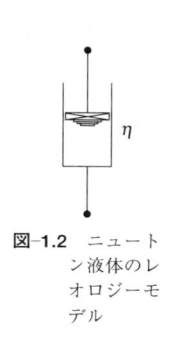

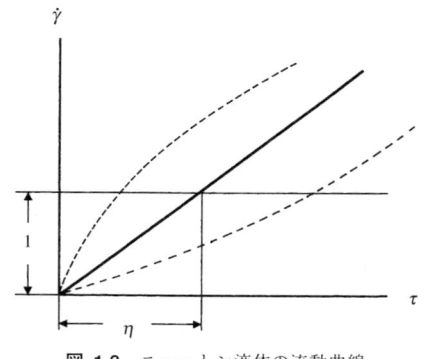

図-1.3 ニュートン液体の流動曲線

下に凸の流動曲線を示す物質は，せん断応力の増加に伴って粘性が漸減していく性質があり，このような性質をチキソトロピーと呼ぶ．チキソトロピーを示す物質としては，高濃度の高分子溶液やコロイド溶液等が挙げられる．また，上に凸の流動曲線を示す物質は，せん断応力の増加に伴って粘性が漸増していく性質があり，このような性質をダイラタンシーと呼ぶ．砂浜海岸の波打ち際で湿潤流動状態の砂を足で踏むと乾いて硬くなるのは，ダイラタンシー挙動の事例である．非ニュートン体のような粘性変化は，せん断応力によって液体の構造に著しい変化を生じることにより起こることから，チキソトロピーやダイラタンシー等を総称して構造粘性と呼んでいる[3]．

1.1.3 ビンガム体

BinghamとGreenは，油絵具が鉛直画板に付着してとどまっている状況から，油絵具は単純なニュートン体ではないことに気づいた[4]．すなわち，油絵具がニュートン体であったとすると，高粘性係数であったとしても時間の経過に伴って油絵具はその自重によってゆっくりと流動し，やがて流れ落ちてしまうはずである．しかし，実際には流れ落ちないのは，油絵具には流動を開始させるために必要なせん断応力（降伏応力もしくは降伏値）を固有しており，油絵具自身の自重によるせん断応力がそれより小さいために流動しないのではないかと考えた．そして，ビンガム体（粘塑性体）という理想体の概念を導いた．ビンガム体のせん断応力とせん断ひずみ速度の関係（ビンガム体の流動曲線）は，**図-1.4**のようであり，ビンガム体のレ

第1章 基礎理論

オロジー方程式は，式(1.3)で示される[2)]．

$$\tau = \tau_y + \eta_{pl}\dot{\gamma} \qquad (1.3)$$

τ_y は降伏応力といい，単位はせん断応力と同じ Pa が用いられる．また，η_{pl} は塑性粘度といい，単位は粘性係数と同じ Pa·s が用いられる．τ が τ_y より小さい場合には流動は生じないが，τ が τ_y より大きくなると流動することを示している．このレオロジーモデルは，図-1.5 に示すようにダッシュポットとスライダーの並列組合せで示される．

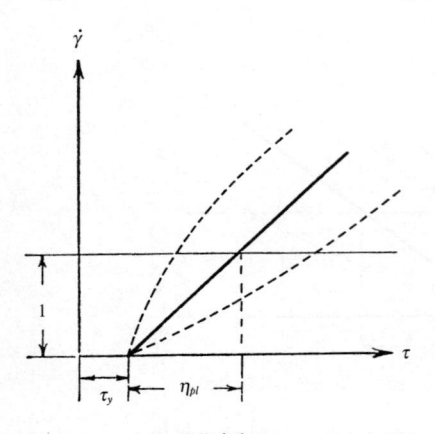

τ_y：降伏応力
η_{pl}：塑性粘度
$\dot{\gamma}$：せん断ひずみ速度

図-1.4 ビンガム体の流動曲線

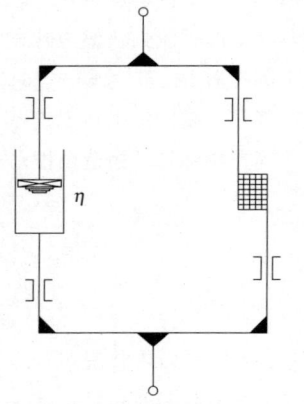

図-1.5 ビンガム体のレオロジーモデル

スランプ 12～15 cm 以上のフレッシュコンクリートやフレッシュモルタル等は，その変形あるいは流動の挙動がビンガム体に近いことがこれまでの研究等によって確かめられている[5)]．なお，前記のようにニュートン体(理想体)に対して非ニュートン体が存在するように，ビンガム体(理想体)にも構造粘性挙動を示すものが存在する(図-1.4 参照)．この後の章で記すが，フレッシュコンクリートやフレッシュモルタルの変形や流動解析において，構造粘性挙動を厳密に考慮する場合は，その対象コンクリートやモルタルの流動曲線そのものを入力データとして用いることがある．しかし，一般的にはフレッシュコンクリートやフレッシュモルタルをビンガム体として扱って解析することができる．

1.1.4 管内流動の基礎式

(1) ニュートン体の管内流動

Hagen は，液体(ニュートン体)が毛細管内を流動する現象(毛細管流れ)を粘性

の概念を導入してレオロジー的に説明しようと試みた．しかしながらこの試みで，Hagen は管内における液体の速度分布の仮定を誤ってしまったため，すなわち，正確には放物線分布であるところを円錐分布と仮定したために正確さに欠ける結果を導いた．しかし，液体の管内流動の挙動と粘性の概念を関係づけた点で高く評価されている．この誤りを正して正確に説明したのが Poiseuille である．これがポアズイユの法則（ハーゲン-ポアズイユの法則）といわれるものである[2]．

図-1.6 に示すように，ある長さ l で半径 R の毛細管に水（ニュートン体）を入れ，水平に静止した状態を考える．次に毛細管の左右両端にそれぞれ圧力 p および $p+\Delta p$ を作用させると，水は流れ始める．同時に管内では速度分布を生じ，これに対応する粘性抵抗が生じる．粘性抵抗は，駆動圧力 Δp と釣り合って，やがて平衡状態，つまり一定の速度の層流状態で水は流れる．この状態で管の中心から r の位置における力の釣合いを考える．すなわち，圧力差 Δp(Pa) に逆らって，r(m) における速度 v(m/s) から求まる速度勾配（せん断ひずみ速度）$\dot{\gamma}$ ($\gamma=\mathrm{d}v/\mathrm{d}r$) に比例する粘性抵抗（せん断応力）$\tau$(Pa) が生じると考える．この関係を式(1.4)に示す．

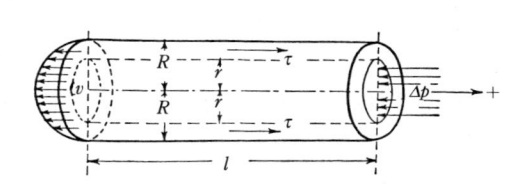

R：毛細管の内半径　　l：毛細管の長さ
圧力は左から右へ増していくから，流れの方向は右から左へ向かう．

図-1.6 ニュートン体の毛細管流れ

$$\pi r^2 \Delta p = 2\pi r l \tau \tag{1.4}$$

式(1.4)を整理すると，式(1.5)が得られる．

$$\tau = \frac{r \Delta p}{2 l} \tag{1.5}$$

一方，粘性抵抗 τ は，式(1.1)と同等の式(1.6)で示され，式(1.5)は，最終的に式(1.7)となる．

$$\tau = \eta \dot{\gamma} = \eta \frac{\mathrm{d}v}{\mathrm{d}r} \tag{1.6}$$

$$\frac{r \Delta p}{2 l} = \eta \frac{\mathrm{d}v}{\mathrm{d}r}$$

$$\mathrm{d}v = \left(\frac{r \Delta p}{2 l \eta}\right) \mathrm{d}r \tag{1.7}$$

式(1.7)の微分方程式を解くと，式(1.8)が得られる．管壁部，すなわち $r=R$ で

は，流速 $v=0$ であることから積分定数 C を求め整理すると，式(1.9)が得られる．

$$V = \frac{\Delta p}{4 l \eta} r^2 + C \tag{1.8}$$

$$C = -\frac{\Delta p}{4 l \eta} R^2$$

$$V = -\frac{\Delta p}{4 l \eta}(R^2 - r^2) \tag{1.9}$$

式(1.9)において，負号は圧力が左から右に増加する時，流れが右から左に向かうことを示しており，本質的な意味はない．この式から毛細管内を流れるニュートン体の速度分布は放物線であり，毛細管の中心軸($r=0$)におけるせん断ひずみ速度は 0 となる．また，最大速度 v_0 は，中心軸($r=0$)で生じ，その値は，式(1.10)に示すとおりである．

$$v_0 = \frac{\Delta p}{4 l \eta} R^2 \tag{1.10}$$

したがって，単位時間当りの流量 $Q(\mathrm{m^3/s})$ は，放物線回転体の体積から次のようになる．

$$Q = \frac{1}{2} \pi R^2 v_0 = \frac{\pi \Delta p R^4}{8 l \eta} \tag{1.11}$$

式(1.11)より，長さ $l(\mathrm{m})$，半径 $R(\mathrm{m})$ の毛細管に駆動圧力 $\Delta p(\mathrm{Pa})$ を加えて液体を流した時の単位時間当りの流量 $Q(\mathrm{m^3/s})$ を測定すれば，その液体(ニュートン体)の粘性係数 η を式(1.12)から求めることができる．この原理を応用したのが毛細管粘度計である．

$$\eta = \frac{\pi \Delta p R^4}{8 l Q} \tag{1.12}$$

毛細管粘度計で液体の粘性係数を測定する場合，数水準の駆動圧力 Δp に対する流量 Q の測定結果を，毛細管壁部($r=R$)におけるせん断応力とせん断ひずみ速度を表す P(横軸)と V(縦軸)で整理しグラフ上に打点すれば，その直線の勾配から粘性係数が直接求められる(図-1.8 参照)．すなわち，P と V は，それぞれ式(1.13)および(1.14)で表され，その勾配は式(1.15)となり，粘性係数の逆数となることがわかる．一般に，この P および V をコンシステンシー変数と呼んでいる．

$$P = \frac{\Delta p\, R}{2\, l} \tag{1.13}$$

$$V = \frac{4\, Q}{R^3\, \pi} \tag{1.14}$$

$$\tan \alpha = \frac{V}{P} = \frac{8\, l\, Q}{\pi\, \Delta p\, R^4} = \frac{1}{\eta} \tag{1.15}$$

(2) ビンガム体の管内流動

これまでの説明は，ニュートン体を対象としたが，次に，ビンガム体の場合の毛細管流れについて述べる．ビンガム体の物性は，式(1.3)で示されることを述べた．すなわち，せん断応力 τ(粘性抵抗)が降伏値 τ_y より大きい場合に流動は生じることになる．毛細管流れにおけるせん断応力の最大値 τ_{max} は，管壁部$(r=R)$で生じ，式(1.5)から式(1.16)で与えられる．

$$\tau_{max} = \frac{R\, \Delta p}{2\, l} \tag{1.16}$$

τ_{max} が τ_y 以下の場合$(\tau_{max} \leq \tau_y)$は，管壁部でせん断変形(流動)が生じず，全く流れない(固体栓)状態となる．しかし，τ_{max} が τ_y より大きい場合$(\tau_{max} > \tau_y)$は，管壁部でせん断変形(流動)が生じ流れることになる．この場合，管中心部近くで τ が τ_y 以下$(\tau \leq \tau_y)$となる部分が生じるが，この部分は固体栓として挙動することになる(栓流となる)．したがって，流速分布は図-1.7に示すようである．栓流を生じる半径を r_0 とすると，r_0 は式(1.17)を満たす条件から求められる．

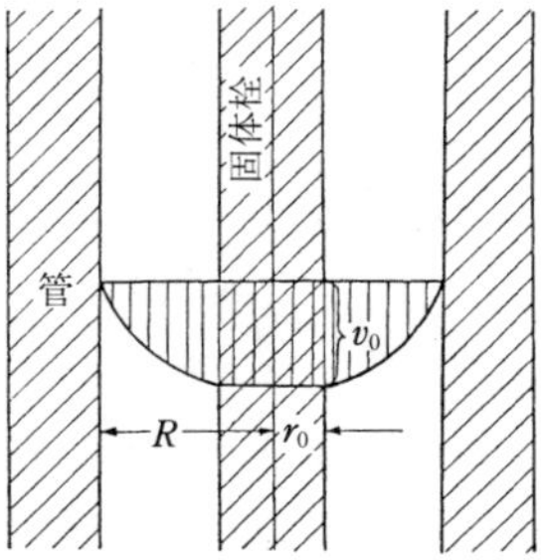

図-1.7 ビンガム体の毛細管流れ

$$\tau_y = \frac{r_0\, \Delta p}{2\, l} \tag{1.17}$$

また，r が r_0 より大きい部分$(r > r_0)$での流速 v は，以下のように求められる．前記の式(1.7)から式(1.9)を求めるのと同様にビンガム体物性値を代入すればよい．すなわち，半径 r における駆動圧力 Δp とせん断応力(粘性抵抗)が釣り合う条件式(1.7)は式(1.18)となる．

$$\frac{r\,\Delta p}{2\,l} = \frac{\eta\,p\,l\,\mathrm{d}v}{\mathrm{d}r} + \tau_y$$

$$\eta_{pl}\,\mathrm{d}v = \left(\frac{r\,\Delta p}{2\,l} - \tau_y\right)\mathrm{d}r \tag{1.18}$$

式(1.18)の微分方程式を解くと,式(1.19)が得られる.この式で管壁部 $r=R$ で流速 $v=0$ から積分定数 C を求め整理すると,式(1.20)が得られる.

$$\eta_{pl}\,v = \frac{\Delta p}{4\,l}\,r^2 - \tau_y\,r + C \tag{1.19}$$

$$C = -\frac{\Delta p}{4\,l}\,R^2 + \tau_y\,R$$

$$v = -\frac{1}{\eta_{pl}}\left[\frac{\Delta p}{4\,l}(R^2 - r^2) - \tau_y(R - r)\right] \tag{1.20}$$

式(1.20)において,負号は圧力が左から右に増加する時,流れが右から左に向かうことを示しており,本質的な意味はない.この式から栓流部($r=0$ から r_0)の流速 v_0 は,式(1.20)に $r=r_0$ を代入するとともに式(1.17)を代入することにより式(1.21)で与えられる.

$$v_0 = \frac{\Delta p}{4\,l\,\eta_{pl}}(R - r_0)^2 \tag{1.21}$$

したがって,毛細管を流れるビンガム体の単位時間当りの流量 Q は,式(1.22)のようになる.

$$Q = \int_{r=r_0}^{r=R} r^2\,\pi\,\mathrm{d}v \tag{1.22}$$

式(1.18)より $\mathrm{d}v$ は以下となるので,式(1.22)に代入して積分すれば最終的に式(1.23)が得られる.この式が Buckingham-Reiner(バッキンガム-ライナー)の式と呼ばれているものである[2].

$$\mathrm{d}v = \frac{1}{\eta_{pl}}\left(\frac{r\,\Delta p}{2\,l} - \tau_y\right)\mathrm{d}r$$

$$Q = \int_{r_0}^{R} \frac{\pi}{\eta_{pl}}\left[\frac{\Delta p}{2\,l}\,r^3 - \tau_y\,r^2\right]\mathrm{d}r$$

$$= \frac{\pi}{\eta_{pl}}\left(\frac{\Delta p\,R^4}{8\,l} - \frac{\tau_y\,R^3}{3} - \frac{\Delta p\,r_0^4}{8\,l} + \frac{\tau_y\,r_0^3}{3}\right)$$

$$Q = \frac{\pi\,\Delta p\,R^4}{8\,l\,\eta_{pl}}\left[1 - \frac{4}{3}\frac{2\,\tau_y\,l}{R\,\Delta p} + \frac{1}{3}\left(\frac{2\,\tau_y\,l}{R\,\Delta p}\right)^4\right] \tag{1.23}$$

式(1.23)より,長さ l,半径 R の毛細管に数水準の駆動圧力 Δp を加えてビンガム

体を流した時の単位時間当りの流量 Q を測定すれば，そのビンガム体の降伏値 τ_y と塑性粘度 η_{pl} を求めることができる．この原理を応用したのが毛細管粘度計である．この場合，ニュートン体を毛細管粘度計で測定した時と同様に，式(1.13)および(1.14)で表されるコンシステンシー変数 P および V で整理すると，式(1.23)は式(1.24)で表され，測定

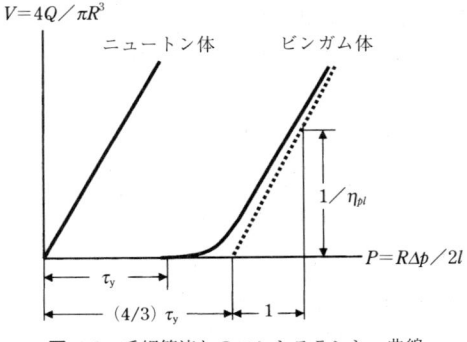

図-1.8 毛細管流れのコンシステンシー曲線

された P および V の関係(コンシステンシー曲線)は図-1.8のようになる．図より，τ_y/P が小さい(すなわち，P が大きいと)と$(\tau_y/P)^4$ はほとんど無視でき，直線近似されることがわかる．この近似直線の P 軸(横軸)との切片 $[(4/3)\tau_y]$ より降伏値 τ_y を，また，この近似直線の勾配より塑性粘度 η_{pl} をそれぞれ求めることができる．

$$V = \frac{P}{\eta_{pl}}\left[1 - \frac{4}{3}\frac{\tau_y}{P} + \frac{4}{3}\left(\frac{\tau_y}{P}\right)^4\right] \tag{1.24}$$

1.1.5 回転粘度計の基礎式

(1) ニュートン体

ニュートン体(粘性係数 η)中に固体円筒が円筒軸まわりに一定の速度(角速度)で回転し，液体各部が一様な運動(円形の流線を持つ定常流れ)を続けている状態を考える．この流れの状態は，同心円の厚さが一様な無数の薄肉円筒が一体となって回転するような層流状態と考えることができる(図-1.9参照)．円筒の中心から r の位置における液体部の角速

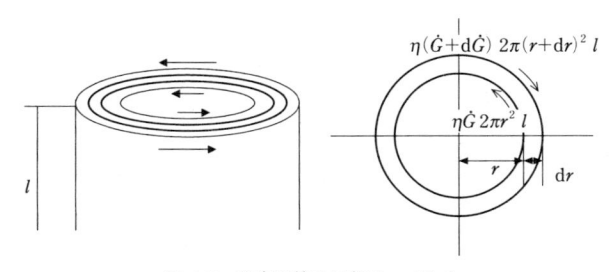

図-1.9 薄肉円筒の回転モーメント

度 $\dot{\theta}$ は，r の関数，すなわち $\dot{\theta}(r)$ であることが容易に想像つく．r と $r+\mathrm{d}r$ に挟まれる薄肉円筒(長さ l)の内面および外面のモーメントが釣り合う条件から角速度 $\dot{\theta}(r)$ を求めることができる．

内外面のせん断ひずみ速度を $\dot{G}$ および $\dot{G}+\mathrm{d}\dot{G}$ とすると，薄肉円筒の内外面に作用するモーメントは，内面で $\eta\dot{G}2\pi r^2 l$，外面で $\eta(\dot{G}+\mathrm{d}\dot{G})2\pi(r+\mathrm{d}r)^2 l$ になる．内外面のモーメント差は，高次の微小項を無視すると，$\eta 2\pi l(r^2\mathrm{d}\dot{G}+2\dot{G}r\mathrm{d}r)$ となる．内外面のモーメントが釣り合うためには，$\eta 2\pi l(r^2\mathrm{d}\dot{G}+2\dot{G}r\mathrm{d}r)=0$，すなわち，$r^2\mathrm{d}\dot{G}+2\dot{G}r\mathrm{d}r=0$ でなければならない．これを整理すると，以下のようになる．

$$r^2\mathrm{d}\dot{G}+2\dot{G}r\mathrm{d}r=0 \quad \text{あるいは} \quad \frac{\mathrm{d}\dot{G}}{\dot{G}}=-2\frac{\mathrm{d}r}{r} \tag{1.25}$$

式(1.25)を積分すると，式(1.26)が得られる．

$$\ln\dot{G}=-\ln r^2+\ln C \quad \text{または} \quad \dot{G}=\frac{C}{r^2} \tag{1.26}$$

一方，角速度 $\dot{\theta}$ で円運動する液体各部における速度 v_θ は，式(1.27)となることから，その速度勾配 $\dot{\gamma}$ は，式(1.28)になる．

$$v_\theta = r\dot{\theta} \tag{1.27}$$

$$\dot{\gamma}=\frac{\mathrm{d}v_\theta}{\mathrm{d}r}=\frac{r\mathrm{d}\dot{\theta}}{\mathrm{d}r}+\dot{\theta} \tag{1.28}$$

式(1.28)中の $\dot{\theta}$ 項は，剛体的回転を示していることから，粘性抵抗に関係する項は，$r\mathrm{d}\dot{\theta}/\mathrm{d}r$ と考えられ，せん断ひずみ速度 $\dot{G}$ は，式(1.29)となる．

$$\dot{G}=\frac{r\mathrm{d}\dot{\theta}}{\mathrm{d}r} \tag{1.29}$$

式(1.26)の $\dot{G}$ に式(1.29)を代入すると，式(1.30)が得られ，これを積分することにより式(1.31)が得られる．

$$\frac{r\mathrm{d}\dot{\theta}}{\mathrm{d}r}=\frac{C}{r^2} \tag{1.30}$$

$$\dot{\theta}=\frac{C_1}{r^2}+C_2 \quad \left(C_1=\frac{C}{2}\right) \tag{1.31}$$

回転粘度計では，液体を内円筒と外円筒からなる共軸円筒間に入れ，いずれか一方の円筒を回転させる．外円筒を回転させる回転粘度計は Couette-Hatschek の

装置，内円筒を回転させる回転粘度計は，Searle の装置と呼ばれている．回転粘度計では，回転円筒の角速度 $\dot{\theta}$ および液体の粘性抵抗に逆らって回転速度を一定に保つのに必要なモーメント M を測定する．回転粘度計の一般解は，式(1.31)に示すとおりであり，このことから内円筒の半径を R_i，その角速度 $\dot{\theta}_i$，また，外円筒の半径を R_e，その角速度 $\dot{\theta}_e$ とすると，式(1.32)が得られる．

$$\dot{\theta}_i = \frac{C_1}{R_i^2} + C_2 \tag{1.32}$$

$$\dot{\theta}_e = \frac{C_1}{R_e^2} + C_2$$

式(1.32)より C_1 および C_2 を求めると，式(1.33)のようになるので，任意の r における角速度 $\dot{\theta}$ は，式(1.34)となる．

$$C_1 = \frac{\dot{\theta}_i - \dot{\theta}_e}{\dfrac{1}{R_i^2} - \dfrac{1}{R_e^2}} \tag{1.33}$$

$$C_2 = \frac{\dot{\theta}_e R_e^2 - \dot{\theta}_i R_i^2}{R_e^2 - R_i^2}$$

$$\dot{\theta} = \frac{\left\{\dot{\theta}_i R_i^2 \left(\dfrac{R_e^2}{r^2} - 1\right) - \dot{\theta}_e R_e^2 \left(\dfrac{R_i^2}{r^2} - 1\right)\right\}}{R_e^2 - R_i^2} \tag{1.34}$$

2つの円筒は，その間に粘性係数を測定したい液体を挟んで平衡状態にあるとすると，内円筒面に作用するせん断応力による共軸回りの回転モーメントは，外円筒面に作用するせん断応力による共軸回りの回転モーメントと等しく（ただし，モーメントの向きは反対），任意の r においても同じ回転モーメントが作用する．この回転モーメント M は，式(1.35)で与えられる．

$$M = 2\pi \tau r^2 h \tag{1.35}$$

ただし，h は液体に沈めた円筒の高さ(m)で，底部の末端効果がある場合は相当高さとする．任意の r (m)における液体の薄層のせん断応力 τ (Pa)は，式(1.29)および(1.34)より式(1.36)となる．

$$\tau = \eta \dot{G} = \frac{\eta r \, d\dot{\theta}}{dr} = \frac{2\eta}{r^2} \frac{\dot{\theta}_e - \dot{\theta}_i}{\dfrac{1}{R_i^2} - \dfrac{1}{R_e^2}} \tag{1.36}$$

したがって，内円筒側面でのせん断応力 τ は，$r = R_i$ とおけば式(1.37)となり，また，回転モーメントは，式(1.38)となる．

$$\tau = 2\,\eta\,\frac{\dot{\theta}_e - \dot{\theta}_i}{1 - \left(\dfrac{R_i}{R_e}\right)^2} \tag{1.37}$$

$$M = 2\,\pi\,\tau\,r^2\,h = 4\,\eta\,\pi\,h\,\frac{\dot{\theta}_e - \dot{\theta}_i}{\dfrac{1}{R_i^2} - \dfrac{1}{R_e^2}} \tag{1.38}$$

Couette-Hatschek の装置，すなわち外円筒回転型粘度計では $\dot{\theta}_i = 0$ であるので，式(1.34)および(1.38)から角速度および回転モーメントは式(1.39)となる．

$$\dot{\theta} = \dot{\theta}_e \frac{\dfrac{1}{R_i^2} - \dfrac{1}{r^2}}{\dfrac{1}{R_i^2} - \dfrac{1}{R_e^2}} \tag{1.39}$$

$$M_z = 4\,\eta\,\pi\,h\,\frac{\dot{\theta}_e}{\dfrac{1}{R_i^2} - \dfrac{1}{R_e^2}}$$

また同様に，Searle の装置，すなわち内円筒回転型粘度計では $\dot{\theta}_e = 0$ であるので，式(1.34)および(1.38)から角速度および回転モーメントは式(1.40)となる．

$$\dot{\theta} = -\dot{\theta}_i \frac{\dfrac{1}{R_e^2} - \dfrac{1}{r^2}}{\dfrac{1}{R_i^2} - \dfrac{1}{R_e^2}} \tag{1.40}$$

$$M_z = -4\,\eta\,\pi\,h\,\frac{\dot{\theta}_i}{\dfrac{1}{R_i^2} - \dfrac{1}{R_e^2}}$$

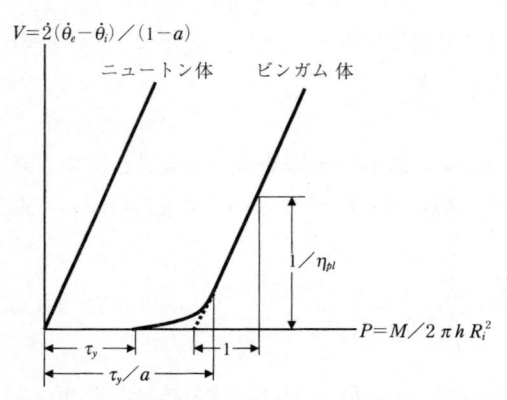

図-1.10　回転粘度計におけるコンシステンシー曲線
［この図において，$a = (R_i / R_e)^2$］

$\dot{\theta}_i$(rad/s) または $\dot{\theta}_e$(rad/s) と M(N・m) を測定することにより，式(1.39)または(1.40)から粘性係数 η(Pa・s) を求めることができる．なお，回転粘度計のコンシステンシー変数としては，毛細管粘度計の時と同じように，毛細管壁部におけるせん断応力と速度勾配の代わりに内円筒側面($r = R_i$)でのせん断応力を P(横軸)に，また，内円筒側面でのせん断ひずみ

速度を V(縦軸)にとり整理しグラフ上に打点すれば，その直線の勾配から粘性係数が直接求められる(**図-1.10** 参照)．P および V は，それぞれ式(1.41)および(1.42)で表される[2]．

$$P = \frac{M}{2\,R_i^2\,\pi\,h} \tag{1.41}$$

$$V = 2\frac{\dot{\theta}_e - \dot{\theta}_i}{1 - \left(\dfrac{R_i}{R_e}\right)^2} \tag{1.42}$$

(2) ビンガム体

次に回転粘度計におけるビンガム体の挙動を表す式を導く．基本となるのは，せん断ひずみ速度 $\dot{G}$ を与える式(1.29)と(1.35)を変形して得られるせん断応力を与える式(1.43)である．回転モーメントを M で示す．

$$\tau = \frac{M}{2\,\pi\,r^2\,h} \tag{1.43}$$

式(1.29)および(1.43)にビンガム体のレオロジー方程式[式(1.3)]を組み合わせて，式(1.44)が得られる．

$$\tau = \tau_y + \eta_{pl}\,\dot{\gamma}$$

$$\tau = \frac{M}{2\,\pi\,r^2\,h} = \tau_y + \frac{\eta_{pl}\,r\,\mathrm{d}\dot{\theta}}{\mathrm{d}r}$$

$$\frac{\eta_{pl}\,r\,\mathrm{d}\dot{\theta}}{\mathrm{d}r} = \frac{M}{2\,\pi\,r^2\,h} - \tau_y \tag{1.44}$$

式(1.43)より最大せん断応力 τ_{max} は，r が最も小さいところ，すなわち内円筒側面 $r = R_i$ で生じ，その値は式(1.45)となる．τ_{max} が τ_y 以下の場合($\tau_{max} \leq \tau_y$)，換言すれば回転モーメント M が流動開始に必要なモーメント M_0 より小さい場合($M \leq M_0$)，流れを起こさない．M_0 は式(1.46)で与えられる．

$$\tau_{max} = \frac{M}{2\,\pi\,R_i^2\,h} \tag{1.45}$$

$$M_0 = 2\,\pi\,R_i^2\,h\,\tau_y \tag{1.46}$$

しかし，M を徐々に大きくして M が M_0 を超えると，ビンガム体は，内円筒側面付近から流れ始める．そして，最もせん断応力の小さい外円筒側面 $r = R_e$ の最小せん断応力 τ_{min} が τ_y よりも大きくなった場合($\tau_{min} > \tau_y$)，換言すれば回転モーメ

ントMが外円筒部で流動開始に必要なモーメントM_1より大きくなった場合($M>M_1$),両円筒間のビンガム体は,全体が流れることになる.$\tau_{\min}$およびM_1は,それぞれ式(1.47),(1.48)で与えられる.

$$\tau_{\min} = \frac{M}{2\pi R_e^2 h} \tag{1.47}$$

$$M_1 = 2\pi R_e^2 h \tau_y \tag{1.48}$$

式(1.44)を積分すると,式(1.49)になる.

$$\eta_{pl}\dot{\theta} = -\frac{M}{4\pi r^2 h} - \tau_y \ln r + C \tag{1.49}$$

Couette-Hatschekの装置,すなわち外円筒回転型粘度計では,$r=R_i$で$\dot{\theta}=\dot{\theta}_i=0$であるので,式(1.49)の積分定数$C$は,式(1.50)で与えられる.したがって,式(1.49)は,式(1.51)となる.

$$C = \frac{M}{4\pi R_i^2 h} + \tau_y \ln R_i \tag{1.50}$$

$$\eta_{pl}\dot{\theta} = \frac{M}{4\pi h}\left(\frac{1}{R_i^2} - \frac{1}{r^2}\right) - \tau_y \ln \frac{r}{R_i} \tag{1.51}$$

ここで,MがM_0とM_1の間にある場合,すなわち$M_0>M>M_1$の場合,式(1.52)で与えられるr_0と外円筒側面($r=R_e$)との間のビンガム体は,外円筒とともに回転する固体円筒殻(固体柱)が存在することになり,$r≧r_0$のビンガム体は,角速度がすべてθ_eとなる.したがって,式(1.51)より$r=r_0$の流動状態を示す式(1.53)が求まり,さらにこれよりこの状態になるための回転モーメントが式(1.54)で求まる(**図-1.11**参照).

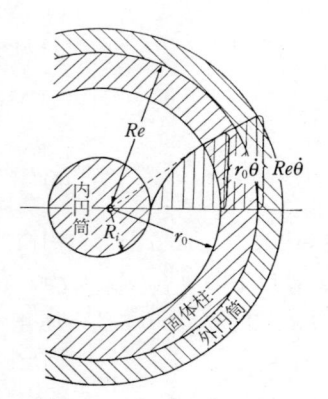

図-1.11 ビンガム体の回転粘度計における流れ

$$r_0^2 = \frac{M}{2\pi h \tau_y} \tag{1.52}$$

$$\eta_{pl}\dot{\theta}_e = \frac{M}{4\pi h}\left(\frac{1}{R_i^2} - \frac{1}{r_0^2}\right) - \tau_y \ln \frac{r_0}{R_i} \tag{1.53}$$

$$M = \frac{4\pi h \eta_{pl}}{\frac{1}{R_i^2} - \frac{1}{r_0^2}}\left(\dot{\theta}_e + \frac{\tau_y}{\eta_{pl}} \ln \frac{r_0}{R_i}\right) \tag{1.54}$$

一方，M の値が大きくなり，$M \geq M_1$ になった時，ビンガム体全体が流動状態にあり，式(1.55)が成り立つ．

$$\eta_{pl}\, \dot{\theta}_e = \frac{M}{4\pi h}\left(\frac{1}{R_i^2} - \frac{1}{R_e^2}\right) - \tau_y \ln \frac{R_e}{R_i} \tag{1.55}$$

式(1.55)を装置定数 K_1，K_2，すなわち式(1.56)に示す値で書き換えると，式(1.57)になる．

$$K_1 = \frac{1}{4\pi h}\left(\frac{1}{R_i^2} - \frac{1}{R_e^2}\right) \tag{1.56}$$

$$K_2 = \ln \frac{R_e}{R_i}$$

$$\dot{\theta}_e = \frac{K_1}{\eta_{pl}} M - \left(\frac{K_2}{\eta_{pl}}\right)\tau_y \tag{1.57}$$

式(1.57)より $\dot{\theta}_e$ と M は，線形関係にあることがわかる．すなわち，ビンガム体を回転粘度計で測定する場合，$M = M_0$ から $M = M_1$ まで曲線を示し，M_1 以上では直線になることがわかる．このことは，式(1.53)および(1.55)を前記の式(1.41)および(1.42)と同様にコンシステンシー変数で表してグラフ化すると，図-1.10 のようになることからもわかる．これより塑性粘度 η_{pl} と降伏値 τ_y を求めることができる．ただし，一般に，コンシステンシー曲線の曲線部は，無視できる程度に小さくなることが知られていることから，降伏値 τ_y は，コンシステンシー曲線の直線部を延長して P 軸と交わる点として求められる．なお，式(1.55)は，この問題を取り扱った Reiner と Riwlin に因んで Reiner-Riwlin の式として知られている[2]．

1.1.6 球引上げ粘度計の基礎式

ニュートン体を対象にした球引上げ粘度計の基礎式は，Stokes らにより検討されている．すなわち，直径 D(m)の球が無限に広がる静止流体［密度 ρ(kg/m³)］中を一様な速度 v(m/s)で移動する時，球が受ける抗力 F(N)は，抗力係数 C_D と運動エネルギーおよび球の投影面積との積により式(1.58)で与えられる[6]．

$$F = C_D \frac{\rho v^2}{2} \frac{\pi D^2}{4} \tag{1.58}$$

$$C_D = \frac{24}{Re} \qquad (Re \leq 2.0)$$

$$C_D = \frac{18.5}{Re^{0.6}} \qquad (2.0 \leq Re \leq 10^3)$$

$$C_D = \frac{24}{Re} \qquad (10^3 \leq Re \leq 2 \times 10^5)$$

ここで, Re：レイノルズ数$(Re=\rho v D/\eta)$.

ビンガム体を対象にした場合, 抗力 F は, 降伏値の影響も受ける. Ansley らは, ビンガム体中を一定の速度 v で移動する直径 D の球に作用する抗力 F と降伏値 τ_y および塑性粘度 η_{pl} との関係式(1.59)を導いた[7].

$$F = 3\pi \eta_{pl} v D + \frac{7}{8}\pi^2 D^2 \tau_y \tag{1.59}$$

式(1.59)を式(1.58)同様に運動エネルギーと球の投影面積部に分けて記述すると, 式(1.60)となる. したがって, C_D 部分は式(1.61)となる.

$$F = \frac{24}{\eta_{pl}\dfrac{v}{D}+\dfrac{7\pi}{24}\tau_y} \frac{\rho v^2}{2}\frac{\pi D^2}{4} \tag{1.60}$$

$$C_D = \frac{24}{\dfrac{\rho v^2}{\eta_{pl}\dfrac{v}{D}+\dfrac{7\pi}{24}\tau_y}} \tag{1.61}$$

式(1.61)をレイノルズ数 Re とビンガム数 N_B で表示すると, 式(1.62)となる.

$$C_D = \frac{24}{\dfrac{Re}{1+\dfrac{7\pi}{24}N_B}} \tag{1.62}$$

ここで, N_B：ビンガム数 $[N_B = \tau_y D/(\eta_{pl} v)]$.

式(1.62)の $Re/\{1+(7\pi/24)N_B\}$ の部分をビンガム-レイノルズ数(ReB)と表記すれば, 式(1.61)は式(1.63)となり, 式(1.58)における $Re \leq 2.0$ の場合の C_D $(C_D=24/Re)$ と同様の式なる. 特に, 降伏値 τ_y が 0 の場合, $ReB=Re$ となり, ニュートン体の場合と一致することになる. したがって, 式(1.59)をニュートン体 (ただし, $Re \leq 2.0$)とビンガム体共通の球引上げ時の基礎式として用いることができる.

$$C_D = \frac{24}{ReB} \tag{1.63}$$

球引上げ粘度計により降伏値 τ_y や塑性粘度 η_{pl}(粘性係数 η)を求めるためには，球体[直径 D(m)既知]を測定対象のビンガム体(ニュートン体)中にセットして，数水準の一定速度 v(m/s)で引き上げた時の抗力 F(N)を測定する(図-1.12 参照)．そして，その直線部の回帰式を式(1.59)に適合させて逆算することによって降伏値 τ_y(Pa)や塑性粘度 η_{pl}[粘性係数 η(Pa・s)]を求めることができる．

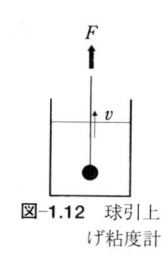

図-1.12 球引上げ粘度計

1.2 粘弾性

1.2.1 粘弾性の概念

材料に外力が作用すると変形するが，その変形の基本は，1.1 および 1.3 でも述べているように弾性変形，塑性変形，粘性変形(流動)の 3 つに分類される．通常の固体材料における変形挙動は，一般に最初に弾性変形が生じ，それが弾性限度を超えると，塑性変形が生じ，時間経過によって粘性変形が起こる．塑性変形と粘性変形を明確に区別することは，困難である場合が多く，時間依存性が大きい材料は，塑性を粘性に包含させ粘性材料として取り扱うのが便利である．したがって，このような材料の全体の変形挙動は，弾性と粘性が混交した粘弾性(visco-elasticity)の変形挙動として取り扱われるのが一般的である．

一般に，外力と変形の種類には，垂直応力による軸方向伸縮変形，せん断応力によるせん断変形，およびトルクによる回転変形がある．さらに，動的荷重による振動変形もある．これらの外力とそれに対する変形の関係を数学的に記述した式がレオロジーモデルである．

粘弾性には，液体的粘弾性と固体的粘弾性がある．液体的粘弾性とは，流れが無限に連続する材料を対象とし，固体的粘弾性とは，ある時間ある場所で流れが止まる材料を対象にする．ここでは，固体的粘弾性問題を中心に取り扱う．固体的粘弾性問題の代表例としては，一定の応力状態の下で時間とともにひずみが増加するクリープ(creep)現象と，ひずみを一定に保った状態で応力が徐々に低下する応力緩和(stress relaxation)現象が挙げられる．これらの現象についてレオロジー手法を

用いて数学的に説明したのは，Kelvin, Voigt および Maxwell であった．Kelvin や Voigt はクリープ現象を，また，Maxwell は応力緩和現象をそれぞれ扱った．後記するクリープおよび応力緩和を説明する基本的なレオロジーモデルを Voigt（フォークト）モデルおよび Maxwell（マックスウェル）モデルと呼ぶのはこのような背景からである．

コンクリート施工設計学において想定される粘弾性レオロジーモデルの適用は，締固め成型直後から材齢数時間までのグリーンコンクリートにおける変形挙動，若材齢におけるコンクリートのクリープ現象および応力緩和現象が挙げられる．

なお，ここでは静的粘弾性問題について述べ，振動変形に伴う動的粘弾性問題は取り挙げない．

1.2.2 粘弾性モデルを使った物性説明

材料に力を加えた時，瞬時に，しかも線形的に変形し内部には変形を回復しようとする力，すなわち内部応力が発生する．次に，加えた力を除去すると，内部応力が消滅し元の状態に戻る．このような性質を弾性という．弾性体の垂直応力とそのひずみとの間には，式(1.64)が成立する．

$$\sigma = E\varepsilon \tag{1.64}$$

ここで，σ：応力(Pa)，E：ヤング係数(Pa)，ε：ひずみ．

これは，フックの法則と呼ばれる．ヤング係数 E は，材料の弾性的特性を表す物性である．弾性のレオロジーモデルは，図-1.13(a)に示すバネ(spring)で表される．せん断変形の場合にも成立し，式(1.65)で表される．

$$\tau = G\gamma \tag{1.65}$$

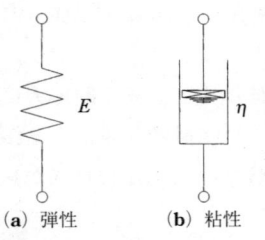

(a) 弾性　　**(b)** 粘性
図-1.13 レオロジーモデル

ここで，τ：せん断応力(Pa)，G：せん断弾性係数(Pa)，γ：せん断ひずみ．

次に，応力とひずみが時間に依存する粘性について説明する．最初に軸方向変形における垂直応力とそのひずみ速度の関係は，式(1.66)で表される．

$$\sigma = \eta_0 \frac{d\varepsilon}{dt} = \eta_0 \dot{\varepsilon} \tag{1.66}$$

ここで，η_0：粘性係数またはトルートン(Trouton)粘度(Pa·s)，$\dot{\varepsilon}$：ひずみ速度

1.2 粘弾性

(1/s).

せん断変形における粘性については，その応力とひずみ速度との間に式(1.67)が成立する．

$$\tau = \eta \frac{d\gamma}{dt} = \eta \dot{\gamma} \tag{1.67}$$

ここで，τ：せん断応力(Pa)，η：粘性係数(Pa·s)，t：時間(s)，$\dot{\gamma}=d\gamma/dt$：せん断ひずみ速度(1/s)．

式(1.67)が成立する材料(流体)をニュートン体(Newtonian fluid)と呼ぶ．粘性では，応力を加えると一定のひずみ速度の変形を生じ，応力を除いてもひずみが回復することなく，一定値にとどまる．粘性のレオロジーモデルは，**図-1.13(b)**に示すダッシュポット(dash pot)で表される．

完全な弾性体は，力を加えると同時に瞬間的に一定の変形を生じ，この変形は，時間が経過しても不変であり，また力を除去すると，変形は瞬間的に消え去り，完全に元の状態に戻るものと定義される．しかし，実在する材料の多くは，力を受けると同時に変形し始め，時間が経つにつれてその変形は大きくなっていき，途中で力を取り去っても急には元に戻らず，永久変形として残留する場合が多い．したがって，時間依存性材料の変形挙動は，バネとダッシュポットの粘弾性レオロジーモデルを組み合わせることにより，応力とひずみと時間を関数で表すことができる．複雑な変形挙動を有する材料は，これらのモデルを多数組み合わせることによってより厳密にその挙動を表現することができるのである．

ひずみ ε_1 と ε_2 を重ね合わせた時に生じる全体の応力 σ_{1+2} が個々のひずみに対応する応力 σ_1 と σ_2 の和で与えられることが証明されている．これはボルツマン(Boltzmann)の重ね合わせの原理と呼ばれる．この原理が成立する場合を線形粘弾性という．

1.2.3 マックスウェルモデル

図-1.14に示すバネとダッシュポットを直列型に組み合わせたレオロジーモデルをマックスウェルモデルと呼ぶ．マックスウェルモデル全体に応力 σ が生じた場合を考える．モデル全体のひずみ ε は，バネのひずみ ε_e とダッシュポット

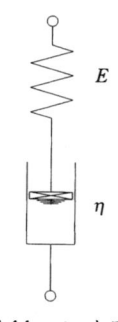

図-1.14 マックスウェルモデル

のひずみ ε_f の和によって求められ,式(1.68)で表される.

$$\varepsilon = \varepsilon_e + \varepsilon_f \tag{1.68}$$

ここで,ε：マックスウェルモデル全体のひずみ,ε_e：バネのひずみ,ε_f：ダッシュポットのひずみ.

バネのひずみ ε_e は,式(1.69)で表される.

$$\varepsilon_e = \frac{\sigma}{E} \tag{1.69}$$

ここで,σ：応力(Pa),E：バネの瞬間弾性係数(Pa).

式(1.69)を時間 t で微分すると,式(1.70)が得られる.

$$\frac{d\varepsilon_e}{dt} = \frac{1}{E}\frac{d\sigma}{dt} \tag{1.70}$$

ここで,t：持続載荷時間(s).

一方,ダッシュポットのひずみ速度は,式(1.71)で表される.

$$\frac{d\varepsilon_f}{dt} = \frac{\sigma}{\eta} \tag{1.71}$$

ここで,η：緩和粘性係数(Pa·s).

式(1.68)を時間 t で微分すると,

$$\frac{d\varepsilon}{dt} = \frac{d\varepsilon_e}{dt} + \frac{d\varepsilon_f}{dt} \tag{1.72}$$

式(1.72)に式(1.70)および(1.71)を代入すると,

$$\frac{d\varepsilon}{dt} = \frac{1}{E}\frac{d\sigma}{dt} + \frac{\sigma}{\eta} \tag{1.73}$$

式(1.73)は,マックスウェルの粘弾性方程式である.この式を時間 t で積分すると,

$$\varepsilon = \frac{1}{E}\int d\sigma + \frac{\sigma}{\eta}\int dt + C = \frac{\sigma}{E} + \frac{\sigma}{\eta}t + C \tag{1.74}$$

ここで,C：積分定数.

$t=0$ において瞬間弾性ひずみ $\varepsilon=\sigma/E$ を代入すると,$C=0$ となるから,

$$\varepsilon = \frac{\sigma}{E} + \frac{\sigma}{\eta}t \tag{1.75}$$

一定応力 σ_0 が載荷される場合には,式(1.76)となる.

$$\varepsilon = \frac{\sigma_0}{E} + \frac{\sigma_0}{\eta} t \tag{1.76}$$

ここで，σ_0：一定持続応力(Pa)．

ひずみ速度を一定に保つ場合には，$d\varepsilon/dt=0$ であるから，式(1.73)は，次のように表される．

$$\frac{1}{E} \frac{d\sigma}{dt} + \frac{\sigma}{\eta} = 0 \tag{1.77}$$

この微分方程式を解くと，次式を得る．

$$\sigma = C \exp\left(-\frac{E}{\eta} t\right) \tag{1.78}$$

$t=0$ において $\sigma=\sigma_0$ とすると，$C=\sigma_0$ となるから，

$$\sigma = \sigma_0 \exp\left(-\frac{E}{\eta} t\right) \tag{1.79}$$

一定応力を載荷する場合は，$d\sigma/dt=0$ であるから，

$$\sigma = \eta \frac{d\varepsilon}{dt} \tag{1.80}$$

式(1.80)は，ニュートンの粘性流動式となる．

1.2.4 フォークトモデルを使った物性説明

図-1.15 に示すバネとダッシュポットを並列型に組み合わせたレオロジーモデルをフォークトモデルと呼ぶ．このモデルでは，載荷応力 σ は，バネとダッシュポットがそれぞれ分担して受け持つことになるから，式(1.81)が成立する．

$$\sigma = \sigma_s + \sigma_d \tag{1.81}$$

ここに，σ_s：バネの分担応力(Pa)，σ_d：ダッシュポットの分担応力(Pa)．

バネの分担応力 σ_s は，式(1.82)で表される．

$$\sigma_s = E_l\, \varepsilon \tag{1.82}$$

ここで，E_l：遅延弾性係数(Pa)．

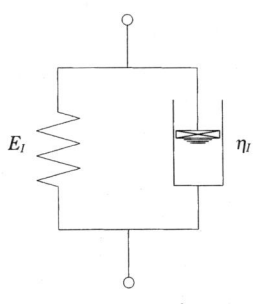

図-1.15 フォークトモデル

また，ダッシュポットの分担応力 σ_d は，式(1.83)で表される．

$$\sigma_d = \eta_I \frac{d\varepsilon}{dt} \tag{1.83}$$

ここで，η_I：遅延粘性係数(Pa·s)．

式(1.82)および(1.83)を式(1.81)へ代入すると，

$$\sigma = E_I \varepsilon + \eta_I \frac{d\varepsilon}{dt} \tag{1.84}$$

式(1.84)は，フォークトの粘弾性方程式である．これを解くと，式(1.85)を得る．

$$\varepsilon = \frac{\sigma}{E_I} + C \exp\left(-\frac{E_I}{\eta_I} t\right) \tag{1.85}$$

一定応力 σ_0 が載荷される場合，$t=0$ において $\varepsilon=0$ とすると，$C = -\sigma_0/E_I$ となる．したがって，式(1.86)が得られる．

$$\varepsilon = \frac{\sigma_0}{E_I}\left\{1 - \exp\left(-\frac{E_I}{\eta_I} t\right)\right\} \tag{1.86}$$

ひずみ速度が一定である場合，$d\varepsilon/dt=0$ となるから，式(1.84)は式(1.87)となる．

$$\sigma_0 = E_I \varepsilon \tag{1.87}$$

式(1.87)は，フックの弾性変形式となる．

図-1.16 に示す瞬間弾性とフォークトモデルを直列に結合したモデルをここでは3要素モデルと呼ぶ．このモデルの応力-ひずみ-時間の関係式は，式(1.88)で表される．

$$\varepsilon = \frac{\sigma_0}{E} + \frac{\sigma_0}{E_I}\left\{1 - \exp\left(-\frac{E_I}{\eta_I} t\right)\right\} \tag{1.88}$$

3要素モデルにおけるひずみと時間の関係を**図-1.17**に

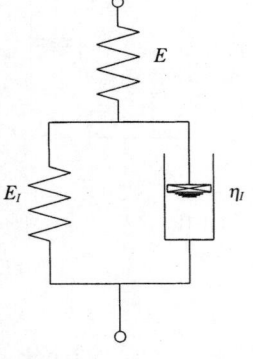

図-1.16 バネとフォークトモデルを直列結合した3要素モデル

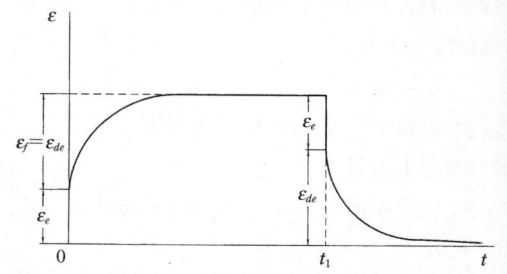

図-1.17 3要素モデルにおけるクリープとクリープ回復現象

示す．瞬間弾性ひずみと遅延弾性ひずみに分けられ，$t=t_1$で除荷すると，最終的にひずみは$\varepsilon=0$となる．また，$t\to\infty$とすると，最終ひずみは$\varepsilon_\infty=\sigma_0(1/E+1/E_I)$となる．

1.2.5 4要素モデル

ここでは，一般によく用いられる4要素モデルについて述べる．4要素モデルとは，2つのバネと2つのダッシュポットを組み合わせたレオロジーモデルであり，粘弾性モデルの基本モデルとして採用されることが多い．

図-1.18に示すマックスウェルモデルとフォークトモデルを直列に結合した4要素モデルについて考える．これをバーガーズモデル［Burgers model，シフマンモデル(Shiffman model)と呼ばれることもある］と呼ぶ．一定応力σ_0が生じる場合のレオロジー方程式は，式(1.76)と(1.86)の和で表される．

$$\varepsilon = \frac{\sigma_0}{E} + \frac{\sigma_0}{\eta}t + \frac{\sigma_0}{E_I}\left\{1 - \exp\left(-\frac{E_I}{\eta_I}t\right)\right\} \tag{1.89}$$

$t=t_1$で除荷すると，ひずみは$\varepsilon=(\sigma_0/\eta)t_1$となり，残留ひずみが生じる．$t\to\infty$とすると，最終ひずみは$\varepsilon_\infty=\infty$となる．このモデルについてひずみの時刻歴を描くと，**図-1.19**に示すとおりとなる．瞬間弾性ひずみと遅延弾性ひずみに，粘性流動ひずみに分けられ，$t=t_1$で除荷すると，瞬間的に弾性ひずみが回復し，その後徐々に遅延弾性ひずみも回復するが，粘性流動ひずみだけは永久変形として残留する．もし，$\eta=\infty$とすると，ダッシュポット要素に

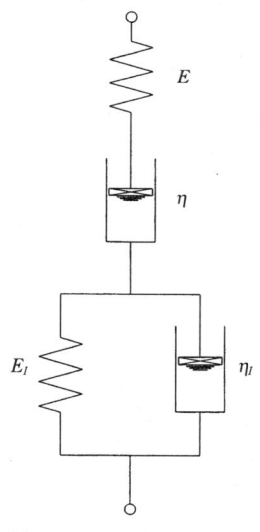

図-1.18 マックスウェルモデルとフォークトモデルを直列結合した4要素モデル（バーガーズモデル）

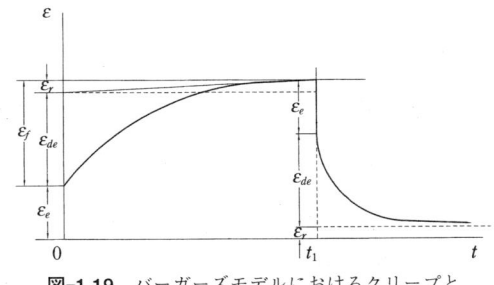

図-1.19 バーガーズモデルにおけるクリープとクリープ回復現象

よる流動は生じないことになり3要素モデルに帰着する．

図-1.20に示すマックスウェルモデルを並列に結合した4要素モデルを考える．一定ひずみ ε_0 を加えた時の応力 σ は，式(1.79)の累加で求められ，レオロジー方程式は，式(1.90)で与えられる．

$$\sigma = \varepsilon_0 E_1 \exp\left(-\frac{E_1}{\eta_1}t\right) + \varepsilon_0 E_2 \exp\left(-\frac{E_2}{\eta_2}t\right) \tag{1.90}$$

ここで，E_1：マックスウェル要素の第1瞬間弾性係数(Pa)，η_1：マックスウェル要素の第1緩和粘性係数(Pa·s)，E_2：同要素の第2瞬間弾性係数(Pa)，η_2：同要素の第2緩和粘性係数(Pa·s)．

$t \to \infty$ とすると，応力 $\sigma = 0$ となる．このモデルについて応力の時刻歴を描くと**図-1.21**に示すとおりとなる．このモデルでは，$t = \infty$ で応力は完全に緩和し $\sigma = 0$ となる．

次に，**図-1.22**に示すフォークトモデルを直列に結合した4要素モデルについて考える．一定応力 σ_0 が生じる場合のレオロジー方程式は，式(1.86)の累加で表される．

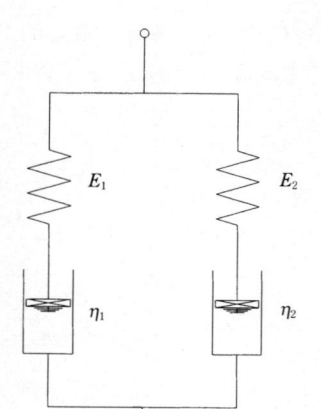

図-1.20 マックスウェルモデルを並列結合した4要素モデル

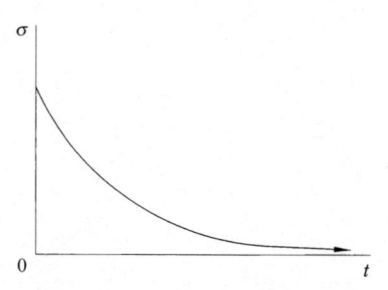

図-1.21 マックスウェルモデルを並列結合した4要素モデルにおける応力の時刻歴

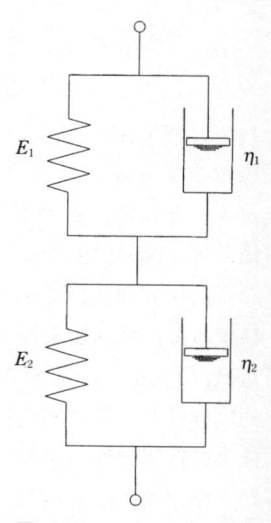

図-1.22 フォークトモデルを直列結合した4要素モデル

$$\varepsilon = \frac{\sigma_0}{E_1}\left\{1 - \exp\left(-\frac{E_1}{\eta_1}t\right)\right\} + \frac{\sigma_0}{E_2}\left\{1 - \exp\left(-\frac{E_2}{\eta_2}t\right)\right\} \tag{1.91}$$

ここで，E_1：フォークト要素の第1遅延弾性係数(Pa)，η_1：フォークト要素の第1緩和粘性係数(Pa・s)，E_2：同要素の第2遅延弾性係数(Pa)，η_2：同要素の第2緩和粘性係数(Pa・s)．

1.3 塑　性

1.3.1 塑性の概念および物性

工作等に用いる塑像用の粘土は，力を加えると永久変形を生じて思いどおりの形にすることができる．このような永久変形挙動を示す物質を塑性体といい，この概念(塑性法則)を数学的に記述したのが St. Venant である．そこで，塑性体のことをサンブナン体ともいう．

サンブナン体に力を加えた場合，物体内に生じるせん断応力がその物質固有の降伏値より大きくなると，永久変形を生じる．材料工学等においては，材料の強度が工学的に重要な意味を持つことが多く，サンブナン体の場合は，降伏値を強度(破壊せん断強度)として扱うこともある．サンブナン体(塑性)を示す部分のレオロジーモデルとしては，スライダー(**図-1.23** 参照)で表されるのが一般的である．しかし，せん断応力が降伏値より小さい場合，もちろん永久変形は生じないが，弾性的な変形性状を示すのが一般的である．サンブナン体の変形挙動を示す現存する物質の多くは，降伏値以下のせん断応力が小さい領域で弾性的な性状を示し，降伏値を超える領域で永久変形を生じる(**図-1.24** 参照)．また，降伏値を超えた領域で永久変形を生じる際に粘性的な性質(せん断応力の大きさによってひずみ速度が変化する性質)を示すものがある．特に，ここで塑性体として扱おうとしているスラン

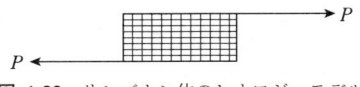

図-1.23 サンブナン体のレオロジーモデル

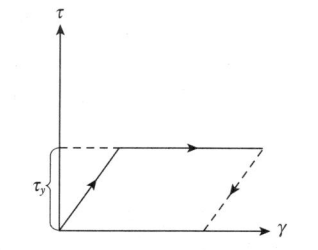

図-1.24 サンブナン体の応力-ひずみ挙動

プ12cm以下の硬練りコンクリートやモルタルは，ビンガム体に近い性質も有していることから，降伏値を超えた領域では粘性体のような挙動を示す．

スランプ12cm以下の硬練りコンクリートおよびモルタルは，粘性土等の土質とよく似たサンブナン体に近い挙動を示すことが知られている[5]．硬練りコンクリートやモルタルは，土質同様に種々の大きさの固体粒子と比較的少ない水分の集合体とみることができる．したがって，比較的水分の多い軟練りのコンクリート(ビンガム体)等とは異なり，降伏値(破壊状態になる境界値)やせん断応力下の変形挙動は，粒子同士の凝集作用や摩擦抵抗等の影響を大きく受けることになる．1.3.2で詳細を記すが，土質や粉体の強度およびせん断応力下における変形挙動を扱う土質力学や粉体工学では，粉粒体の物性値を導入してこれらの問題を解明している．硬練りコンクリートやモルタルのフレッシュ時の変形挙動にもこれらと同様の考え方が応用できることから，基本的にはサンブナン体(塑性体)であるが，粉粒体(正確には湿った粉粒体)と呼んでいる．また，前記のように降伏値を超えた後の挙動が粘性挙動に近い性質を有していることから，ここでは厳密ではないが，湿った粉粒体(粘塑性体)と呼ぶことにした[9]．

1.3.2 湿った粉粒体(粘塑性体)

前記のように，硬練りコンクリートやモルタルは，土質同様に種々の大きさの固体粒子と比較的少ない水分の集合体とみることができる．土質工学や粉体工学では，粉粒体の物性値として粘着力 C(Pa)と内部摩擦角 ϕ(°)を用いてせん断強度や変形挙動を説明している[10,11]．粘着力 C は，特に微細な粒子間で作用する凝集力に関係するせん断抵抗成分と考えられ，また，内部摩擦角 ϕ は，粒子間の摩擦によるせん断抵抗成分と考えられている．粘着力 C および内部摩擦角 ϕ は，粉粒体を構成する粉体や粒子の混合状態等で変化することになる．粉粒体のせん断強度 τ(Pa)は，式(1.92)で示される．式(1.92)は，クーロン式と呼ばれており，フランスの技術者 Coulomb がその概念を公にしたことに由来している．

$$\tau = C + \sigma \tan\phi \tag{1.92}$$

ここで，σ：破壊面に作用する垂直応力(Pa)．

図-1.25 は，横軸に垂直応力 σ を縦軸にせん断応力 τ をそれぞれとり，式(1.92)を記入したものである．図-1.25 中の式(1.92)より下の領域，すなわち，$\tau \leq C +$

$\sigma\tan\phi$ における応力状態(垂直応力とせん断応力の組合せ)の領域では，前記の降伏前の弾性的な挙動を示す領域にあたり，永久変形は生じない．しかし，図-1.25 中の式(1.92)より上の領域，すなわち，$\tau > C + \sigma\tan\phi$ における応力状態(垂直応力とせん断応力の組合せ)の領域は，塑性領域にあたり，永久変形を生じることにな

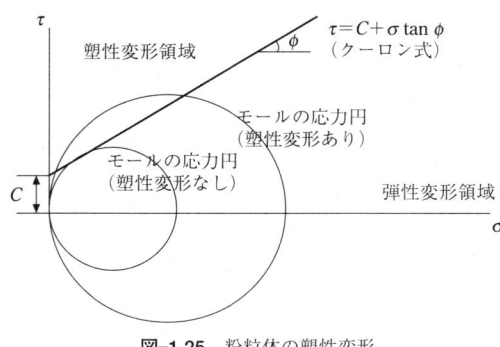

図-1.25 粉粒体の塑性変形

る．粉粒体に力を作用させた場合，粉粒体中の種々の面において生じる応力状態(垂直応力とせん断応力の組合せ)は，モールの応力円によって示すことができ，図-1.25 中に記入することができる．したがって，このモールの応力円が式(1.92)の直線を超えることがある場合は変形を生じることになる．この考え方は，後記する自由面を持つ硬練りコンクリートの変形の基本となる．

1.3.3 粉粒体物性値(粘着力 C および内部摩擦角 ϕ)の測定

粉粒体物性値(粘着力 C および内部摩擦角 ϕ)の測定方法としては，土質工学や粉体工学等に示されている方法が参考となる．具体的には，一面せん断試験方法と三軸圧縮試験方法によることが一般的であり，これらに関して測定方法の基本となる原理や理論的な説明をする．なお，これらの方法を硬練りコンクリートに適用する場合，それなりの工夫やノウハウが必要になるが，これらを含めた具体的な方法については後記の試験方法(6章)にゆずる．

(1) 一面せん断試験方法

一面せん断試験装置の概略を図-1.26 に示す．測定対象の試料を詰めてせん断するために，容器は上下2つの箱が向かい合わせで重なったような装置になっている．上部の箱は錘を載せ垂直荷重が加えられるように落とし蓋形式となっている．また，試料をセットした後にせん断できるように，下部の箱を固定し上部の箱にせん断力を加えられるようになっている(上部の箱を固定し下部の箱にせん断力を加

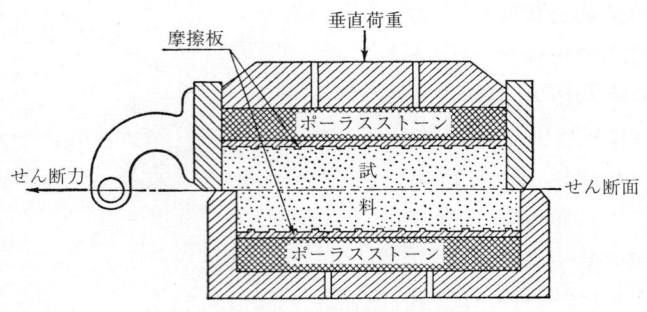

図-1.26 一面せん断試験機の機構

えられるようになっているものもある）．試料に垂直荷重[P_N(N)]を与えた状態でせん断して最大のせん断力[S(N)]を求める．垂直荷重を数水準変化させて最大のせん断力を測定する．得られた数水準の垂直荷重ごとの結果から垂直応力 σ(Pa) を式(1.93)で，また，最大せん断応力 τ(Pa) を式(1.94)で求める．これらの結果を横軸に垂直応力 σ を，縦軸にせん断応力 τ をそれぞれとったグラフに打点して最小自乗法により直線式に回帰させ，その直線の縦軸との切片より粘着力 C を，また，直線の傾きより内部摩擦角 ϕ を求める[10]．

$$\sigma = \frac{P_N}{A} \tag{1.93}$$

$$\tau = \frac{S}{A} \tag{1.94}$$

ここで，A：せん断面の面積(m^2)．

一面せん断試験は，せん断ひずみが大きくなると，有効断面積が減少すること，試料とせん断箱との摩擦によって必ずしもせん断面で切れないこと，排水条件の制御が十分にできないこと，などにより測定誤差を生じることが指摘されている．しかし，一面せん断試験は比較的簡便であることから，これらの指摘事項について何らかの工夫をしながら用いられている．

(2) 三軸圧縮試験

三軸圧縮試験装置の概要を**図-1.27**に示す．三軸圧縮室に円柱形状(モルタルの場合直径5 cm×高さ10 cm，コンクリートの場合直径10 cm×高さ20 cm)の試料を薄いゴムスリーブを巻いてセットする．次に三軸圧縮室に水を注入して所定の圧

力(側圧)σ_3(Pa)をかけ，垂直方向(一軸方向)に載荷して最大軸応力σ_1を測定する．側圧σ_3を数水準変化させて最大軸応力σ_1(Pa)を測定する．得られた側圧σ_3と最大軸応力σ_1の結果を，横軸に垂直応力σを，縦軸にせん断応力τをそれぞれとったグラフの横軸(σ軸)上に打点する．さらにσ_3とσ_1を直径とした円〔中心[$(\sigma_3+\sigma_1)/2, 0$]で半径$(\sigma_1-\sigma_3)/2$の円〕を描く．この円を数水準のσ_3での結果について記入し，これらの円に接する直線(破壊線)を求める(図-1.28参照)．この直線の縦軸との切片より粘着力C(Pa)を，また，直線の傾きより内部摩擦角ϕ(°)を求める[10]．

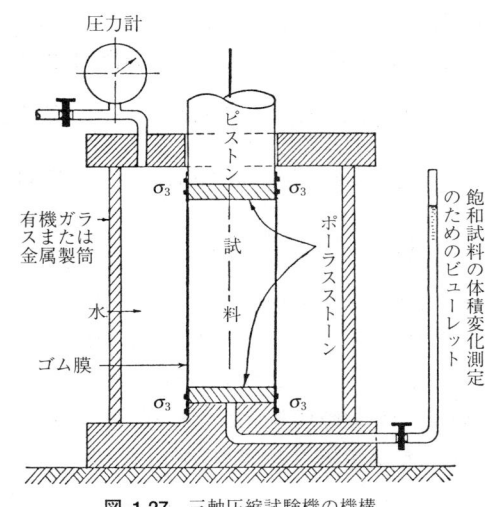

図-1.27 三軸圧縮試験機の機構

前記の方法で粘着力Cおよび内部摩擦角ϕを求めることができる理由を説明する．側圧σ_3の時の最大軸応力がσ_1であったことから，σ軸上にσ_3とσ_1をとり，この2点を直径とした円〔中心[$(\sigma_3+\sigma_1)/2, 0$]で半径$(\sigma_1-\sigma_3)/2$の円〕を描いたが，この円は，まさにモールの応力円を示している．すなわち，軸応力σ_1は，最大主応力とみることができ，主応力面とのなす角がθの任意の面におけるせん断応力τと垂直応力σは，それぞれ式(1.95)および(1.96)で与えられる．これより，

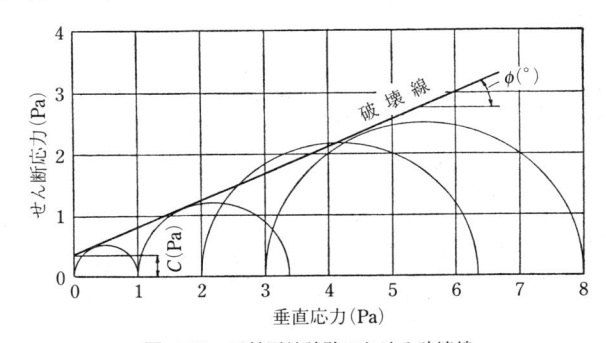

図-1.28 三軸圧縮試験における破壊線

式(1.97)が得られ，この式は，まさに円〔中心[$(\sigma_3+\sigma_1)/2,\ 0$]で半径$(\sigma_1-\sigma_3)/2$の円〕を表していることがわかる(**図-1.28**参照).

$$\sigma = \sigma_1 \cos^2\theta + \sigma_3 \sin^2\theta = \frac{\sigma_1+\sigma_3}{2} + \frac{\sigma_1-\sigma_3}{2}\cos 2\theta \tag{1.95}$$

$$\tau = (\sigma_1 - \sigma_3)\sin\theta\cos\theta = \frac{\sigma_1-\sigma_3}{2}\sin 2\theta \tag{1.96}$$

$$\left(\sigma - \frac{\sigma_1+\sigma_3}{2}\right)^2 + \tau^2 = \left(\frac{\sigma_1-\sigma_3}{2}\right)^2 \tag{1.97}$$

このモール応力円上のどこかの点，すなわち，どこかの応力状態$(\sigma,\ \tau)$で，式(1.92)に接するために三軸圧縮破壊を生じたと考えることができる(**図-1.29**参照).したがって，数水準のσ_3でのσ_1の結果(少なくても2水準以上)からモールの応力円を複数描き，この共通接線を求めることにより式(1.92)を得ること，すなわち，粘着力Cと内部摩擦角ϕが得られるのである.

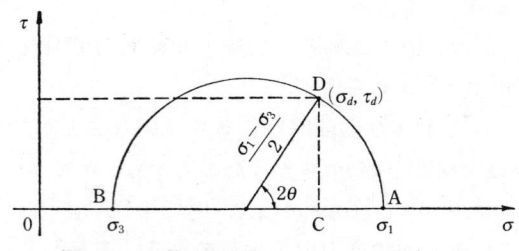

図-1.29 三軸圧縮試験におけるモールの応力円

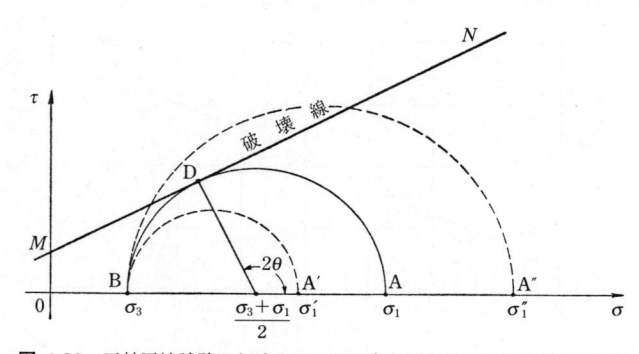

図-1.30 三軸圧縮試験におけるモールの応力円とクーロンの式との関係

文　献

1) Newton : Principia, 1685.
2) 山田嘉昭, 柳沢延房：レオロジーの基礎理論, コロナ社, 1973.
3) 村上謙吉：やさしいレオロジー, 産業図書, 1987.
4) Bingham and Green : Paint, a plastic material and not viscous liquid, *Proc. Amer. Soc. Testing Materials.*, II, 19, 640, 1919.
5) 村田二郎：フレッシュコンクリートの挙動に関する研究, 土木学会論文集, No. 378, pp. 21-33, 1987. 2.
6) 小門武, 宮川豊章：スランプフロー試験による高流動下のレオロジー定数評価法に関する研究, 土木学会論文集, No. 634, pp. 113-129, 1999. 11.
7) Ralph, W. Ansley : Motion of Spherical Particles in a Bingham Plastic, *AIChE Journal*, Vol. **13**, No. 6, pp. 1193-1196, 1967. 11.
8) 中川鶴太郎, 神戸博太郎：レオロジー, pp. 355-409, みすず書房, 1956.
9) 下山善秀：静的外力による硬練りコンクリートの変形に関する研究, 土木学会論文集, No. 390, pp. 141-149, 1988. 2.
10) 井伊谷鋼一：粉体工学ハンドブック, pp. 81-92, 106-108, 朝倉書店, 1965.
11) 河上房義：土質力学, pp. 72-84, 森北出版, 1969.

第2章　コンクリートの練混ぜ

2.1　練混ぜの基本原理

2種類以上の物理的あるいは化学的に異なる性質を有する物質の成分濃度の分布を均質化する操作，または各成分相互間の接触面積を増大させる操作を混合[1] (mixing)という．

物体内の任意のいかなる微小部分をとっても，全体としての平均の成分比が保たれている状態，すなわち完全混合状態[図-2.1(a)]に実際に到達させることは不可能であるため，現実には統計的な意味での完全混合状態[図-2.1(b)]として取り扱う．統計的な混合状態とは，各成分の粒子の配列が何の規則性も有しない統計的にランダム(無作為)なものであるような状態である．

練混ぜ機構は，大別すると3つの機構[2,3]から成り立っている．すなわち，粒子群が大きく位置を移動し，混合機内で循環流を形成して混合が進行する対流・移動混合 (convective mixing)，粉粒体粒子群内の速度分布によって生じる粒子相互のすべりや衝

(a)　理想的な完全混合状態

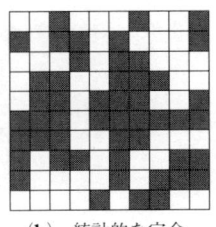

(b)　統計的な完全混合状態

図-2.1　混合状態

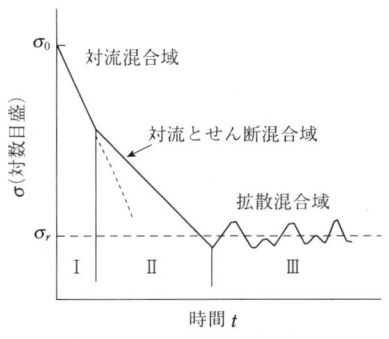

図-2.2　混合特性曲線

突，撹拌翼の先端部と壁面および底面等との間の粉粒体粒子塊が圧縮と伸張等によって解砕される作用をも含むせん断混合(shearing mixing)，接近した粒子相互の位置交換や新しくできた表面への粒子の散布による局所的な拡散混合(diffusive mixing)である．実際の混合の進行においては，程度の差こそあれ3つの混合機構が同時に作用し，どの機構が支配的であるかは，混合機の形式や構造および操作条件によって異なる．

混合速度[4]は，一般に物理的な性質が異なる粒子の混合では，混合作用と分離作用とが動的に平衡した状態以上には進行しない．分離作用に比べて混合作用が良好な系では，式(2.1)のような関係が成り立つ．

$$1 - M = e^{-\phi t} \tag{2.1}$$

ここで，M：混合度(**表-2.1**)，ϕ：分散相の容積分率，t：混合時間．

表-2.1 混合度

分散 σ^2	混合度 M
いくつかの点から採取したサンプル中の着目成分の濃度 x に関する不偏分散 σ^2(または標準偏差 σ)を用いて混合の程度を表す． $$\sigma^2 = \frac{1}{N}\sum_{i=1}^{N}(x_i - a)^2$$ ここで，N：採取したサンプル数，a：着目成分の仕込み濃度(一般に既知数)．次に，N 個のサンプル濃度の平均値 $\bar{x}$ を用いて表せば， $$\sigma^2 = \frac{1}{N-1}\sum_{i=1}^{N}(x_i - \bar{x})^2$$ ただし， $$\bar{x} = \frac{1}{N}\sum_{i=1}^{N}x_i$$	左の不偏分散 σ^2 の値は，混合の程度が同じであっても，サンプルの大きさ，仕込み濃度等によって異なる．そこで，未混合状態で0となり，完全混合状態で1となるような次に示す M の値がよく用いられる． $$M = \frac{\sigma_0^2 - \sigma^2}{\sigma_0^2 - \sigma_r^2}$$ ここに，σ_0^2 は全く混合していない状態における分散で，$\sigma_0^2 = a(1-a)$，σ_r^2 は完全混合状態における分散であって，各サンプル中に含まれる全粒子数 n が一定ならば，$\sigma_r^2 = a(1-a)/n$ となる．

実際の混合機では移動混合が主体であるから，混合機内では n_g 個の大きさの粒子群が一体となって移動するものとすれば，n_g の大きさの粒子群は，単一粒子と見立てた時の完全混合状態における分散 σr_g^2 は，式(2.2)および(2.3)のようになる．

$$\sigma r_g^2 = \frac{a(1-a)}{\frac{n}{n_g}} = n_g \sigma r^2 \tag{2.2}$$

$$\frac{\sigma^2}{\sigma r^2} = k \tag{2.3}$$

ここで，σr_g^2：粒子塊完全混合時の分散，a：着目成分の仕込み濃度，σr^2：完全混合状態の分散，n_g：サンプル群中に含まれる粒子数．

2.2 液・液の混合

液と液の混合[5]は，槽内の液の流動状態による影響を受け，液の流動状態は，マクロ的(巨視的)とミクロ的(微視的)に分けられる(**表-2.2**)．

表-2.2 かき混ぜ槽内における液の流動状態

マクロ的(巨視的)な流れ	ミクロ的(微視的)な流れ
かき混ぜ槽内全体の対流状態，いわゆる循環流と乱流の場合の乱流拡散も含めて，液の流動状態に着目した場合の巨視的な流れ．主として，槽内の液全体にかき混ぜ作用を及ぼすことに有効に寄与する．	分子粘性等が強く作用している．局部的なせん断流等の様子に着目の微視的な流れ．局部的な混合作用，異相間の界面更新等による物質や熱の移動，気泡や液滴の分裂・微細化，その他の分散作用等を促進する．

マクロ的な流れは，式(2.4)に示すかき混ぜ系のレイノルズ数になる．

$$Re = \frac{n\,d^2\,\rho}{\mu} \tag{2.4}$$

ここで，n：かき混ぜ速度(s^{-1})，d：かき混ぜ翼長(m)，ρ：液の密度(kg·m^{-3})，μ：液の粘度．

ミクロ的な流れは，かき混ぜ所要動力 $P[(kg·m)/s]$ を液の容積 $V(m^3)$ で割った単位容積当りの所要動力 $Pv[kg·(m^{-2}·s^{-1})] = P/V$ に密接に関係する．

したがって，ある種一定の形式を持ったかき混ぜ装置についてみれば，液の性状，かき混ぜ速度，装置の寸法，形式等によって流動状態は異なるが，主として前述の $Re \equiv n\,d^2\,\rho/\mu$ と $Pv = P/V$ とによって支配される．

翼端からの吐出流量 q_d が周囲からの同伴流量 q_i と合流して上下循環流量 q_c(**図-2.3**)を起こす．この流れの強さを表す吐出流量数 N_{qd}，かき混ぜ所要動力数 N_P，混合時間数 N_{QM} は，それぞれ式(2.5)のように表される．

$$\left. \begin{aligned} \text{吐出流量数} \quad & N_{qd} \equiv \frac{q_d}{n\,d^3} \\ \text{動力数} \quad & N_P \equiv \frac{P q_c}{n^3\,d^5\,\rho} \\ \text{混合時間数} \quad & N_{QM} \equiv n\,QM \end{aligned} \right\} \tag{2.5}$$

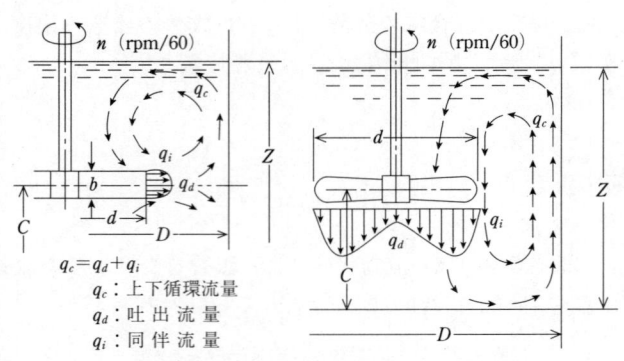

図–2.3 かき混ぜ槽内の液循環流

ここで，q_d：吐出流量($m^3 \cdot s^{-1}$)，n：かき混ぜ速度(s^{-1})，P：かき混ぜ所要動力 [$(kg \cdot m) \cdot s^{-1}$]，$d$：翼の長さ(m)，$QM$：混合時間(s)，$\rho$：液の密度，$q_c$：重力換算係数[$(kg \cdot m) \cdot (kg^{-1} \cdot s^{-2})$].

2.3 固・固の混合

固と固の混合[6]では，個々の粉粒体粒子は自己拡散的性質を持たないため，外力で混合させる必要がある．外力によって粒子群が運動状態にある時は，流体の運動と類似の挙動を示すが，外力がなくなって運動が停止すると，静止粉粒体層に特有の諸性質が現れる．

外力による粒子群の運動には混合と分離の両作用があり，十分に撹拌しても粒子径分布や密度に差があると，両作用の強さの違いにより，混合状態を維持できず，偏析，分離が起こる．通常，ある程度まで混合が進行した後，混合作用と分離作用が動的平衡に達し，以後，見かけ上の混合は進行しない．混合機内の各測定位置より採取した試料中の着目成分である濃度 C_i の完全混合状態における濃度 C_0 に対する標準偏差 σ [7] は，式(2.6)で表される．

$$\sigma = \sqrt{\frac{1}{n}\sum_{i=1}^{n}(C_i - C_0)^2} \qquad (2.6)$$

試料濃度 C_i，C_0 は，容積百分率で表す方が便利であって，式(2.7)および(2.8)で表される．

$$C_i = \frac{100}{1 + \dfrac{W_B}{W_A}\dfrac{\rho_A}{\rho_B}} \qquad 0 \leq C_i \leq 100 \tag{2.7}$$

$$C_0 = C_A = \frac{100}{1 + \dfrac{W_B}{W_A}\dfrac{\rho_A}{\rho_B}} \qquad 0 < C_0 < 100 \tag{2.8}$$

ここで，W_A, W_B：採取試料内の成分および仕込み全原料内の成分 A，B の重量，ρ_A, ρ_B：各成分 A，B の密度，C_A：仕込み全原料中の成分 A の容積百分率．
式(2.6)の σ^2 が混合度の測定に用いられる．

2.4 固・液の混合

固と液の混合[8)]では，固体粒子を液中に均一に懸濁させること，固体の溶解速度あるいは固体-液体間の物質移動抵抗と各種操作変数との関係を明らかにする必要がある．固-液混合における有効反応面積は，粒子堆積範囲では撹拌速度の上昇とともに急激に増大するが，粒子浮遊流動範囲では一定であり，撹拌の目的はもっぱら拡散境膜抵抗の減少であり，この粒子浮遊限界速度 N_f の値が固-液反応における重要な基準となる．

撹拌槽内の粒子の流動状態には，図-2.4(**a**)および(**b**)の別があり，同一撹拌翼を用いた時，比重が大で粒子径の小なる粒子では，形式Ⅱが有利で，逆の場合には形式Ⅰが有利である．

各種固体粒子の浮遊限界撹拌速度 N_f の値は，式(2.9)で算出できる

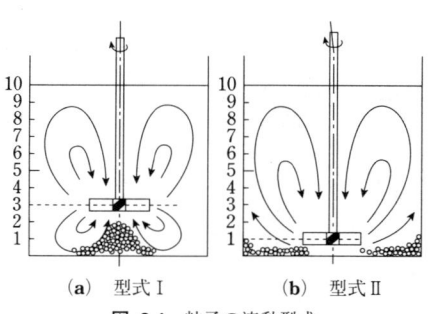

図-2.4 粒子の流動型式

$$N_f = K\, T^{-2/3}\, \delta^{1/3} \left(\frac{\rho_S - \rho_L}{\rho_L}\right)^{2/3} \left(\frac{\mu}{\rho_L}\right)^{-1/9} \left(\frac{V_p'}{V_p}\right)^{-0.7} \tag{2.9}$$

ここで，T：槽内径(m)，δ：固体粒子の大きさ(mm)，ρ_S, ρ_L：それぞれ粒子および液の密度(kg/m³)，μ：液の粘度(kg/m·s)．

表-2.3 補正係数

槽底面形状	翼長	翼角度	翼数	K
半球形	$0.35\,T$	45°	2	567
			4	503
		90°	2	504
皿　形	$0.40\,T$	45°	2	522
			4	445
		90°	2	442
扁　平	$0.45\,T$	45°	2	471
			4	412
		90°	2	403

一定条件　翼幅：$DW=0.1\,T$
　　　　　翼高さ：$C=0.4\,Z$
　　　　　槽内径：T
　　　　　液深さ：Z

これらの単位を用いた場合の係数Kの値は，各種撹拌条件に対して**表-2.3**に示すようである．式(2.9)における最後の項は，粒子形状の影響の補正項である．ただし，$V_p{}'$：固体粒子のかさ容積，V_p：真容積．また，式(2.9)は，液の平均比重ρ 1.07〜1.09の範囲の実験式で，粒子の投入量がこれより多くなると，一般にN_fは大となる．

2.5　コンクリートの混合

2.5.1　コンクリートの練混ぜ機構

コンクリートの練混ぜ[3]は，比重差のある数μmから数cmの材料を均一化する過程と，セメントペーストを練混ぜながらそれを骨材粒子の表面にコーティングする過程からなっている．

粒子(固体材料)と水(液体)が存在する場合[9]，**図-2.5**に示すように水の表面張力等によって粒子同士が付着する．この付着力は，**図-2.6**に示すように粒子径が小さいほど大きく，粒子径に反比例する．このため，例えばセメント粒子同士が付着していると，セメント粒子を引き離すためには粗骨材の場合の何百倍もの力が必要となる．この力が作用しない場合には，径の小さな粒子同士が付着し，**図-2.7**に示すペンジュラーまたはファニキュラー状態のままとどまる．ミキサの練混ぜは，このような状態にならないように必要な力を加え，各粒子を均等に分散しキャピラリー状態またはスラリー状

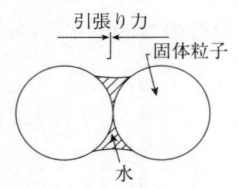

図-2.5 固体粒子と液体(水)が存在する場合に働く引張り力

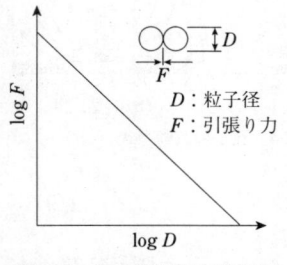

図-2.6 粒子径と粒子間引張り力との関係

2.5 コンクリートの混合

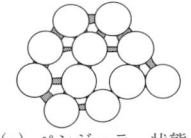

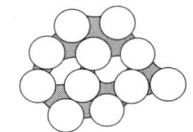

(a) ペンジュラー状態　(b) ファニキュラー状態　(c) キャピラリー状態　(d) スラリー状態

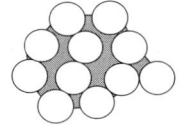

図-2.7 粒子間における液体の存在状態

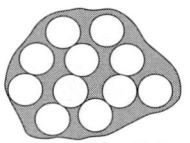

態にさせることが必要である．

コンクリートの練混ぜ特性[10,11]は，レオロジーの理論を適用することにより，ある程度解明されてきている．まだ固まらないコンクリートは，ビンガム体に近い流動特性を持っており，せん断応力が一定の限界値(降伏値という)以下では流動が全く起こらず，応力が降伏値以上になると，これらの差に比例するせん断ひずみ速度(比例定数の逆数を塑性粘度という)を生ずる．降伏値は，流動の起こりやすさを表し，塑性粘度は流動の起こった後における流動のしやすさを表す．まだ固まらないコンクリートの流動特性は，近似的に式(2.10)で表すことができる．

$$\dot{\gamma} = \begin{matrix} 0 & (\tau < \tau_y) \\ (\tau - \tau_y)\eta_{pl} & (S > S_y) \end{matrix} \qquad (2.10)$$

ここで，$\dot{\gamma}$：せん断ひずみ速度，τ：せん断応力，η_{pl}：塑性粘度，τ_y：降伏値．

物質の $\dot{\gamma}$ と τ との関係を定めるために用いられる装置を粘度計といい，コンクリートに対しては回転粘度計を多く用いられる．回転粘度計は内筒回転型と外筒回転型に大別され，図-2.8に外筒回転型の原理を示す．

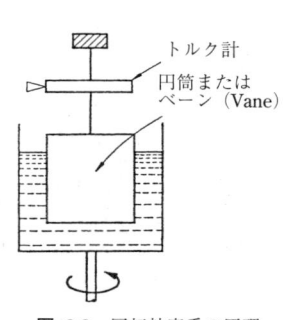

図-2.8 回転粘度系の原理

外円筒を回転させると内円筒は，流体に引きずられて回転力が生じる．実験は定常状態になった時の外筒の角速度 Ω と内筒に加わる回転力 T との関係を Ω を変化させて測定する．

$\dot{\gamma}$-τ の関係は，Ω-T についての試験結果から計算によって求めることができる．水等の粘性液体では，Ω-T，$\dot{\gamma}$-τ とも原点を通る直線となるが，コンクリートでは，図-2.9に示すように T，τ がある値より大きい領域で直線関係となる．

Ω-T の測定値から降伏値 τ_y と塑性粘度 η_{pl} を求めるには，内外円筒の半径比 R_2/R_1 を a，浸液長を L として，

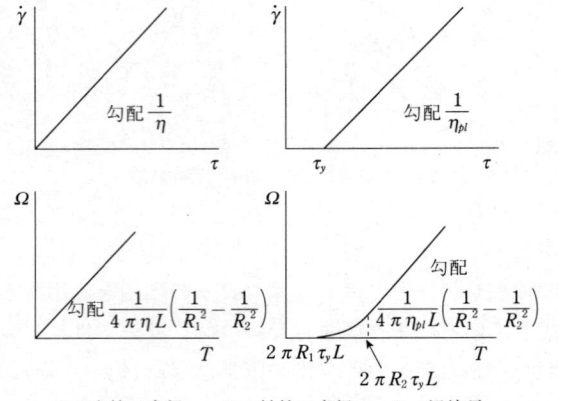

R_1：内筒の半径　　R_2：外筒の半径　　L：浸液長
(a) ニュートン体　　　　(b) ビンガム体

図-2.9 ニュートン体とビンガム体の $\dot{\gamma}$-τ 曲線と Ω-T 曲線

$$V = \frac{2\Omega}{1-(l/a^2)} \tag{2.11}$$

を縦軸に，

$$S_1 = \frac{T}{2\pi R_1^2 L} \tag{2.12}$$

を横軸にとって，V-S_1 の関係を示す直線を書く（図-2.10）．この直線の勾配を A，直線の延長が横軸を切る点を B とすれば，

$$p = \frac{1}{A}$$
$$\tau_y = \frac{B}{4.61 \log \alpha}\left(1-\frac{l}{a^2}\right) \tag{2.13}$$

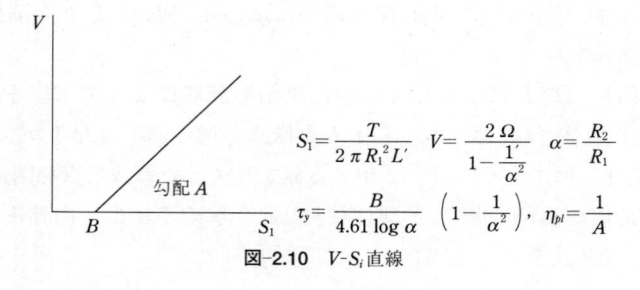

$S_1 = \dfrac{T}{2\pi R_1^2 L'}$　$V = \dfrac{2\Omega}{1-\dfrac{1'}{\alpha^2}}$　$\alpha = \dfrac{R_2}{R_1}$

$\tau_y = \dfrac{B}{4.61 \log \alpha}\left(1-\dfrac{1}{\alpha^2}\right)$,　$\eta_{pl} = \dfrac{1}{A}$

図-2.10　V-S_i 直線

である．

　コンクリートの塑性粘度は，主としてセメントペーストの濃度と量，細骨材率，混和材料の種類と使用量などによって変化し，セメント量が多く，水セメント比の小さい富配合のコンクリートほど塑性粘度が大きい．

　通常のコンクリートの降伏値 τ_y および塑性粘度 p_{pl} の概略の値は，それぞれ 981～4 905 Pa，5～13 Pa·s 程度である．

2.5.2　コンクリートの練混ぜ性能

　JIS A 5308「レディーミクストコンクリート」では，いずれのミキサも JIS A 1119「ミキサで練混ぜたコンクリート中のモルタルの差及び粗骨材量の差の試験方法」によって試験した結果が，

　　　　コンクリート中のモルタルの単位容積質量差：0.8％以下
　　　　コンクリート中の単位粗骨材量の差：5％以下

であれば，コンクリートは均一に練混ぜられていると判断される．

　しかし，練混ぜ時間はミキサ容量，粗骨材の最大寸法，コンクリートの配合，コンクリートの種類，コンシステンシーによって異なり，材料の投入順序および時期（タイミング）によっても大きな影響を受けるので注意が必要である．

　最近，生コン工場では，練混ぜ中のミキサの負荷曲線をモニタで表示し，これをさらに無負荷修正した電力波形に積分して，これに練混ぜ量，粗骨材の最大寸法および種類，ミキサの羽根の減り具合等に対する補正・調整機構を取り付けたスラン

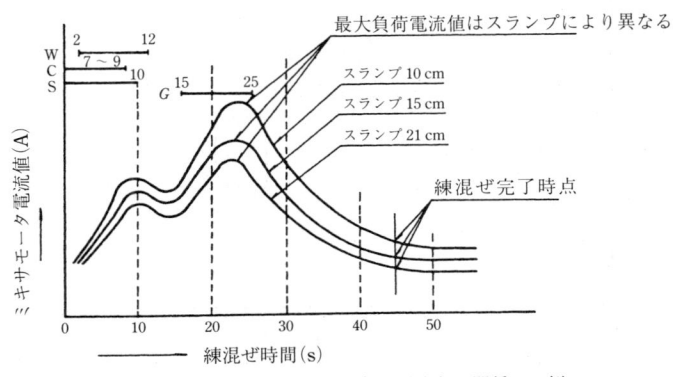

図-2.11　スランプと電動機負荷電流との関係の一例

プメータ(スランプモニタ)を利用してコンクリートのスランプを管理している工場が増えてきている．ミキサ電動機負荷曲線の変化の例[12),13)]を図-2.11〜2.13に，図-2.14にスランプメータの読みと実測値との関係を示す．

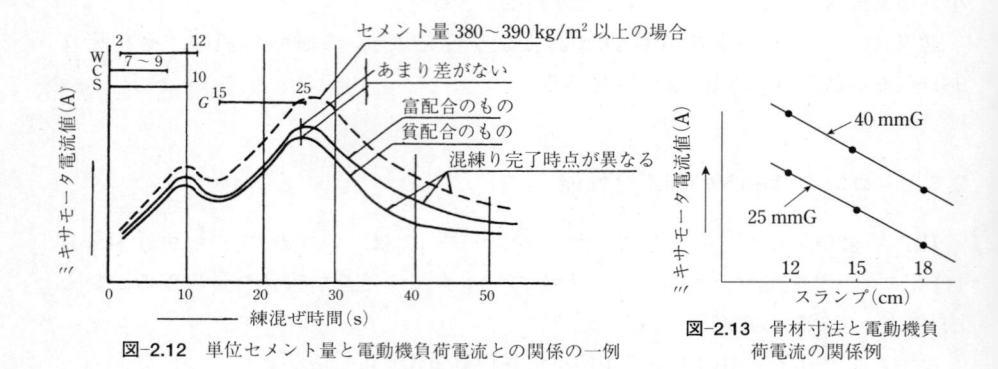

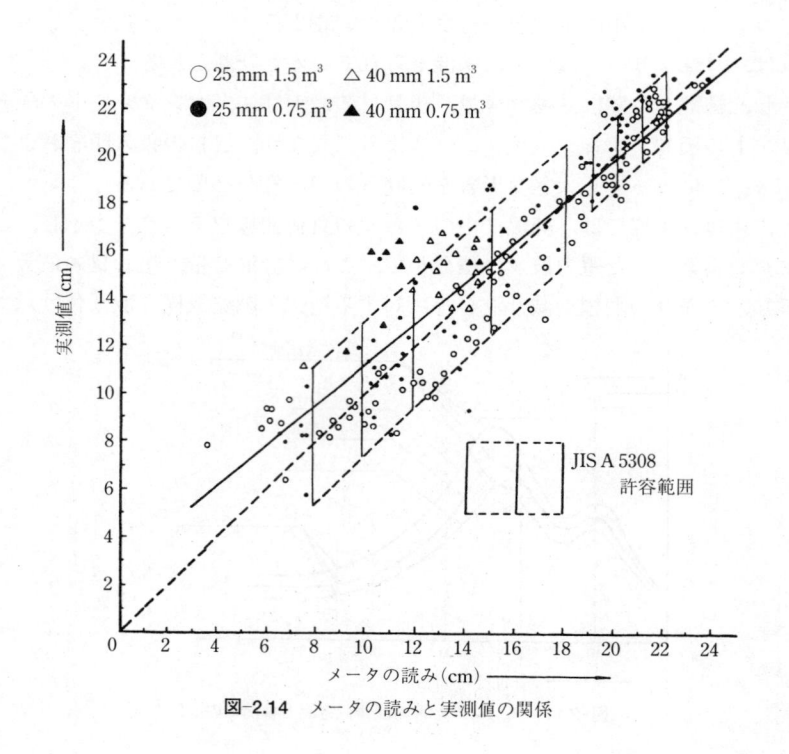

図-2.12 単位セメント量と電動機負荷電流との関係の一例

図-2.13 骨材寸法と電動機負荷電流の関係例

図-2.14 メータの読みと実測値の関係

2.5.3 コンクリートの練混ぜ技術

現在実用されているコンクリートミキサは，**図-2.15**[14]のように分類することができる．コンクリートミキサは，バッチ式と連続式に大別され，さらにバッチ式は撹拌方法によって重力式と強制式に分類できる．

コンクリートの練混ぜ技術は，近年著しく進歩し，**表-2.4**[15~19]に示すように水平2軸型ミキサやデュアルミキサ等の強制式ミキサの改良型の普及により，重力式ミキサから強制式ミキサへの転換はさらに加速傾向にある．

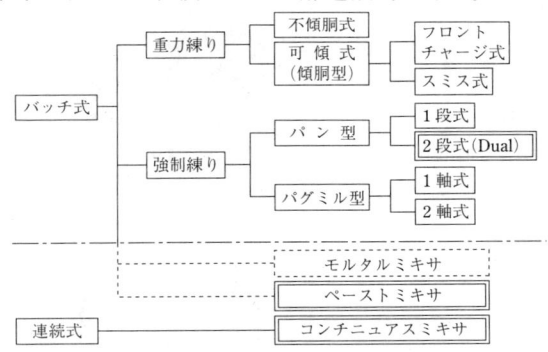

```
                      ┌─不傾胴式
          ┌─重力練り─┤           ┌─フロントチャージ式
          │         └─可傾式   ─┤
          │           (傾胴型)   └─スミス式
  バッチ式─┤
          │                  ┌─1段式
          │         ┌─パン型─┤
          │         │        └─2段式(Dual)
          └─強制練り─┤
                    │           ┌─1軸式
                    └─パグミル型─┤
                                └─2軸式

                      ┌─モルタルミキサ┐
                      └─ペーストミキサ─┘
  連続式  ──────── コンチニュアスミキサ
```

図-2.15 コンクリート用ミキサの種類

表-2.4 各種練り混ぜ工法の特徴

工法名	各種工法の特徴
SEC工法	細骨材にコーティングするセメントペーストの水セメント比を骨材と最も強く吸着する状態にして1次練りを行う．SEC工法の練り混ぜ過程を図-2.16に，練り混ぜ機構の概念を図-2.17[15]に示す．
ダブルミキシング工法	細骨材を1次練りで得られたキャピラリー状態のセメントペーストで造殻するところが特徴．SEC工法[16]と同じ分割方式であるが，混合効果をGEM (Gravel Enveloped with Mortar)によっている．
ペースト先練り工法	対向して高速回転する超高性能ペーストミキサ(HPM)[17]で高品質のセメントペーストを製造するところが特徴．セメントペーストとコンクリートの練り混ぜを上下2段に配置した専用のミキサに分担させる(図-2.18)．
デュアルミキシング工法	モルタルとコンクリートを上下2段に配置したミキサ[18]で練ること，および混和剤を後添加するところが特徴．図-2.19に標準的なデュアルミキサの一例を示す．
コンチニュアスミキシング工法	各材料を流量一定で連続供給できること，コンクリートを連続して製造できること，プラントの移動が容易であるところが特徴．連続式ミキサ[19]の概念を図-2.20に示す．

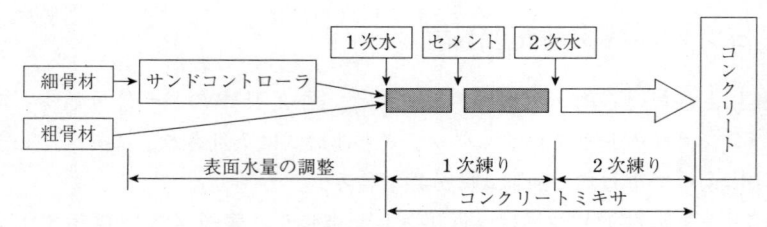

図-2.16 SEC工法の練混ぜに関するフロー

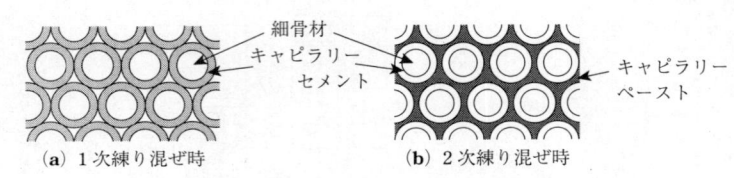

図-2.17 SEC工法の練混ぜメカニズムの概念

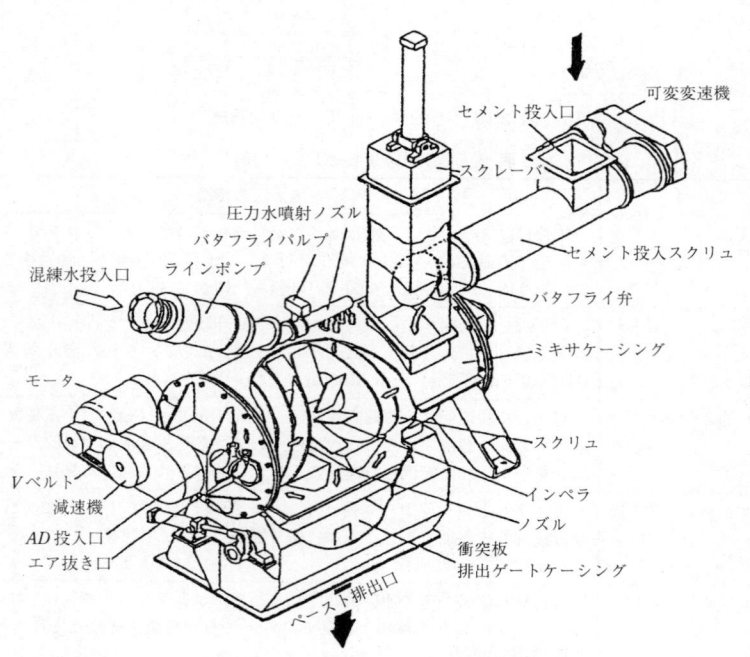

(a) 1次練り混ぜ時　　(b) 2次練り混ぜ時

図-2.18 超高性能ペーストミキサの構造

2.5 コンクリートの混合

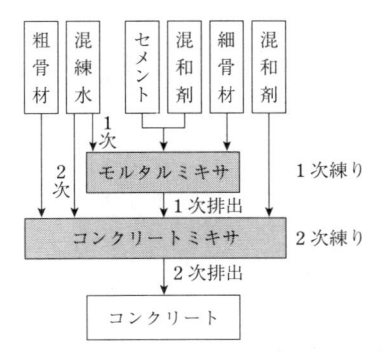

図-2.19 分割2度練り，2段式ミキサの概念
（デュアルミキシング工法）

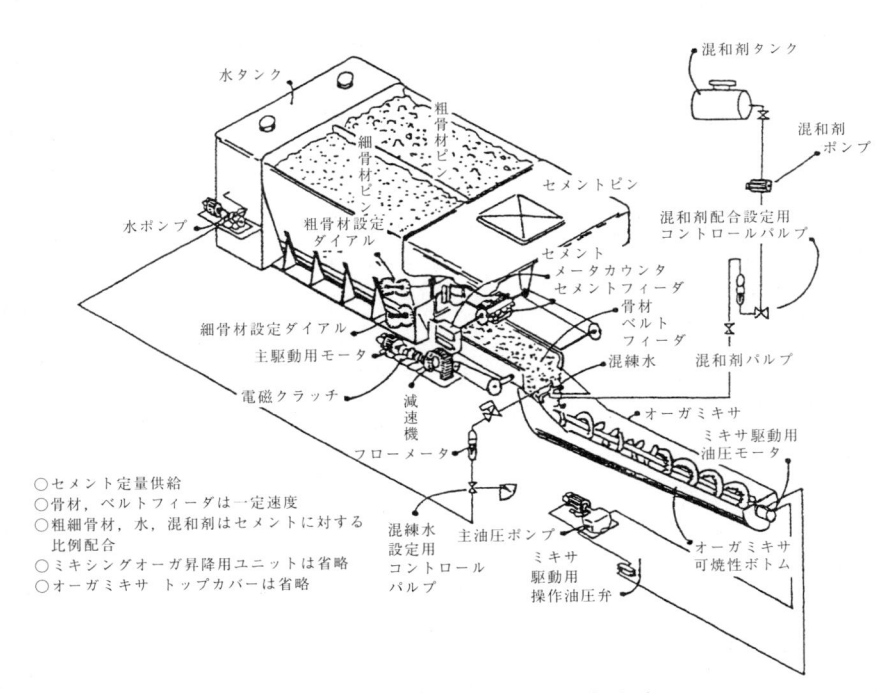

図-2.20 コンチニュアスミキシング工法の概念

文　献

1) 荻野典夫：化学ハンドブック，p. 745，オーム社，1978.11.
2) 矢野武夫：混合混練技術，pp. 15-17，日刊工業新聞社，1980.8.
3) 小阪義夫監修：最新コンクリート技術，p. 223，森北出版，1990.7.
4) 荻野典夫：化学ハンドブック，pp. 745，746，オーム社，1978.11.
5) 荻野典夫：化学ハンドブック，pp. 747，748，オーム社，1978.11.
6) 矢野武夫：混合混練技術，pp. 1, 2，日刊工業新聞社，1980.8.
7) Weidenbaum, S. S.: *Advances in Chem. Eng.*, 2, 249, 1958
8) 山口巌：新補版混合および攪拌，pp. 37-39，化学工業社，2000.11.
9) 魚本健人：コンクリートの練混ぜ技術の現状と問題点，コンクリート工学，Vol. **26**, No. 9, pp. 5-10, 1988.9.
10) 村田二郎：まだ固まらないコンクリートのレオロジーの研究，コンクリートジャーナル，Vol. **10**, No. 12, pp. 1-10, 1972.12.
11) コンクリート工学協会：コンクリート便覧，pp. 18-22，技報堂，1976.2.
12) 石川島建機：強制練りミキサ取扱説明書，1978.4.
13) 高崎生コンクリート㈱，日本セメント㈱東京支店：スランプメータとスランプについて，セメント工業，No. 162, 1981.6.
14) 最新コンクリートハンドブック，p. 129，建設産業調査会1996.3.
15) 小阪義夫監修：最新コンクリート技術，pp. 223-229，森北出版，1990.7.
16) 岸谷孝一他：SECコンクリート工法，建築技術，No 380, pp. 87-104, 1983.4.
17) 両角昌公他：高性能なコンクリート製造プラントの開発と展開，セメント・コンクリート，No. 503, pp. 35-43, 1989.1.
18) 太平洋機構株式会社社内試料：デュアルミキシングシステム，pp. 86-120, 1988.6.
19) 河野清他：連続練りプラントにおけるコンチニアスミキサの使用とコンクリートの品質，コンクリート工学，Vol. **16**, No. 5, pp. 16-24, 1978.5.

第3章 フレッシュコンクリートの流動と変形

　フレッシュコンクリートの流動と変形に関するレオロジー解析は，主としてコンクリートの運搬や打込み過程を理論的に解析するための基礎理論として重要である．特に，ポンプ圧送時におけるフレッシュコンクリートの管内流動解析による所要の圧送流量を達成するための圧送・配管計画等の施工設計を行ううえで重要である．また，管内流動(細管流れ)のレオロジーを応用して，コンクリート中の骨材やセメント等の固体充填層の空隙部を細管と仮定することによって，締固め時に生じる種々の分離現象を解析できる．流動化剤を高添加した場合のセメントペーストの分離現象や遠心力成形時に発生するスラッジの分離現象の解析およびこれらを抑制する施工条件の設定に管内流動(細管流れ)のレオロジーは有効な手法となる．

　一方，打込み時に圧送管から排出されたフレッシュコンクリートは，型枠内を流動して隅々まで行きわたる．この流動は，いわゆる自由表面を持つコンクリートの流れとなる．この流れの解析(流動解析)には，流体力学の基礎理論を応用した複雑な計算が必要となるために容易ではなかった．しかし，近年，コンピュータ解析技術が発達し流動解析が比較的に簡単に行えるようになったことから，コンクリートの流動過程や行きわたる状態を予測できる．これらにより，コンクリートを所定の形状にするための解析(造形問題の解析)が可能となり，施工設計に活かすことができるようになった．

　また，前述の自由表面を持つコンクリートの流れは，スランプ12～15 cm以上のビンガム体を対象にしていることはいうまでもないが，これに対して，スランプが12 cm以下の硬練りコンクリート(湿った粉粒体)は，流動というよりは変形(レオロジーでは流動も変形もせん断応力によって生じ厳密な区別の定義はない)することによって最終の形状が決まる．

　本章では，フレッシュコンクリートの流動と変形として，フレッシュコンクリー

トの管内流動，自由表面を持つコンクリートの流動およびフレッシュコンクリートの変形について述べる．

3.1 フレッシュコンクリートの管内流動

3.1.1 概　　説

　本節では，フレッシュコンクリートをはじめセメント系混合物の円管内の流れを，ビンガム(Bingham)流れ，管壁にすべりを伴うビンガム流れおよび半固体流れに分類し，それぞれの管内流動の理論について解説した．ビンガム流れは，きわめて流動性が高く，円管内の試料の流動現象がビンガム体近似となるプレパックドコンクリート用注入モルタルやPC用グラウト(以降，グラウトと呼ぶ)の流動を対象とした．管壁にすべりを伴うビンガム流れは，グラウトよりも粘性が高く，比較的硬練りでトンネルの裏込めや機械の台座の据付け等に用いられるモルタルおよびスランプ12 cm程度以上のコンクリートの流動現象を対象とした．また，半固体流れは，スランプが12 cm程度以下の硬練りコンクリートの流動現象を対象としている．

　これらの管内流動のうち，グラウト，硬練りモルタルおよび軟練りコンクリートについては，それぞれの管内流動の理論を現場で実用するために，水平直管路，曲がり管路および鉛直上向き(高低差のある)管路における圧力損失に関する実験データをもとに，コンクリートの施工計画から要求される単位時間当りの圧送流量を得るための配管計画の手順と計算例をわかりやすく解説した．

　なお，半固体流れについては，実験データが少なく，配管計画に必要な精度の高い情報を提供できないので本解説には含めないこととした．

3.1.2　フレッシュコンクリートの管内流動の理論

　セメント系混合物は，ビンガム体に近似した挙動を示す．セメント系混合物，すなわちグラウト，モルタルまたは軟練りコンクリートおよび硬練りコンクリートが図-3.1(a)に示すように管の半径R，距離lを隔てた2断面間における圧力差が

$\varDelta P$ となる円管内を流動する場合の流速分布は，(b)～(d)に示す3種類となる．

(b)は，降伏値を持つ粘性液体の流速分布であって，試料と管壁間の付着力がせん断応力より大きい場合である．P漏斗流下時間が20s程度以下のグラウト（例えば，プレパックドコンクリート用注入モルタル，PC用グラウト等）の場合一般にこの流れとなり，これをビンガム流れという．

(c)は，試料と管壁間との間に働くせん断応力が付着力を超え，管壁面ですべりを生じる場合であって，すべりを伴うビンガム流れという．JIS R 5201におけるフロー値が190～280程度のモルタルやスランプが12 cm程度以上のAEコンクリートの場合，またグラウトでも圧力勾配がかなり大きい場合にこの流れとなる．

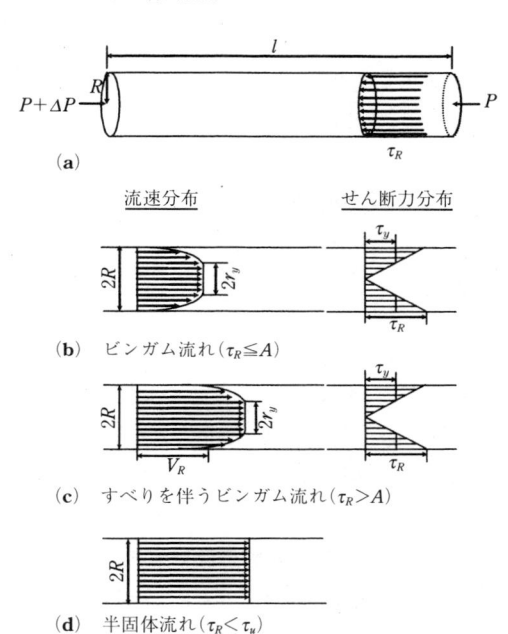

(d)は，不飽和の半固体（粘塑性体）の流れを示し，試料のせん断強度（τ_u）がせん断応力より大きい場合であって，試料は管壁に沿ってトコロテンのように押し出される．スランプが12 cm程度以下の硬練りコンクリートの場合この流れとなり，これを半固体流れという．

(b)および(c)の流れは，流体力学の法則に従い，管軸方向の圧力分布は線形となる．これに対し，(d)の場合の圧力分布は，指数関数的に変化し，また管軸方向圧力と半径方向圧力とは相違する．

なお，以下に示す管内流動に関する理論は，水平直線配管内のセメント系混合物の流動現象について述べたものである．工事現場等においては，配管の一部として曲がり管やテーパ管を使用するが，理論式はない．森永ら[1]は，曲がり管やテーパ管の圧力損失を運動量の法則を用いて解析し，曲がり管の場合，曲げ半径，曲げ角度，コンクリートの付着係数および速度係数から圧力損失を推定する方法を提案し

ている．また，森ら[2]の研究では，粘弾性有限要素法による数値解析によって圧力損失の推定を試みているが，これらの解析結果に対する明瞭な実証実験結果は提示されていない．

(1) ビンガム流れ[3]

理想的なビンガム体の直管内における流量は，式(3.1)に示す Buckingham-Riener(バッキンガム-ライナー)式[以降，(バッキンガム)式と呼ぶ]によって与えられる．

$$Q_B = \frac{\pi}{8} \frac{R^4}{\eta_{pl}} \frac{\Delta P}{l} \left[1 - \frac{4}{3}\left(\frac{r_y}{R}\right) + \frac{1}{3}\left(\frac{r_y}{R}\right)^4 \right] \tag{3.1}$$

ここで，Q_B：ビンガム流量(cm^3/s)，R：管の半径(cm)，$\Delta P/l$：圧力勾配(Pa/cm)，η_{pl}：塑性粘度(Pa·s)，r_y：栓流半径(cm)[$r_y = 2l\tau_y/\Delta P$，ただし，τ_y：降伏値(Pa)]．

式(3.1)を用いて流量を計算する場合には，塑性粘度(Pa·s)および降伏値(Pa)をcgs系に変換するために98.1で除した値を用いればよい．

このバッキンガム式が適用できる条件として以下の3項目があげられる．
① 管径が一様であること．
② 試料の流れが定常流であること．
③ 管壁面で試料がすべりを生じないこと．

(2) 管壁にすべりを伴うビンガム流れ[3,4]

管壁と試料との界面にすべりを伴う場合の流量は，次式で表される．

$$Q = Q_B + \pi R^2 V_R = \frac{\pi}{8} \frac{R^4}{\eta_{pl}} \frac{\Delta P}{l} \left[1 - \frac{4}{3}\left(\frac{r_y}{R}\right) + \frac{1}{3}\left(\frac{r_y}{R}\right)^4 \right] + \pi R^2 V_R \tag{3.2}$$

ここで，Q：すべりを伴うビンガム流量(cm^3/s)，V_R：すべり速度(cm/s)．

試料と管壁との間が液体摩擦状態にあるとすれば，管壁に働くラビング抵抗力は，すべり速度に比例するので，

$$f_R = \alpha V_R + A \tag{3.3}$$

ここで，f_R：ラビング抵抗力(Pa)，α：粘性摩擦係数(Pa·s/cm)，A：付着力(Pa)．

また，ラビング抵抗力は，図-3.1(a)を参照して，管壁に接する試料のせん断応力と等しいから，

$$f_R = \tau_R = \frac{R}{2}\frac{\Delta P}{l} \tag{3.4}$$

ここで，τ_R：管壁に接する試料のせん断応力(Pa)．

したがって，式(3.3)および式(3.4)より，管壁における試料のすべり速度は式(3.5)となる．

$$V_R = \frac{1}{\alpha}\left(\frac{R}{2}\frac{\Delta P}{l} - A\right) \tag{3.5}$$

式(3.5)において，αおよびAの値を配合条件，試料の基礎物性，あるいは配管条件等からこれを特定すれば，すべり速度を算定することができる．

すべり速度の予測は，モルタルまたはコンクリートのポンプ圧送における流量やポンプ圧力負荷の予測問題に直結するものである．

なお，森永ら[1]は，コンクリート全体が固体栓として管内を流動(すべり)していると考え，この時の管壁における摩擦応力度fが試料の流速に比例するとして次式を提示しており，この式に含まれる定数であるk_1およびk_2をスランプ値を関数とした実験式を提案し，これを活用して配管および圧送条件からすべり速度を求めることができるとしている．

$$f = k_1 + k_2 v \tag{3.6}$$

ここで，f：摩擦応力度(Pa)，k_1：粘着係数(Pa)，k_2：速度係数[(Pa·s)/cm]，v：流速(cm/s)．

(3) 半固体流れ[4]

Edeは，硬練りコンクリートの管内圧力について検討を行い，その流動現象が前述のビンガム流れや管壁にすべりを伴うビンガム流れと相違し，管軸方向の圧力が指数関数的に変化することを示している．

硬練りコンクリートの場合には，試料と管壁との間に固体間の摩擦，すなわちクーロン摩擦が作用すると考えられる．したがって，管壁における摩擦抵抗力を半径方向圧力に比例するとし，

$$f_R = \mu P_r + A = \mu k P + A \tag{3.7}$$

ここに，μ：摩擦係数，P_r：半径方向圧力(Pa)，k：横圧係数，P：管軸方向圧力

(Pa).

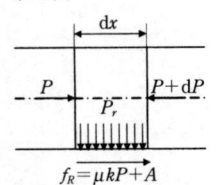

図-3.2 を参照して,
$$2\pi R(\mu k P + A)\mathrm{d}x = \pi R^2 \mathrm{d}P \tag{3.8}$$

$$\int \frac{\mathrm{d}P}{\mu k P + A} = \int \frac{2}{R}\mathrm{d}x \tag{3.9}$$

図-3.2 半固体流れ

積分して,境界条件 $x=0$,$P=P_0$ を用い,
$$P = P_0 \exp\left(\frac{2\mu k}{R}x\right) - \frac{A}{\mu k}\left[1 - \exp\left(-\frac{2\mu k}{R}\right)\right] \tag{3.10}$$

このように管軸方向圧力は,指数関数的に変化する.

3.1.3 グラウトの管内流動

(1) 直管路内の流れ

P漏斗流下時間20s程度以下のプレパックドコンクリート用グラウトやJ漏斗流下時間が12s程度以下のPC用グラウトは,固体粒子の最大寸法が小さいことや水結合材比が比較的大きいことなどの理由から,通常のモルタルやコンクリートに比べ著しく流動性が高く,直管路内の流量は,式(3.1)に示すバッキンガム式によって与えられる.

村田らは,式(3.1)の適用範囲を定めるため,管の内半径が1cmのステンレス鋼管内に種々のコンシステンシーのグラウトを圧送し,流量の実測値とバッキンガム式による計算値とを求めた.これらの結果は,**図-3.3**に示すようであって,流量の実測値と計算値とは,圧力勾配が約100 Pa/cm以下の範囲で一致し,この値を超えると,流量の実測値は,計算値より圧力勾配の増加に伴って次第に上回るようになる.この理由として,圧力勾配が約100 Pa/cmを超える領域で

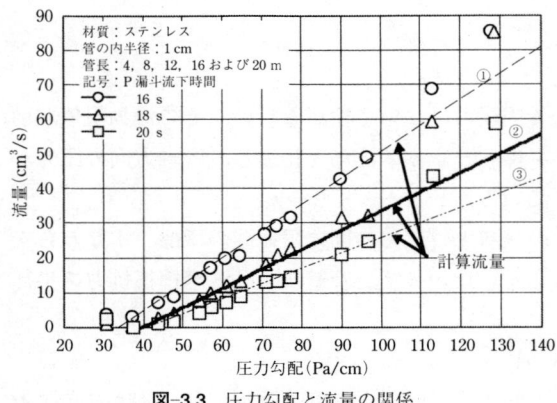

図-3.3 圧力勾配と流量の関係

は，管壁にすべりを生じていることを指摘している．したがって，試料が管壁ですべりを生じないための条件は，圧送圧力による管壁面におけるせん断力(τ_R)が試料の物性値である付着力(A)を超えないことが必要である．

式(3.4)より試料が管壁ですべりを生じないためには，次式を満足しなければならない．

$$\frac{\Delta P}{l} < \frac{2}{R}\frac{A}{} \tag{3.11}$$

図-3.3において実測流量が計算流量を上回る圧力勾配，すなわち，すべりが発生し始める圧力勾配は，グラウトの配合の相違にかかわらず，おおむね100 Pa/cm程度となっている．この値を用いれば，付着力は50 Pa程度と推定され，グラウトの水平直管内の流れがバッキンガム式に従う条件として次式が与えられる．

$$\tau_R = \frac{R}{2}\frac{\Delta p}{l} < A = 50 \text{ Pa} \tag{3.12}$$

これらのことを実証するために村田らは，管の内半径を1 cm，管長を40，60および80 mとしてP漏斗流下時間16.9および19.6 sのグラウトを用い，圧力勾配を61.3および88.3 Pa/cmとして圧送実験を行っている．その結果は，**表-3.1**[3)]に示すようである．管長の相違にかかわらず，管の内半径を1 cmとした場合，圧力勾配を100 Pa/cm以下とすることにより管壁ですべりを生じることなく，実測流量とバッキンガム式(3.1)による計算値とが一致することを実証している．

表-3.1 直管路における流量測定結果

P漏斗流下時間 (s)	管長 (m)	圧力勾配：61.3 Pa/cm			圧力勾配：88.3 Pa/cm		
		測実流量 Q_A (cm³/s)	計算流量 (cm³/s)		実測流量 Q_A (cm³/s)	計算流量 (cm³/s)	
			Q_R*	Q_A/Q_R		Q_R*	Q_A/Q_R
16.9	40	30.7	30.7	0.98	68.5	62.0	1.10
	60	28.9		0.94	61.4		0.99
	80	29.8		0.97	63.7		1.03
19.6	40	24.5	26.4	0.92	49.0	53.2	0.92
	60	24.2		0.91	53.0		1.00
	80	30.2		1.14	56.0		1.06

* Q_R：回転粘度計により求めたレオロジー定数を式(3.1)に代入して求めた流量．

(2) 曲がり管路内の流れ

　曲がり管路内の流れ，すなわち湾曲流については，水理学の分野においても理論式はなく，実験結果によっている．グラウトの流れが直管路から曲がり管に移行する場合，湾曲部において直管路内より大きな流動抵抗を生じ，管内で圧力が低下する．

　図-3.4は，管の内半径1 cm，管長2 mの水平直管2本の中間に曲がり管(曲げ半径20 cm，曲げ角度90°)を設置した管路内にグラウトを圧送した場合の管内圧力の測定結果の例を示したものである．図-3.4に示すように，圧送圧力を配管路全体が水平直管であると仮定して求めた見かけの圧力勾配(図中①の線で示した)に比べ，配管入口から曲がり管入口までの圧力勾配および曲がり管出口から配管出口までの圧力勾配(図中②の線で示した)の方が勾配が緩やかになっている．また，曲がり管の入口と出口との間の圧力勾配は水平直管路よりもきつく，曲がり管内で急激な圧力損失を生じていることを裏付けている．水理学の分野において湾曲流の解析には，図-3.5を参照して，曲がり管の入口および出口にエネルギー方程式を適用

条件
曲率半径：20 cm
曲げ角度：90°
P漏斗：17.8 s
圧送圧力：45.4×10^3 Pa

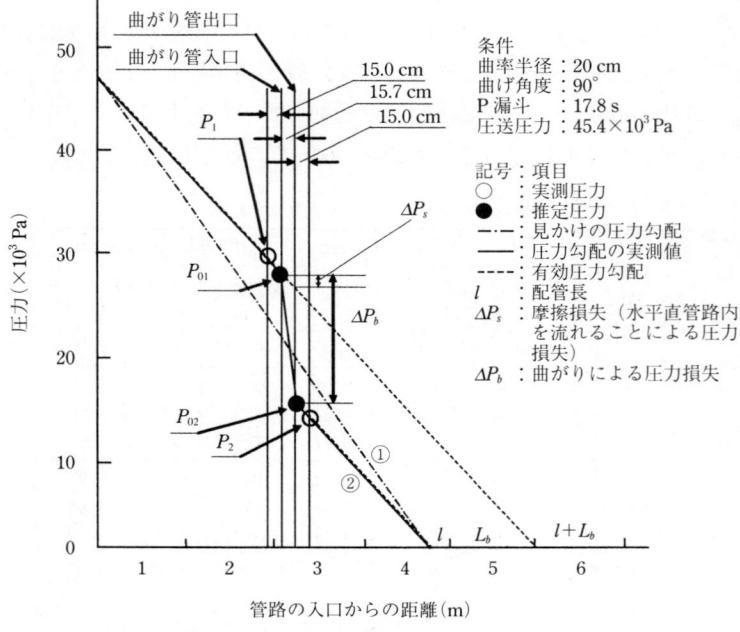

記号	項目
○	実測圧力
●	推定圧力
—·—	見かけの圧力勾配
———	圧力勾配の実測値
- - -	有効圧力勾配
l	配管長
ΔP_s	摩擦損失（水平直管路内を流れることによる圧力損失）
ΔP_b	曲がりによる圧力損失

図-3.4 水平曲り管内の圧力測定結果の一例

している.

$$\frac{V_1^2}{2g}+Z_1+\frac{P_1}{\rho g}=\frac{V_2^2}{2g}+Z_2+\frac{P_2}{\rho g}+f\frac{V_2^2}{2g} \qquad (3.13)$$

ここで,V_1,V_2:それぞれ曲がり管入口および出口における平均流速(cm/s),Z_1,Z_2:それぞれ曲がり管入口および出口における位置エネルギー(cm),$f(V_2^2/2g)$:曲り管における損失エネルギー(cm).

$V_1=V_2$であるから

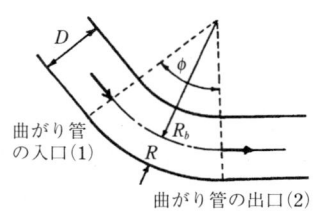

図-3.5 曲がり管の諸元

$$P_1-P_2=\rho g\left(f\frac{V_2^2}{2g}+Z_2-Z_1\right)=\varDelta P_b \qquad (3.14)$$

ここで,f:曲がり管の損失係数,$\varDelta P_b$:曲がり管の圧力損失(Pa).

一般に,曲がり管の損失係数は,式(3.14)を参照すれば,曲がり管の入口および出口の圧力差から推定できる.村田らの実験結果[3]では,曲がり管の入口および出口から15 cm外側の位置の圧力測定に加え,流量も実測している.流量の実測値を用いて曲がり管の損失係数を推定する方法は,実測流量を式(3.1)に代入して求めた有効圧力勾配を用い,配管条件から曲がり管の入口と出口の圧力を計算し,その差から推定するものである.村田らは,測定値の安定性を考慮し,実測流量から推定することを提案しており,その推定結果の一例は,**表-3.2**に示すようである.

曲がり管の損失係数の算定にはRichter式[6],Weisbach式[7]等があり,村田らは検討の結果,Richter式におけるレイノルズ数をビンガム体のレイノルズ数に置き換えて用いることとしている.

$$f=\beta\left(\frac{R_b}{D}\right)^i \phi^j ReB^k \qquad (3.15)$$

ここで,D:管の直径(cm),R_b:曲り管の曲率半径(cm),ϕ:曲げ角度(°),β,i,j,k:実験定数,ReB:ビンガム体のレイノルズ数.

ビンガム体のレイノルズ数は,粘土,汚泥等のサスペンションにおける実験結果とよく一致するといわれている式(3.16)[8]を用いることとしている.

$$ReB=\frac{\rho v D(4\,a\,a)}{\eta_{pl}}F(a) \qquad (3.16)$$

ここで,ρ:グラウトの密度(g/cm³),v:平均流速(cm/s),a:比栓半径($r_y/$

62　　第3章　フレッシュコンクリートの流動と変形

表-3.2 水平曲がり管内の圧力測定結果および曲がり管内の圧力損失

(P 漏斗流下時間：17.8〜17.9 s)

曲率半径 R_b (cm)	レオロジー定数 塑性粘度 (Pa·s)	降伏値 (Pa)	曲げ角度 ϕ (°)	圧送圧力 P_0 (×10³Pa)	有効圧力勾配 P_e/l (Pa/cm)	平均流速 V (cm/s)	レイノルズ数 Re	圧力測定値 (×10³Pa) P_1*1	P_2*2	P_{01}*3 (×10³Pa)	P_{02}*4 (×10³Pa)	損失係数 f	曲がり管の圧力損失の推定値 $P_{01}-P_{02}=\Delta P_{bs}$ (×10³Pa)	曲がり管の圧力損失の計算値 ΔP_{bc}*5 (×10³Pa)	比 $\Delta P_{bc}/\Delta P_{bs}$
20	0.298	16.7	30	25.5	52.0	4.3	0.39	15.7	7.4	14.9	10.5	2379	4.32	3.72	0.90
				31.4	64.7	9.3	2.15	19.4	8.3	18.1	13.3	548	4.71	5.59	1.18
				41.2	79.5	15.0	5.66	25.8	10.6	24.9	16.3	384	8.63	7.44	0.86
			60	25.5	51.0	3.9	0.32	16.0	7.2	15.1	10.4	3085	4.71	4.62	0.97
				31.4	62.8	8.4	1.76	19.8	7.9	10.7	12.9	791	5.59	6.51	1.16
				41.2	77.5	14.1	5.01	26.4	9.6	25.4	15.8	482	9.61	8.78	0.92
			90	25.5	49.1	3.3	0.23	10.4	6.5	15.4	10.0	4842	5.40	4.89	0.90
				31.4	58.9	6.8	1.09	20.1	7.7	19.4	12.0	1621	7.46	6.64	0.90
				41.2	75.5	13.4	4.55	26.7	8.7	25.7	15.5	569	10.2	9.62	0.94
30	0.226	18.6	30	25.0	52.0	3.7	0.27	15.2	8.0	14.4	10.6	2752	3.83	3.17	0.84
				33.4	69.7	12.1	3.18	20.4	9.9	19.0	14.3	333	4.81	5.94	1.24
				46.1	87.3	21.2	10.0	26.2	12.1	28.4	17.9	237	10.6	8.23	0.78
			90	27.0	52.0	3.6	0.21	16.9	8.5	16.4	10.6	4466	5.79	5.93	1.02
				36.9	63.8	8.9	1.65	23.4	11.0	23.9	12.9	1392	11.0	7.14	0.65
				42.2	83.4	19.1	8.19	29.9	11.8	25.1	17.1	223	8.04	10.7	1.33
40	0.236	18.6	30	26.4	55.9	5.1	0.48	15.8	9.2	15.0	11.4	1396	3.63	3.53	0.98
				35.5	73.6	13.6	4.10	21.6	11.5	20.4	15.1	288	5.30	5.49	1.05
				44.6	90.3	22.1	10.8	27.7	13.8	22.2	18.5	157	7.55	7.44	0.98
			90	27.8	56.9	5.4	0.55	17.2	9.8	16.2	11.6	1580	4.61	5.05	1.09
				34.8	67.7	10.4	2.34	23.2	12.6	23.1	13.8	861	9.32	6.76	0.73
				42.4	81.4	17.4	6.80	26.9	12.3	25.7	16.7	300	9.03	8.91	0.99

*1　曲がり管入口から 15 cm 外側の圧力測定値．
*2　曲がり管出口から 15 cm 外側の圧力測定値．
*3　実測流量と式(3.1)より求めた有効圧力勾配を用いて推定した曲がり管入口の圧力．
*4　*3 と同様に有効圧力勾配を用いて推定した曲がり管出口の圧力．
*5　式(3.13)および(3.14)を用いて $P_{01}=P_1$, $P_{02}=P_2$ として測定し計算した曲がり管の圧力損失．$D=2.0$ cm．

R), $\alpha : (a^4-4a+3)/12a$, $F(a) : (9/5)[(5+6a-11a^2)/(3+2a+a^2)^2] \fallingdotseq 1-a$.

曲がり管の曲げ半径や曲げ角度を種々に変化させた曲がり管を含む管路に，P漏斗流下時間約 16, 18 および 20 s のグラウトを圧送した既存の実験結果[3]をもとに最小自乗法により式(3.15)の実験定数を定めると，$\beta=1100$, $i=-0.44$, $j=0.33$, $k=-0.70$ となった．これらの値を用いて式(3.15)から求めた曲がり管における圧力損失の計算値と推定値との比は，**表-3.2** に示すように大部分 $0.84 \sim 1.18$ の範囲にあり平均 1.01 となっている．

以上のように，式(3.14)および式(3.15)を用いて曲がり管における圧力損失を計算できるが，建築学会や土木学会制定のコンクリートのポンプ施工指針では，曲がり管による圧力損失を直管への換算長さとして取り扱っているので，後述の配管計画を簡単にするため，グラウトの場合もコンクリートと同様に直管換算長を用いることとした．曲がり管による圧力損失に対応する直管換算長(L_b)は，圧送圧力を実測流量と式(3.1)から計算した有効圧力勾配で除して得られた直管換算距離(l')から直管部の実長を差し引いた値として次式から計算できる．

$$L_b = 0.01\left(\frac{P_0}{q}-S\right) = 0.01(l'-S) \tag{3.17}$$

ここに，L_b：曲がり管の直管換算長(m)，P_0：圧送圧力(Pa)，q：有効圧力勾配(Pa/cm)，l'：管路全長の直管換算距離(cm)，S：直管部の実長(cm)．

式(3.17)を**表-3.2**に示す実験結果に適用し，直管換算長を求めた結果は**表-3.3**に示すようである．この計算結果からわかるように，直管換算長は，管の半径と曲率半径との比および曲げ角度によって相違しているが，この実験に用いた範囲のグラウトでは，コンシステンシーおよび圧送圧力の影響は比較的少ない．したがって，水平曲り管の直管換算長の実用式として次式が提案されている．

$$L_{90} = 5.1\left(\frac{R}{R_b}\right)+1.0 \tag{3.18}$$

$$L_b = L_{90}-0.006(90-\phi) \tag{3.19}$$

ここに，L_{90}：曲げ角度 90°の場合の直管換算長(m)．

(3) 高低差のある管路内の流れ

水理学の分野において，鉛直上向あるいは上り勾配の直線配管路内の水の流れは，水平直管における圧力損失と配管路内の高低差に試料の単位容積重量を乗じた

表-3.3 水平曲がり管路における流量測定結果および直管換算長

(P漏斗流下時間：17.8〜17.9 s)

曲率半径 R_b (cm)	レオロジー定数 塑性粘度 (Pa·s)	レオロジー定数 降伏値 (Pa)	曲げ角度 φ (°)	圧送圧力 P_o (×10³ Pa)	実測流量 Q_a (cm³/s)	計算流量 Q (cm³/s)	有効圧力勾配 P_o/l' (Pa/cm)	直管換算距離 l'^{*1} (m)	曲がり管の直管換算長 L_b (m)	曲がり管の直管換算長の計算値 L_{bc} (m)	比 L_{bc}/L_b
20	0.298	16.7	30	25.5	13.4	24.6	52.0	4.94	0.84		1.06
				31.4	29.1	41.6	64.8	4.83	0.73	0.89	1.22
				41.2	47.1	71.2	79.5	5.19	1.09		0.82
			60	25.5	12.3	21.6	51.0	5.04	0.94		1.15
				31.4	26.4	38.5	62.8	4.99	0.89	1.08	1.21
				41.2	44.2	68.7	87.3	5.34	1.24		0.87
			90	25.5	10.5	20.5	49.1	5.21	1.11		1.14
				31.4	21.2	37.2	64.8	5.37	1.27	1.26	0.99
				41.2	42.1	64.9	75.5	5.46	1.36		0.93
30	0.226	18.6	30	25.0	11.7	21.4	52.0	4.83	0.73		1.11
				33.4	37.9	52.3	69.7	4.79	0.69	0.81	1.17
				46.3	66.7	86.9	87.3	5.32	1.22		0.66
			90	27.0	11.4	21.4	52.0	5.23	1.13		1.03
				36.9	28.0	55.6	63.8	5.83	1.73	1.17	0.68
				42.2	60.1	90.3	83.4	5.07	0.97		1.21
40	0.236	18.6	30	29.0	16.0	23.3	55.9	4.74	0.64		1.20
				35.5	42.7	54.8	73.6	4.81	0.71	0.77	1.08
				44.6	69.3	89.7	90.3	4.93	0.83		0.93
			90	27.8	17.1	20.5	83.4	4.92	0.72		1.57
				36.9	32.8	48.6	67.7	5.48	1.38	1.13	0.82
				42.4	54.7	67.2	81.4	5.20	1.10		1.03

*1 直管換算距離 l' を m の単位で示した値。また、L_{bc} は式(3.19)より計算した値。

値とを加算して，損失水頭(圧力損失)を表示している．村田ら[3]は，グラウトの配管路が鉛直上向きに配置されている場合には，鉛直曲がり管を水平直管における圧力損失と湾曲流による圧力損失および配管路の高低差による圧力損失($\rho g h$)の合計として計算できるとしている．すなわち，表-3.4ならびに表-3.5は鉛直に配置された曲がり管とその先端に鉛直直管を設置してP漏斗流下時間約18sのグラウトを種々の圧力で圧送した結果を示したものである．流量の測定結果，直管換算長，圧力測定結果および鉛直曲がり管の圧力損失の計算結果の例が示されている．表-3.5において，水平曲がり管の場合と同様に求めた圧力損失から鉛直管内の試料の自重による損失水頭を差し引いた圧力損失の推定値と計算値との比は，一部を除いて0.80〜1.17となっている．ここで計算値とは，式(3.14)を用いて求めた圧力損失に曲がり管内の水頭差を加えた値である．また，表-3.4において鉛直曲がり管の直管換算長は，水平曲がり管と同様に実測流量から式(3.1)を用いて有効圧力勾配を求め，曲がり管および鉛直管内の試料の自重による圧力損失を曲がり管の水頭差で表し，式(3.20)より直管換算長を求めている．

$$L_b = 0.01\left(\frac{P_0 - \rho g h}{q} - S\right) \tag{3.20}$$

ここに，L_b：曲がり管の直管換算長(m)，h：配管内の高低差(cm)．

　鉛直曲がり管の直管換算長は，表-3.4に示すようであって，直管換算長の推定値と式(3.19)および式(3.20)による計算値との比は大部分0.75〜1.15となっており，鉛直曲がり管の直管換算長は，配管の高低差を考慮することにより水平曲がり管と同様に取り扱うことができる．

(4) グラウト圧送における配管計画例

a. 計算手順　管壁ですべりを生じない圧力勾配の範囲でグラウトを圧送する場合，工事計画から要求されるグラウトの単位時間当りの流量を得るのに必要なポンプ能力(計算では配管入口における圧送圧力の大きさ)を得るための手順を図-3.6に示した．

b. 計算例　図-3.6に従って配管計画を行った事例を以下に示す．
　STEP 1
　　・流量の目標値；60 L／min＝1 000 cm³/s
　　・グラウト品質の目標；P漏斗流下時間(18 s)

表-3.4 鉛直曲がり管路における流量測定結果および直管換算表

曲率半径 R_b (cm)	P漏斗流下時間 (s)	レオロジー定数 塑性粘度 (Pa·s)	レオロジー定数 降伏値 (Pa)	鉛直管長 (m) [高低差] (m)	圧送圧力 P_o (×10³ Pa)	実測流量 Q_A (cm³/s)	計算流量 Q (cm³/s)	有効圧力勾配 P_o/l' (Pa/cm)	曲がり管の直管換算長 L_b (m)	L_{bc}*1 (m)	比=L_{bc}/L_b
20	18.6	0.367	18.6	0.50 [0.75]	40.0	20.6	94	66.7	1.17		0.94
					45.7	34.3	115	80.4	1.23		0.98
					51.5	47.7	136	93.2	1.32		1.06
				1.00 [1.25]	46.9	8.3	94	53.0	1.06		0.95
					53.6	23.4	115	69.7	1.03	1.25	0.82
					60.3	42.1	136	88.3	0.94		0.75
				1.50 [1.75]	53.0	0.4	92	40.2	0.97		0.78
					61.8	12.5	116	57.9	1.07		0.89
					73.6	41.4	148	87.3	0.85		0.68
40	18.2	0.356	18.6	0.50 [0.95]	50.6	44.7	121	89.3	0.96		0.85
					57.0	53.8	142	98.1	1.30		1.15
					53.5	72.7	164	115	1.26		1.12
				1.00 [1.45]	58.5	26.0	121	71.6	1.06		0.93
					65.8	43.8	142	88.3	1.09	1.13	0.96
					73.2	57.3	164	101	1.29		1.14
				1.50 [1.95]	66.3	13.3	120	58.9	1.13		1.00
					74.7	30.3	142	75.5	1.15		1.02
					83.0	46.7	164	95.2	1.26		1.12

* 1 式(3.18)または式(3.19)による曲がり管の直管換算長の推定値．

3.1 フレッシュコンクリートの管内流動

表-3.5 鉛直曲がり管内の圧力測定結果および曲り管の圧力損失

(P 漏斗流下時間：18.2〜18.6 s)

曲率半径 R_b (cm)	レオロジー定数 塑性粘度 (Pa·s)	レオロジー定数 降伏値 (Pa)	鉛直管長 (m) [高低差] (m)	圧送圧力 P_o ($\times 10^3$Pa)	有効圧力勾配 P_o/l' (Pa/cm)	平均流速 V (cm/s)	レイノルズ数 Re	圧力測定値 ($\times 10^3$Pa) P_1 *1	P_2 *2	P_{01} *3 ($\times 10^3$Pa)	P_{02} *4 ($\times 10^3$Pa)	損失係数 f	曲がり管の圧力損失*5 ΔP_b ($\times 10^3$ Pa)	曲がり管の圧力損失の計算値*6 ΔP_{bc} ($\times 10^3$ Pa)	比 $\Delta P_{bc}/\Delta P_b$
20	0.368	18.6	0.50 [0.75]	4.00 4.57 5.15	66.7 80.4 93.2	6.6 10.9 15.2	0.95 2.74 5.20	2.65 3.02 3.40	0.67 0.66 0.62	1.64 1.92 2.24	0.36 0.44 0.51	1601 761 485	1.26 1.49 1.73	1.21 1.31 1.53	0.86 0.89 0.89
20	0.368	18.6	1.00 [1.25]	4.65 5.36 6.03	53.0 69.7 88.3	2.6 7.5 13.4	0.12 1.25 4.10	3.53 4.03 4.54	0.63 0.83 1.16	1.61 1.93 2.24	0.56 0.74 0.92	6718 1318 574	1.05 1.20 1.31	0.87 1.14 1.45	0.83 0.95 1.10
20	0.368	18.6	1.50 [1.75]	5.30 6.18 7.36	46.1 57.9 87.3	0.1 4.0 13.2	0 0.31 3.97	4.37 5.09 6.06	0.73 1.19 1.79	1.49 2.00 2.58	0.62 0.90 1.35	— 3481 587	0.96 1.10 1.23	— 0.96 1.43	— 0.89 1.17
40	0.356	18.6	0.50 [0.95]	5.06 5.70 6.33	89.3 98.1 115	14.2 17.1 23.1	4.62 6.54 11.3	3.52 3.98 4.39	0.80 1.02 1.20	2.24 2.69 2.97	0.49 0.54 0.64	389 305 209	2.30 2.15 2.33	1.60 1.71 1.93	0.70 0.79 0.82
40	0.356	18.6	1.00 [1.45]	5.85 6.58 7.32	71.6 88.3 101	8.3 13.9 18.2	1.55 4.44 7.34	4.58 5.18 5.75	0.87 1.11 1.35	2.38 2.78 3.26	0.76 0.93 1.06	836 400 281	1.64 1.84 2.20	1.38 1.59 1.76	0.84 0.86 0.80
40	0.356	18.6	1.50 [1.95]	6.63 7.47 8.30	58.9 75.5 91.2	4.2 9.6 14.9	0.36 2.13 5.02	5.53 6.22 6.92	1.34 1.36 1.60	2.44 2.92 3.43	0.90 1.18 1.41	2335 609 367	1.54 1.75 2.02	1.22 1.43 1.62	0.79 0.82 0.80

* 1 曲がり管入口から 15 cm 外側の圧力測定値.
* 2 曲がり管出口から 15 cm 外側の圧力測定値.
* 3 実測流量と式 (3.1) より求めた有効圧力勾配を用いて推定した曲がり管入口の圧力.
* 4 * 3 と同様に有効圧力勾配を用いて測定した曲がり管出口の圧力.
* 5 $P_{01} - P_{02}$. $P_{02} = P_b$.
* 6 式 (3.18) および式 (3.19) を用いて計算した曲がり管の圧力損失.

第3章　フレッシュコンクリートの流動と変形

開始

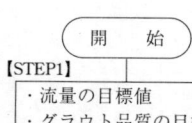

【STEP1】
・流量の目標値
・グラウト品質の目標値
・配管経路の設定

○配管実長の計算
○曲がり管の個数，曲げ半径の確認
○グラウトのコンシステンシー（漏斗流下時間の設定）

【STEP2】
グラウトの単位容積質量とレオロジー定数の決定

○グラウトの試験練りを行い，傾斜管試験によってグラウトの単位容積質量と塑性粘度および降伏値を決定する

【STEP3】
圧送管の内径を定める

【STEP4】
バッキンガム式を用いて流量の目標値を得るの必要な有効圧力勾配を計算する

○有効圧力勾配の計算は，バッキンガム式に流量の目標値(Q)，塑性粘度(η_{pl})，降伏値(τ_y)および管の内半径を代入して，ニュートン近似法等によって有効圧力勾配($i=\Delta P/l'$)を求める．
○計算を簡素化する方法としてバッキンガム式中の$(r_y/R)^4$の項を省略した次式によって有効圧力勾配を求めることができる．

$$i = \frac{P_p}{l'} = \frac{8\,\eta_{pl}}{\pi R^4} Q + \frac{8\,\tau_y}{3R}$$

ただし，$(r_f/R)^4$の項を省略することによる誤差が6%程度となることが指摘されている．

【STEP5】 管壁ですべりが生じないことを確認する

$$\tau_R = \frac{P}{2} \times \frac{\Delta P}{l} < A = 50\ \mathrm{Pa}$$

No → (戻る)　Yes ↓

【STEP6】
曲がり管の直管換算長の計算

○曲がり管の直管換算長を次式から計算する

$$L_{90} = 5.1\left(\frac{R}{R_b}\right) + 1.0$$

$$L_b = L_{90} - 0.006(90 - \theta)$$

ここに，L_{90}：曲げ角度90°の場合の直管換算長(m)，
　　　　R_b：曲率半径(cm)，
　　　　L_b：曲げ角度θにおける曲り管の直管換算長(m)．

○直管換算距離(l')の計算は直管部の実長(l)に曲がり管の直管換算長の総和(ΣL_b)を加えた値として次式より計算する．

$$l' = l + \Sigma L_b$$

【STEP7】
配管入口の圧力の計算

○高低差による圧力損失を$98.1 \times \rho g h$ [ρg：単位容積質量(g/cm³)，h：高低差(cm)]
○配管入口の圧力P_pは，有効圧力勾配(i)に直管換算距離(l')を乗じこれに配管における高低差による圧力損失を加えた値として求める．

$$P_p = (i \times 100 \times l') + 98.1 \times \rho g h\ (\mathrm{Pa})$$

終了

※ ポンプ最大圧力($P_{\max}$)は，配管入口における圧力の計算値に，安全係数を乗じて求めることとする．安全係数は，ポンプの圧送形式によって異なるが，通常20%程度の割り増しを勘案してポンプの能力を定めればよい．

$$P_{\max} = P_p \times 1.20$$

図-3.6　グラウトの圧送計画の手順

- 配管経路；図-3.7 参照

STEP 2

試験練りを行って以下の測定を行った．
- グラウトの単位容積質量の測定；JIS A 5002 5.12 b)に示される容器を用いて測定した結果　1.98 g/cm³
- レオロジー定数の測定；JSCE F-546 に従って傾斜管試験を行った．結果は**表-3.6**に示す．

表-3.6　グラウトの配合および傾斜管試験結果

グラウトの配合	傾斜管試験結果		定数の計算結果	レオロジー定数	
	傾斜角度 (°)	流量 (cm³/s)		塑性粘度 η_{pl}(Pa·s)	降伏値 τ_y(Pa)
W/(C+F)＝50％	5	15.1	A＝120.9	0.318	16.3
F/(C+F)＝20％	10	34.2	B＝－0.051		
S/(C+F)＝1.20	15	53.7	C＝53.56		
P 漏斗；18.0 s					

注) $\eta_{pl}=\pi R^4/8A$, $\tau_y=3RC/8A$.

STEP 3

圧送管の内径を定める；配管の内径を 5 cm($R=2.5$ cm)に設定する．

STEP 4

有効圧力勾配を計算する．

$$i = \frac{\Delta P}{l'} = \frac{8}{\pi}\frac{\eta_{pl}}{R^4}Q + \frac{8}{3}\frac{\tau_y}{R} = \frac{8 \times 0.318}{3 \times 2.5^4} \times 1\,000 + \frac{8 \times 16.3}{3 \times 2.5} = 38.1 \text{ Pa/cm}$$

STEP 5

管壁ですべりが生じないことを確認する．

$$\tau_R = \frac{R}{2}\frac{\Delta p}{l} = \frac{2.5}{2} \times 38.1 = 47.6 \text{ Pa} < A = 50 \text{ Pa}$$

$\tau_R < A$ となっていることから管壁ですべりを生じていないことを確認した．

STEP 6

曲がり管の直管換算長を計算する；**図-3.7**に示す配管経路を参照して，それぞれの曲がり管の換算長さを計算する．

$$L_{90} = 5.1\left(\frac{R}{R_b}\right)+1.0 = 5.1\frac{R}{30\,R}+1.0 = 1.17 \text{ m}$$

$$L_{45} = L_{90}-0.006(90-\phi) = 1.17-0.006(90-45) = 0.90$$

$$L_{30} = L_{90}-0.006(90-\phi) = 1.17-0.006(90-30) = 0.81$$

$$L_{15} = L_{90}-0.006(90-\phi) = 1.17-0.006(90-15) = 0.72$$

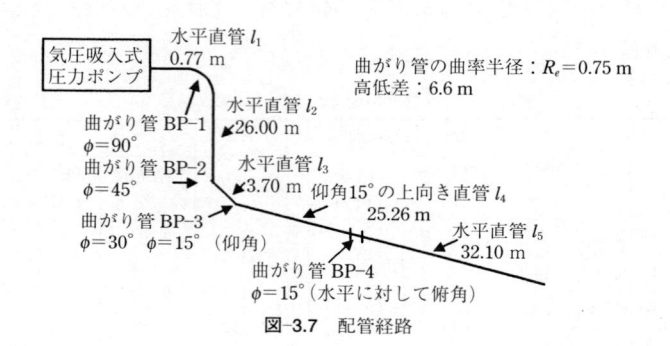

気圧吸入式圧力ポンプ　水平直管 l_1　0.77 m

曲がり管 BP-1　$\phi=90°$

水平直管 l_2　26.00 m

曲がり管 BP-2　$\phi=45°$

水平直管 l_3　3.70 m

曲がり管 BP-3　$\phi=30°$　$\phi=15°$（仰角）

曲がり管の曲率半径：$R_e=0.75$ m
高低差：6.6 m

仰角15°の上向き直管 l_4　25.26 m

曲がり管 BP-4　$\phi=15°$（水平に対して俯角）

水平直管 l_5　32.10 m

図-3.7　配管経路

STEP 7

配管入口の圧力の計算

$$l'\text{(m)} = l + \Sigma L_b = 0.77+26.00+3.70+25.26+32.10+1.17+0.90+0.81$$
$$+0.72\times 2 = 92.15 \text{ m}$$

$$P_P\text{(Pa)} = (i\times 100 \times l') + 98.1\times \rho\,g\,h$$
$$= 38.1\times 100\times 92.15 + 98.1\times 660\times 1.98 = 351\,092 + 128\,197$$
$$= 479\,289 \text{ Pa}$$
$$= 0.48 \text{ MPa}$$

※　ポンプ能力の選定を行う場合，安全係数分として配管入口における圧力に20％を考慮すれば，

$$P_0 = P_P \times 1.20 = 0.48\times 1.20 = 0.58 \text{ MPa}$$

となり，ポンプとしては約 0.6 MPa 以上のものを選定すればよい．

3.1.4 モルタルの管内流動

(1) 直管路内の流れ

P漏斗流下時間が20sを超えるようなグラウトやJIS R 5201におけるフロー値が190〜280程度のモルタルの管内流動は，圧送圧力によって生じる管壁面に作用するせん断応力が試料の付着力より大きくなり，管壁ですべりを伴うビンガム流れとなる．この場合の流速分布は，図-3.1(c)に示すようであって，その流量は式(3.2)で表されることを述べた．管壁におけるモルタルのすべりが液体摩擦状態にあるので，モルタルが管壁から受けるラビング抵抗力は，管壁に接する試料のせん断応力に等しいと考えられる．村田らは，これを実証するために，モルタル用のラビング抵抗測定装置[9]を試作し，実験を行っている．

モルタル用ラビング抵抗測定装置は，図-3.8に示すように，水平レール上にローラを介して，管の内半径1.5cm，長さ1mの塩化ビニール製の移動管を設置し，これを容量40L，最大圧力1MPaの気圧注入式グラウトポンプに接続したものである．ポンプの排出管と移動管との接続は，両者の中心軸が一致するように突き合わせ，その外側にアクリル樹脂製のスリーブジョイントをはめ込んでいる．移動管の外径は，試料が継目から漏れることなく，自由に管軸方向に移動できるよう，スリーブジョイントの内径より1mm小さく仕上げてある．試験は，試料の圧送に伴って移動管を管軸方向に移動させようとする力が働くので，これをラビング力として，容量500Nのプルービングリングを用いて検出するシステムとなっ

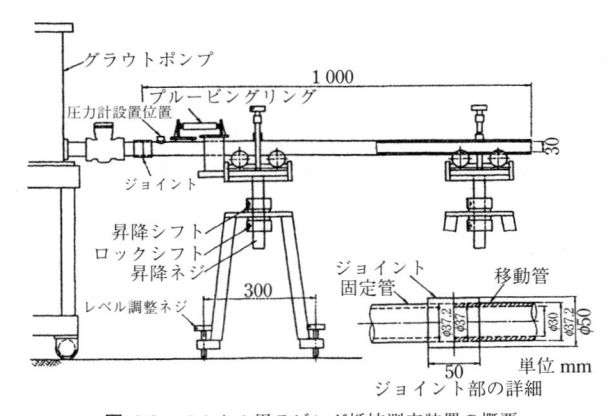

図-3.8 モルタル用ラビング抵抗測定装置の概要

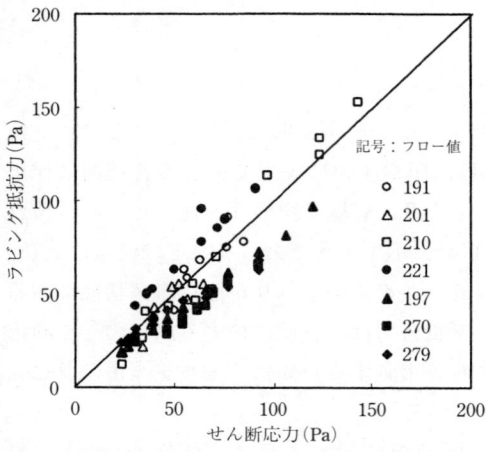

図-3.9 せん断応力とラビング応力との関係

ている．

図-3.9は，この装置を用いて測定したラビング力を管の内表面積で除して求めた単位面積当りのラビング抵抗力の実測値と式(3.4)から計算した管壁に接する試料のせん断応力との関係を示したもので，両者は，ほぼ一致し式(3.4)が成立することを実証している．

次に，**図-3.10**は，圧送管の内径，材質および管長を変化させ，種々の配合のモルタルを圧送した結果を示したものである．この図は，すべり速度とラビング抵抗力との関係を示したもので，両者は相関性の高い直線式で示されるとともに，粘性摩擦係数はモルタルの配合条件，使用した範囲で圧送管の材質や寸法等にかかわらず，ほぼ一定値を示し，$10.8 \sim 13.7$ Pa·s/cm，平均 11.8 Pa·s/cm となっている．また，付着力は，モルタルのコンシステンシーによって相違し，その値は $1.38 \sim 24.8$ Pa に変化して

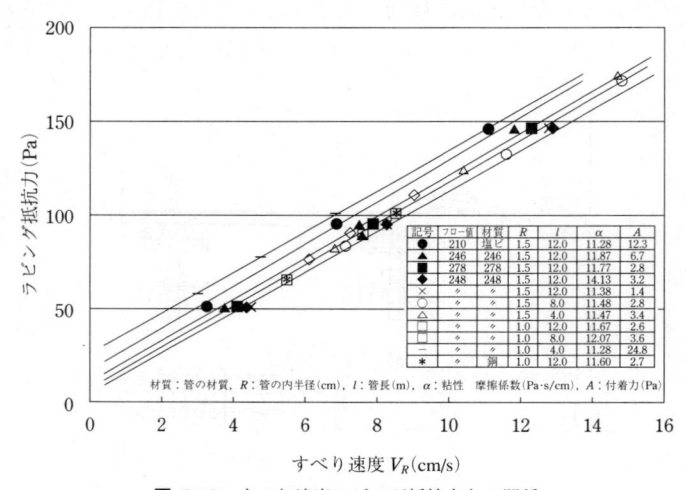

記号	フロー値	材質	R	l	α	A
●	210	塩ビ	1.5	12.0	11.28	12.3
▲	246	246	1.5	12.0	11.87	6.7
■	278	278	1.5	12.0	11.77	2.8
◆	248	248	1.5	12.0	14.13	3.2
×	〃	〃	1.5	12.0	11.38	1.4
○	〃	〃	1.5	8.0	11.48	2.8
△	〃	〃	1.5	8.0	11.47	3.4
□	〃	〃	1.0	12.0	11.67	2.6
◇	〃	〃	1.0	8.0	12.07	3.6
—	〃	〃	1.0	4.0	11.28	24.8
＊	〃	鋼	1.0	12.0	11.60	2.7

材質：管の材質，R：管の内半径(cm)，l：管長(m)，α：粘性摩擦係数(Pa·s/cm)，A：付着力(Pa)

図-3.10 すべり速度ラビング抵抗力との関係

いる．付着力を降伏値の関数として表す実験式を示せば式(3.21)のとおりになる．
$$A = 0.35\,\tau_y - 1.9 \tag{3.21}$$

したがって，物性値として塑性粘度および降伏値が与えられれば，粘性摩擦係数を 11.8 Pa·s/cm（管の内半径 1.0〜1.5 cm の場合）として，付着力は式(3.21)から推定し，式(3.5)および式(3.2)を用い，水平直管路における流量を予測することができる．この場合，塑性粘度および降伏値を二重円筒型回転粘度計によって現場で測定することは煩雑であるので，3.1.3 で述べた傾斜管試験法の改良法†を活用することが実用的である．

---

† 傾斜管試験法の改良法[9]

表1は，JSCE F 546 における傾斜管試験装置の諸元として，管の内半径を 1.5 cm，管長を 150 cm，ホッパの上端内径を 30 cm，深さを 27 cm とし，管の傾斜角度を 5，10 および 15° に変化させて測定した傾斜管流量を示したものである．この試験結果を用いてモルタルのレオロジー定数を求める方法は，粘性摩擦係数 a を 11.8 Pa·s/cm（モルタルのフローが 210〜280 程度の場合）とし，管の傾斜角度を 3 水準に変化させて測定した傾斜管流量とそれぞれに対応する動水勾配とを本文の式(3.2)を書き換え次式に代入し，これを連立に解き，E，F および G を求める．

表1 傾斜管の改良法による試験結果

フロー	回転粘度計試験		傾斜管試験						塑性粘度 (Pa·s)	降伏値 (Pa)
	塑性粘度 (Pa·s)	降伏値 (Pa)	$\theta=5°$		$\theta=10°$		$\theta=15°$			
			i	Q_A	i	Q_A	i	Q_A		
210	3.03	39.2	0.574	26.4	0.766	46.7	0.952	69.6	2.81 (0.93)	37.3 (0.95)
246	2.18	27.5	0.562	3.21	0.749	54.8	0.931	77.9	2.23 (1.02)	26.5 (0.96)
278	1.46	17.7	0.547	53.6	0.73	84.4	0.908	115	1.51 (1.02)	17.7 (1.00)
248	2.50	18.6	0.574	44.5	0.761	67.8	0.945	90.5	2.42 (0.97)	17.7 (0.95)
275	1.80	13.7	0.56	56.4	0.754	84.2	0.937	111	1.86 (1.03)	14.7 (1.07)

注）回転粘度計は，内円筒半径 2.5 cm，長さ 10 cm，外円筒半径 5 cm の外円筒回転形のもので，多点法によってレオロジー定数を測定した．θ；管の傾斜角度　i；動水勾配　Q_A；傾斜管流量 (cm³/s)．カッコ内の値は傾斜管試験によるレオロジー定数と回転粘度による試験値との比を示す．

$$Q = iE - F + \frac{G}{i^3}$$

ここで，Q：傾斜管流量，i：動水勾配.

$$E = \frac{\pi R^4}{8 \eta_{pl}} + \frac{\pi R^3}{2 \alpha}$$

$$F = \frac{\pi R^3 \tau_y}{3 \eta_{pl}} + \frac{\pi R^2}{\alpha} A$$

$$G = \frac{2 \pi \tau_y^4}{3 \eta_{pl}}$$

E，F および G を次の式に代入して，付着力(A)，塑性粘度(η_{pl})および降伏値(τ_y)を算定する.

$$A = \alpha \left[\frac{F}{\pi R^2} - \frac{R\left\{\frac{3 R^4}{16\left(E - \frac{\pi R^3}{2\alpha}\right)}G\right\}^{\frac{1}{4}}}{3 \times \frac{\pi R^4}{8\left(E - \frac{\pi R^3}{2\alpha}\right)}} \right]$$

$$\eta_{pl} = \frac{\frac{\pi R^4}{8}}{E - \frac{\pi R^3}{2\alpha}} = \frac{\pi R^4}{8\left(E - \frac{\pi R^3}{2\alpha}\right)}$$

$$\tau_y = \left\{\frac{3 R^4}{16\left(E - \frac{\pi R^3}{2\alpha}\right)}G\right\}^{\frac{1}{4}}$$

表1の上記の計算手順に従って求めた塑性粘度および降伏値は，二重円筒型回転粘度計による試験値とよく一致しており，両者の比は，塑性粘度の場合0.93～1.03，降伏値の場合0.95～1.07となっている．したがって，流動性の大きいグラウトの粘度測定法として提案した傾斜管試験方法(JSCE-F 546：1999)は，装置各部の寸法を適切に選定することによりフロー210～280程度のモルタルにも適用できる．

(2) 曲がり管路内の流れ[9]

モルタルが曲がり管を流動する場合には，水平直管路内を流動する場合より大きな圧力損失を生じる．曲がり管における圧力損失については既に 3.1.3(2) で述べたように，理論式はないので，モルタルの曲がり管路内における圧力損失を決定するパラメータについて実験的に検討を行う必要がある．

村田らは，水平に設置した圧送管の内半径を 1.0 および 1.5 cm とし，長さ 2 m

の直管2本の中間に種々の形状および寸法の曲がり管を接続してモルタルの圧送実験を行い，曲がり管路内における圧力損失について検討を行っている．検討の結果は表-3.7に示すようであって，曲がり管による圧力損失は，実測流量を式(3.2)に代入して求めた圧力勾配を有効圧力勾配として，これを通る有効圧力勾配線から曲がり管入口の圧力を推定し，この値と配管出口の圧力を0Paとして，これを通る有効圧力勾配線から推定した曲がり管出口の圧力との差として求めた値である．

表-3.7において，曲がり管による圧力損失は，曲がり管の入口または出口の圧力，管の内半径，曲げ角度によって相違している．また，モルタルの配合を変化させた実験結果によれば，塑性粘度によって相違し，降伏値の影響は比較的少ないとの結果が得られている．なお，管の曲率半径の影響はほとんど認められないことが指摘されており，式(3.13)に示すように曲がり管の圧力損失をエネルギー方程式によって整理することは適切でないと判断して，水平曲がり管による圧力損失を表す実験式として式(3.22)を提案している．

$$\Delta P_{bc} = 45.4\, P_2^{0.6}\, R^{0.1}\, \phi^{-0.005} \eta_{pl}^{0.5} \tag{3.22}$$

ここで，ΔP_{bc}：曲がり管による圧力損失(Pa)，P_2：曲がり管出口の圧力(Pa)，ϕ：曲げ角度(°)．

配管計画をより簡単に行うためには，曲がり管による圧力損失を直管換算長に置き換えて用いるのが実用的である．

曲がり管の直管換算長は，圧送圧力を有効圧力勾配で除して求めた直管換算距離から直管部の長さを差し引いたもので表され，その計算結果は，**表**-3.7中(L_b)として併記した．この曲がり管の直管換算長(L_b)は，主として管の内半径，曲げ角度および試料のコンシステンシーによって相違し，圧送圧力および曲率半径の影響は比較的少ないことから，水平曲がり管の直管換算長の実用式として式(3.23)および式(3.24)を提案している．

$$L_{90} = 2\times 10^5\, R^{0.2}\, \mathrm{FL}^{-2} \tag{3.23}$$

$$L_{bc} = L_{90} - 0.03(90-\phi) \tag{3.24}$$

ここで，L_{90}：曲げ角度90°の曲がり管の直管換算長(m)，L_{bc}：曲げ角度ϕの曲がり管の直管換算長(m)，FL：フロー．

なお，直管換算長を用いる方法は，圧力損失に関する実験式に比べ計算は簡便ではあるが，その精度は若干低い．

表-3.7 水平曲がり管における流量測定結果および直管換算長，管内圧力の測定結果および圧力損失

(曲がり管；$R=1.5$ cm, $\phi=90°$, フロー；280)

圧送管の内半径 (cm)	曲がり管 曲率半径 R_b (cm)	曲がり管 曲げ角度 ϕ (°)	管路の実長 l (m)	圧送圧力 P_0 ($\times 10^{-4}$ MPa)	計算流量 Q (cm³/s)	実測流量 Q_A (cm³/s)	有効圧力勾配 P_0/l ($\times 10^{-4}$ MPa/cm)	直管換算距離 l' (m)	曲がり管の直管換算長 L_b (m)	曲がり管の入口および出口の圧力 ($\times 10^{-4}$ MPa) P *1	P_2 *2	P_{01} *3	P_{02} *4	ΔP_b *5 ($\times 10^{-4}$ MPa)
1.5	45	90	4.81	707	203	121	0.95	7.45	2.64	514	195	513	194	319
				943	280	179	1.32	7.16	2.35	697	260	673	270	403
				1179	357	252	1.78	6.63	1.82	826	361	815	365	450
	30	90	4.57	673	203	115	0.91	7.39	2.82	500	174	487	186	300
				897	280	171	1.27	7.09	2.52	697	256	638	259	379
				1121	357	230	1.64	6.83	2.26	809	313	775	336	447
	30	60	4.41	649	203	127	0.98	6.60	2.19	494	189	447	202	245
				865	280	190	1.39	6.24	1.83	606	272	582	284	297
				1083	357	254	1.79	6.04	1.63	751	345	716	367	351
	30	30	4.26	627	203	145	1.10	5.69	1.43	418	210	401	226	176
				835	280	213	1.53	5.45	1.19	544	295	520	314	206
				1044	357	275	1.93	5.42	1.16	680	367	648	394	254
	15	90	4.34	639	203	107	0.86	7.42	3.09	477	144	462	177	285
				851	280	162	1.21	7.05	2.71	641	230	604	247	357
				1063	357	213	1.53	6.95	2.61	769	295	746	314	432
1.0	30	90	4.47	658	44.1	25.4	0.95	6.79	2.32	443	196	465	193	272
				877	61.5	28.9	1.32	6.62	2.15	609	255	605	272	334
				1097	79.0	53.8	1.74	6.29	1.82	727	333	740	357	383

注） モルタルの物性（フロー値280，塑性粘度1.80 Pa·s，降伏値13.7 Pa）．
* 1 曲がり管の入口から15 cm外側における圧力の実測値．
* 2 曲がり管の出口から15 cm外側における圧力の実測値．
* 3 有効圧力勾配を用いて推定した曲がり管入口の圧力．
* 4 有効圧力勾配を用いて推定した曲がり管出口の圧力．
* 5 曲がり管の圧力損失（$=P_{01}-P_{02}$）．

(3) 高低差のある管路内の流れ

 高低差のある配管路内にモルタルを圧送する場合には，グラウトの場合と同様［式(3.20)参照］に鉛直曲がり管を水平直管における圧力損失と湾曲流による圧力損失および配管路の高低差による圧力損失の合計として計算できる．**表-3.8**は，鉛直管を含む配管路内にモルタルを圧送した場合の実験結果を示したものである．

 表-3.8において，湾曲流による圧力損失の実験値は，一部の例外的な値を除き式(3.22)による推定値とほぼ一致し，両者の比は $0.91 \sim 1.16$，平均 1.10 となっていることから，高低差のある管路内へモルタルを圧送する場合には，高低差に試料の単位容積重量を乗じた値に水平に設置した場合の曲がり管の圧力損失を加算することで，圧力損失が予測できる．

(4) モルタル圧送における配管計画例

a. 計算手順　モルタルを圧送する場合，工事計画から要求されるモルタルの単位時間当りの流量を得るのに必要なポンプ能力(計算では配管入口における圧送圧力の大きさ)を得るための手順を **3.1.4(1)～(3)** までの成果を利用して取りまとめ，**図-3.11** に示した．

b. 計算例　**図-3.11** に従って配管計画を行った事例を以下に示す．

STEP 1
- ・流量の目標値；300 L／min＝5 000 cm³/s
- ・モルタル品質の目標；フロー値 280
- ・配管経路；**図-3.12** 参照

STEP 2
　試験練りを行って以下の測定を行った．
- ・モルタルの単位容積質量の測定；JIS A 5002 5.12 b)に示される容器を用いて測定した結果　2.231 g/cm³
- ・レオロジー定数の測定；JSCE-F 546 に示す傾斜管試験装置のうち管の内半径を 1.5 cm，長さを 1.5 m とし，ホッパの内径を 30 cm，深さ 27 cm そして管の傾斜角度を 5，10 および 15° に変化させて，それぞれについて流量を測定した．結果は，**表-3.9** に示すとおりである．

STEP 3
　圧送管の内径(D)を定める；配管の内径を 7.5 cm（$R=3.75$ cm）に設定．

表-3.8 鉛直曲がり管内の圧力測定結

曲率半径 R_b (cm)	鉛直管長 (m) [高低差] (m)	圧送圧力 P_0 ($\times 10^{-4}$ MPa)	計算流量 Q (cm³/s)	実測流量 Q_A (cm³/s)	有効圧力勾配 P_0/l' ($\times 10^{-4}$ MPa/cm)	直管換算距離 l' (m)	曲がり管の直管換算長 L_b (m)	比= L_{bc}/L_b
15	1.0 [1.2]	867	350	99.3	0.856	7.06	3.52	0.86
		1 041	427	138	1.140	7.04	3.50	0.87
		1 214	504	186	1.408	6.76	3.22	0.94
	1.5 [1.7]	941	350	85.2	0.768	7.36	3.52	0.86
		1 129	427	131	1.056	7.14	3.30	0.92
		1 317	504	180	1.368	6.86	3.02	1.02
30	1.0 [1.35]	876	350	103	0.879	6.61	3.04	1.00
		1 051	427	152	1.192	6.34	2.77	1.10
		1 226	504	210	1.560	5.97	2.40	1.27
	1.5 [1.85]	995	350	99.5	0.857	6.92	2.80	1.07
		1 198	427	155	1.181	6.71	2.64	1.15
		1 398	504	210	1.559	6.37	2.30	1.32
45	1.0 [1.5]	757	350	64.3	0.633	6.77	2.96	1.03
		908	427	104	0.885	6.55	2.74	1.11
		1 065	504	147	1.157	6.32	2.51	1.21
	1.5 [2.0]	988	350	98.4	0.851	7.16	2.85	1.07
		1 267	427	115	1.208	6.87	2.56	1.19
		1 478	504	220	1.622	6.42	2.11	1.44

注) モルタルの物性（フロー値 280, 塑性粘度 1.80 Pa·s, 降伏値 13.7 Pa）. L_{bc}；式(3.22)より
* 1 曲がり管入口から 15 cm 外側の圧力測定値.
* 2 曲がり管出口から 15 cm 外側の圧力測定値.
* 3 P_1 より求めた曲がり管入口の圧力測定値から管路出口までの水頭差を減じた圧力.
* 4 P_2 より求めた曲がり管出口の圧力測定値から管路出口までの水頭差を減じた圧力.
* 5 有効圧力勾配を用いて算出した曲がり管入口の圧力.
* 6 有効圧力勾配を用いて算出した曲がり管出口の圧力.

果，圧力損失，流量測定および直管換算長

(曲がり管；$R=1.5$ cm, $\phi=90°$, フロー；280)

曲がり管の入口および出口の圧力 ($\times 10^{-4}$MPa)				P_{01}' [*5] ($\times 10^{-4}$ MPa)	P_{02}' [*6] ($\times 10^{-4}$ MPa)	曲がり管の圧力損失 ΔP_b $= P_{01}' - P_{02}'$ ($\times 10^{-4}$ MPa)	P_{bc} ($\times 10^{-4}$ MPa)	比= $\Delta P_b / \Delta P_{bc}$
P_1 [*1]	P_2 [*2]	P_{01} [*3]	P_{02} [*4]					
704	279	441	81	429	90.3	339	162	0.48
831	316	568	119	545	116	429	231	0.54
947	325	684	128	663	148	515	326	0.63
795	415	423	109	521	119	402	139	0.35
926	457	554	151	650	307	343	216	0.63
1 058	506	687	200	774	335	440	313	0.71
558	278	424	80	433	92.2	341	224	0.66
668	304	534	107	544	126	418	328	0.78
769	338	635	141	644	164	480	470	0.98
836	423	431	117	556	132	424	218	0.51
976	474	571	168	693	183	510	325	0.64
1 103	525	697	219	816	241	574	470	0.82
663	259	335	62	365	66.7	298	284	0.95
741	276	412	78	464	93.2	371	353	0.95
849	295	520	98	566	122	444	440	0.99
891	426	453	125	551	131	419	263	0.63
1 066	486	629	180	757	186	571	392	0.69
1 186	535	749	229	883	251	632	571	0.90

求めた曲がり管の直管換算長の計算値(3.04 m)．試料の単位容積質量；2 231 kg/m³．

【STEP1】
・流量の目標値
・モルタル品質の目標値
・配管経路の設定

○配管実長の計算
○モルタルのコンシステンシー（フロー値の設定）
○曲がり管の個数，曲げ半径の確認

【STEP2】
モルタルの単位容積質量とレオロジー定数の決定

○モルタルの試験練りを行い，傾斜管試験によってモルタルの単位容積質量と付着力，塑性粘度および降伏値を決定する．

【STEP3】
圧送管の内径を定める

【STEP4】
管壁にすべりを伴う場合の流量式(3.1)を用いて流量の目標値を得るの必要な有効圧力勾配を計算する

○有効圧力勾配の計算は，バッキンガム式に流量の目標値(Q)，塑性粘度(η_{pl})，降伏値(τ_y)および管の内半径を代入して，ニュートン近似法等によって有効圧力勾配($i=\Delta P/l'$)を求める．
○計算を簡素化する方法として バッキンガム式中の$(r_y/R)^4$の項を省略した次式によって有効圧力勾配を求めることができる．

$$i = \frac{P_p}{l'} = \frac{\dfrac{Q}{\pi R^2} + \dfrac{R}{3\eta_{pl}}\tau_y + \dfrac{A}{\alpha}}{\left(\dfrac{R^2}{8\eta_{pl}} + \dfrac{R}{2\alpha}\right)}$$

ただし，$(r_y/R)^4$の項を省略することによる誤差が1％程度以下である．

【STEP5】
曲がり管の直管換算長の計算

○曲がり管の直管換算長を次式から計算する．
$L_{90} = 2\times10^5\,R^{0.2}\,\mathrm{FL}^{-2}$
$L_{bc} = L_{90} - 0.03(90-\phi)$
ここに，L_{90}：曲げ角度90度の場合の直管換算長(m)，
R_{bc}：曲率半径(cm)，
L_b：曲げ角度 ϕ における曲がり管の直管換算長(m)．

○直管換算距離(l')の計算は，直管の実長(l)に曲がり管の直管換算長の総和(ΣL_b)を加えた値として次式より計算する．
$l' = l + \Sigma L_b$

【STEP6】
配管入口の圧力の計算

○高低差による圧力損失を $98.1\times\rho g h$ [ρg：単位容積質量(g/cm³)，h：高低差(cm)]．
○配管入口の圧力 P_p は，有効圧力勾配(i)に直管換算距離(l')を乗じこれに配管における高低差による圧力損失を加えた値として求める．
$P_p = (i\times100\times l') + 98.1\times\rho g h\,(\mathrm{Pa})$

※ ポンプ最大圧力 P_{max} は，配管入口における圧力の計算値に，安全係数を乗じて求めることとする．安全係数は，ポンプの圧送形式によって異なるが，通常20％程度の割り増しを勘案してポンプの能力を定めればよい．
$P_{max} = P_p \times 1.20$

図-3.11 モルタルの圧送計画の手順

3.1 フレッシュコンクリートの管内流動

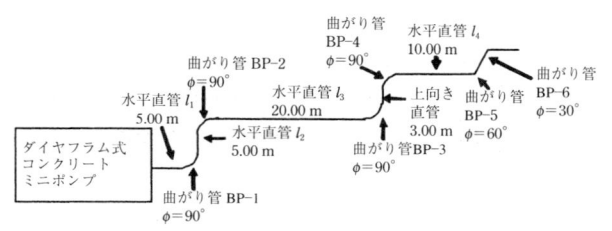

図-3.12 配管経路

表-3.9 モルタルの配合および傾斜管の改良法による試験結果

モルタルの配合	傾斜管試験結果		定数の計算結果	レオロジー定数		
	傾斜角度 θ (°)	流量 Q_A (cm³/s)		塑性粘度 η_{pl} (Pa·s)	降伏値 τ_y (Pa)	付着力 A (Pa)
W/C=50 % S/C=1.55 A_d=C×0.2 % フロー 280	5 10 15	62.6 90.3 119	E=152.5 F= 28.25 G= 0.004	1.80	16.3	2.16

STEP 4

有効圧力勾配を計算する．

$$i = \frac{\Delta p}{l} = \frac{\dfrac{Q}{\pi R^2} + \dfrac{R}{3\eta_{pl}}\tau_y + \dfrac{A}{\alpha}}{\left(\dfrac{R^2}{8\eta_{pl}} + \dfrac{R}{2\alpha}\right)} = \frac{\dfrac{5000}{\pi \times 3.75^2} + \dfrac{3.75}{3 \times 0.01835} \times 0.140 + \dfrac{0.022}{0.12}}{\left(\dfrac{3.75^2}{8 \times 0.01835} + \dfrac{3.75}{2 \times 0.12}\right)}$$

$$= \frac{122.8469}{111.419} = 1.103 \text{ gf/cm}^2 (=108 \text{ Pa·m})$$

STEP 5

曲がり管の直管換算長を計算する．

$L_{90} = 2 \times 10^5 R^{0.2} \text{FL}^{-2} = 2 \times 10^5 \times 3.75^{0.2} \times 280^{-2} = 3.32$ m

$L_{60} = L_{90} - 0.03(90 - \phi) = 3.32 - 0.03(90 - 60) = 2.42$ m

$L_{30} = 3.32 - 0.03(90 - 30) = 1.52$ m

STEP 6

配管入口の圧力の計算

$l' = l + \Sigma L_b = 5.00 + 5.00 + 20.00 + 3.00 + 10.00 + 5.00 + 5.00$
$+ (3.32 \times 4 + 2.42 + 1.52) = 70.22$ m

$$P_P = (i \times l' \times 100) + 98.1 \times \rho g h$$
$$= (108 \times 71.24 \times 100) + 98.1 \times 3.00 \times 100 \times 2.231$$
$$= 758\,376 + 65\,658 = 824\,034 \text{ Pa}(=0.82 \text{ MPa；配管入口の圧力})$$

※ポンプ能力の選定を行う場合，安全係数分として配管入口における圧力に20%を考慮すれば，

$P_{max} = P_P \times 1.20 = 0.82 \times 1.20 \fallingdotseq 1.0$ MPa以上の能力を持つポンプを選定すればよい．

3.1.5 コンクリートの管内流動

(1) 直管路内の流れ

スランプが12～20 cm程度のコンクリートの管内流動も管壁面ではモルタルの管内流動と同様に液体摩擦状態にあるため，すべりを伴うビンガム流れとなることを村田らはコンクリート用ラビング抵抗測定装置を用いた実験によって明らかにしている．この装置は，図-3.13に示すように，水平レール上にローラーを介して，管の内半径5 cm，長さ2 mのシームレスのステンレス製の移動管を設置し，これを容量150 Lのダイヤフラム式ポンプの排出管(ドッキングホース)に接続したものである．接続部分は，移動管の外径より1 mm内径を大きくしたアクリル製のスリーブジョイントを用い，移動管がコンクリートの圧送に伴って自由に移動できる機構とした．コンクリートの圧送によって生じるラビング抵抗力の検出は，容量3

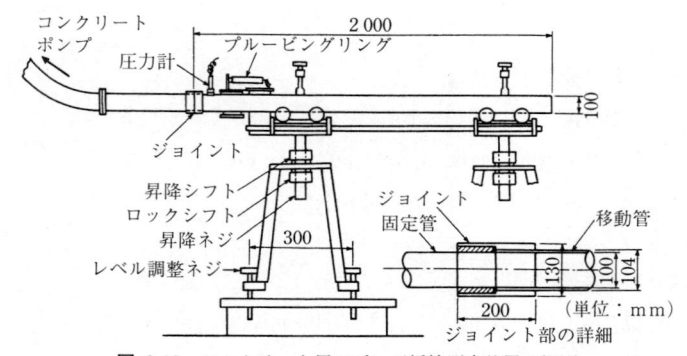

図-3.13 コンクリート用ラビング抵抗測定装置の概要

kNのプルービングリングを，管内圧力は移動管入口から15cmの位置に容量0.5MPaのダイヤフラム式圧力計をそれぞれ用いて測定している．

　この装置に，AEコンクリート，流動化コンクリートおよびプレーンコンクリート等合計8種類の配合のコンクリートを圧送した結果は，**図-3.14**に示すようであって，実測流量とビンガム流量との差を管の断面積で除して求めたすべり速度とラビング抵抗力との関係を示している．この図において，両者の関係はそれぞれの配合ごとに直線で示され，コンクリートと移動管の内壁面との間は，モルタルと同様に液体摩擦状態にあることを実証している．また，**図-3.15**に示したように，管壁に接するコンクリートのせん断応力（計算値）とラビング抵抗力（実測値）との関係

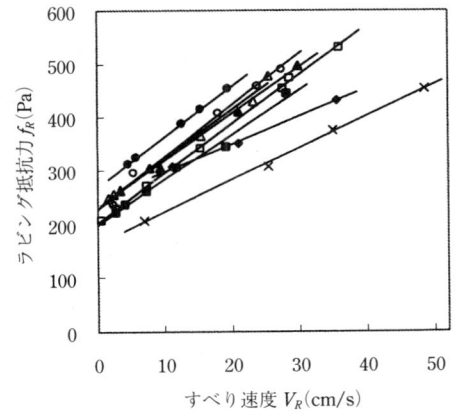

記号	配合No.	粘性摩擦係数 α (Pa·a/cm)	付着力 A (Pa)
○	A-1	8.93	2.51
△	A-2	8.44	2.39
□	A-3	9.22	2.04
●	A-4	9.52	2.72
▲	A-5	8.83	2.32
■	A-6	8.63	1.99
◆	A-7	5.69	2.38
×	A-8	5.79	1.73

図-3.14 すべり速度とラビング抵抗力との関係

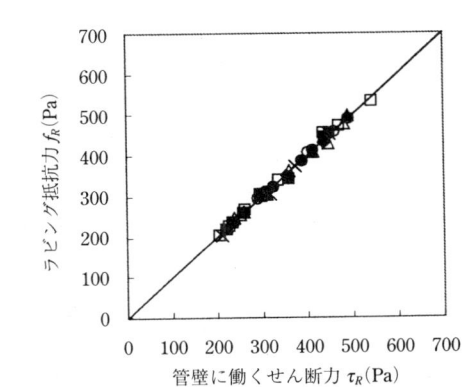

記号	スランプ (cm)	コンクリート
○	13.0	流動化コンクリート
△	17.0	流動化コンクリート
□	22.0	流動化コンクリート
●	14.0	AEコンクリート
▲	18.0	AEコンクリート
■	21.0	AEコンクリート
◆	15.0	プレーンコンクリート
×	19.0	プレーンコンクリート

図-3.15 管壁に働くせん断力とラビング抵抗力との関係

は，コンクリートの配合や圧力勾配の相違にかかわらず，両者が等しいとして描いた直線とよく一致しており，コンクリートの場合も式(3.4)が成り立つ．

また，式(3.5)に示すすべり速度は，圧送条件を一定とした場合，粘性摩擦係数と付着力によって相違する．粘性摩擦係数および付着力について，既存の研究成果を説明すれば以下のとおりである．

a．粘性摩擦係数について　コンクリートの圧送時に管内圧力によってペーストの一部が管壁面に沿ってにじみ出し，薄層を形成すると仮定する[10]．この場合の管壁面におけるペーストの厚さを Δy とすれば，ペーストのビンガム方程式は，

$$\tau = \eta'_{pl}\frac{V_R}{\Delta y} + \tau'_y \tag{3.25}$$

ここで，η'_{pl}：壁面ににじみ出たペーストの塑性粘度(Pa·s)，τ'_y：壁面ににじみ出たペーストの降伏値(Pa)，V_R：壁面ににじみ出たペーストの最大流速(cm/s)，Δy：壁面ににじみ出たペーストの厚さ(cm)．

式(3.4)および式(3.25)より

$$\alpha = \frac{\eta'_{pl}}{\Delta y} - \frac{A - \tau'_y}{V_R} \tag{3.26}$$

$$\Delta y = \left(\frac{\varepsilon \pi R^2}{2 \pi R}\right) = \frac{\varepsilon R}{2} \tag{3.27}$$

$A = \tau'_y$ と仮定し，式(3.27)を式(3.26)に代入すれば

$$\alpha = \frac{2\,\eta'_{pl}}{\varepsilon R} \tag{3.28}$$

ここで，ε：にじみ出たペーストの管内コンクリートに対する容積比．

式(3.28)によれば，粘性摩擦係数は，管の内半径の逆数に比例することが示されている．**表-3.10** および **図-3.16** は，配管の実長が 8.07 m，出口部の長さ 2.5 m の直管の内半径を 4, 5 および 6.25 cm のそれぞれに変化させた配管路にコンクリートを圧送した結果を示したものである．**表-3.10** および **図-3.16** において，ε や η'_{pl} は個

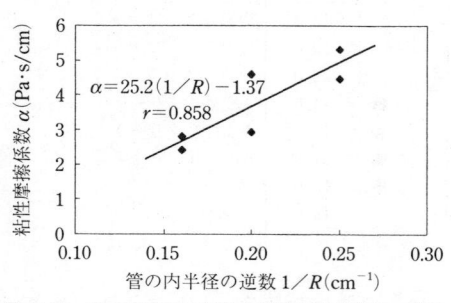

図-3.16 管の内半径の逆数と粘性摩擦係数との関係

$\alpha = 25.2(1/R) - 1.37$
$r = 0.858$

表-3.10 粘性摩擦係数に関する実験結果

配合 No.	管内半径 (cm)	圧力勾配 i (Pa/cm)	栓流半径 r_y (cm)	ビンガム流量 Q_B (cm³/s)	実測流量 Q_A (cm³/s)	すべり速度 V_R (cm/s)	ラビング抵抗 f_R (Pa)	粘性摩擦係数 α (Pa·s/cm)	付着力 A (Pa)
C-1	4.0	132	2.86	11.2	2 179	43.1	264	5.31	54.0
		186	2.01	41.9	2 820	55.3	372		
		264	1.42	89.9	4 648	90.7	528		
	5.0	94.2	3.98	10.7	2 350	29.8	236	4.61	94.3
		115	3.26	34.1	3 401	42.9	288		
		168	2.24	109	5 611	70.1	420		
	6.25	68.7	5.46	7.70	1 832	14.9	215	2.81	173
		85.3	4.42	45.6	4 138	33.3	267		
C-2	4.0	116	1.40	29.4	1 943	38.1	232	4.48	67.9
		157	1.03	48.9	2 678	52.3	314		
		225	0.72	80.8	4 380	85.5	450		
	5.0	46.1	3.49	7.90	1 550	19.6	115	2.93	60.4
		71.6	2.24	33.7	3 086	38.9	179		
		116	1.40	83.7	6 253	78.5	290		
	6.25	38.3	4.26	17.3	1 471	11.8	120	2.41	102
		51.0	3.15	50.1	2 330	18.6	159		
		69.7	2.31	101	6 127	49.1	218		

注) 配合は，W/C 53 %，s/a 47.9 %，スランプ No. C-1 15 cm, No. C-2 21 cm である．

別に測定できていないが，実験式は式(3.29)に示すようであって，粘性摩擦係数が管内半径の逆数の関数として表されることを示している．

$$\alpha = 25.2\left(\frac{1}{R}\right) - 1.37 \tag{3.29}$$

b. 付着力について 付着力は，コンクリートの配合によって相違する．鈴木らは，直管換算距離が 32 m の水平管路内に種々の配合のコンクリートを圧送し，付着力について検討を行っている[11]．この結果は，表-3.11 に示すようであって，コンクリートの付着力は配合によって相違する．付着力と降伏値との関係は図-3.17 に示すように直線で表され，また，降伏値とスランプ値との関係は，図-3.18 に示すようであって，両者は相関性の高い指数関数で表され，これらの実験式として式

表-3.11 付着力に関す

配合 No.	バッチ No.	スランプ SL (cm)	塑性粘度 η_{pl} (Pa·s)	降伏値 τ_y (Pa)	圧力測定値 (MPa) P_{D_1}	圧力測定値 (MPa) P_{D_2}	圧力勾配 i (Pa/cm)	ビンガム流量 Q_B (cm³/s)
D-1	1	18.5	354	170	0.275	0.183	73.4	14
					0.317	0.216	81.3	24
					0.420	0.289	105	59
	2	20.5	337	161	0.298	0.215	67.3	11
					0.395	0.297	79.2	27
					0.462	0.319	115	85
	3	19.0	362	170	0.253	0.159	75.9	16
					0.312	0.201	89.3	34
					0.392	0.268	100	50
D-2	1	14.5	400	202	0.276	0.191	67.8	0
					0.388	0.273	93.1	21
					0.459	0.326	107	38
	2	18.0	366	178	0.271	0.175	77.5	15
					0.359	0.254	84.3	23
					0.420	0.282	111	62
	3	12.5	422	234	0.230	0.146	67.7	0
					0.284	0.174	88.4	5
					0.356	0.201	125	43
D-3	1	14.7	480	200	0.258	0.178	63.1	0
					0.317	0.222	75.9	4
					0.394	0.279	92.8	18
	2	18.0	480	178	0.311	0.217	75.9	10
					0.413	0.310	82.4	16
					0.482	0.353	104	39
	3	17.0	369	185	0.265	0.179	69.1	4
					0.326	0.238	71.4	6
					0.409	0.268	114	61

注) $i=(P_{D_1}-P_{D_2})/l_1$, l_1：P_{D_1}とP_{D_2}の距離(12.40 m)．P_{D_1}：ポンプから2.36 m下流に力計による測定値．塑性粘度および降伏値は，二重円筒型粘度計を用い，内外円筒間のを用いて解析する多点法によって測定した結果．

3.1 フレッシュコンクリートの管内流動

る実験結果

実測流量 Q_A (cm³/s)	ビンガム 流量比 Q_B/Q_A	すべり 速度 V_R (cm/s)	ラビング 抵抗 f_R (Pa)	粘性摩 擦係数 a (Pa·s/cm)	付着力 A (Pa)
2 046	0.007	16.6	229		
2 882	0.008	23.3	254	3.67	169
5 392	0.011	43.5	328		
1 859	0.006	15.1	210		
3 228	0.008	26.1	248	3.38	159
7 349	0.012	59.2	359		
3 014	0.005	24.4	237		
4 779	0.007	38.7	279	2.94	165
6 189	0.008	50.0	313		
273	0.002	2.22	212		
3 012	0.007	24.4	291	3.57	204
4 517	0.008	36.5	334		
2 749	0.005	22.3	242		
3 558	0.007	28.8	263	3.26	170
6 736	0.009	54.4	347		
298	0.000	2.43	212		
3 053	0.002	24.8	276	2.90	204
7 924	0.005	64.2	391		
625	0.000	5.09	197		
2 272	0.002	18.5	237	3.00	182
4 445	0.004	36.1	290		
3 062	0.003	24.9	237		
3 988	0.004	32.4	258	2.71	170
7 066	0.006	57.3	325		
1 827	0.002	14.9	216		
2 146	0.003	17.4	223	2.79	175
8 062	0.008	65.2	356		

設置した圧力計による測定値．P_{D_2}：曲がり管入口から0.10m上流にある圧
試料上面に設置して直径1mmの発砲スチロールの移動速度をビデオトラッカー

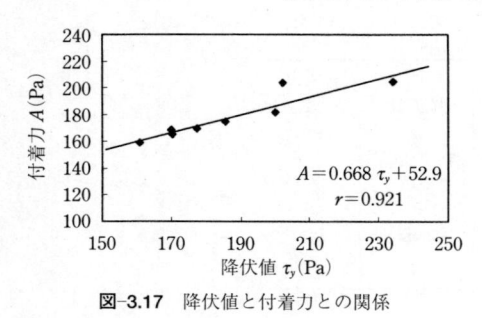

図-3.17 降伏値と付着力との関係 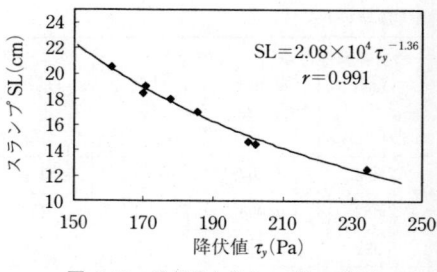　　　　図-3.18 降伏値とスランプとの関係

(3.30)および式(3.31)をそれぞれ提案している．

$$A = 0.688\,\tau_y + 52.9 \tag{3.30}$$
$$\mathrm{SL} = 2.08 \times 10^4\,\tau_y^{-1.36} \tag{3.31}$$

(2) 曲がり管路内の流れ

コンクリートの曲がり管における圧力損失については，グラウトやモルタルの場合と同様に理論式がないので実験結果によらなければならない．

曲がり管による圧力損失を検証するための実験の一例として図-3.19に示す配管路による圧送実験結果を活用した場合について説明する．

表-3.12 水平曲がり管による圧力損失および水平換算長さ

配合 No.	スランプ SL (cm)	単位容積重量 ρ (kg/m³)	塑性粘度 η_{pl} (Pa·s)	降伏値 τ_y (Pa)	圧送圧力 (MPa)	有効圧力勾配 i (Pa/cm)	実測流量 Q_A (cm³/s)	計算流量 Q (cm³/s)	圧力測定値 (MPa) P_{D_2}	P_{D_3}
D-1	18.5	2309	354	170	0.274	73.4	1511	3136	0.183	0.066
					0.319	83.1	2098	4278	0.215	0.075
					0.420	105	3842	6851	0.288	0.095
D-2	14.5	2360	400	202	0.275	67.8	744	2193	0.191	0.061
					0.388	93.1	2048	4757	0.272	0.084
					0.459	107	2966	6338	0.325	0.096
D-3	14.7	2359	398	200	0.256	63.1	291	1321	0.177	0.057
					0.316	75.9	808	2152	0.221	0.068
					0.394	92.8	1494	3243	0.278	0.084

注）水平直管部の実長は28.5mである．

3.1 フレッシュコンクリートの管内流動

曲がり管による圧力損失は，モルタルの場合と同様に実測流量を式(3.2)に代入して求めた圧力勾配を有効圧力勾配として，これを通る有効圧力勾配線から曲がり管入口の圧力を推定し，この値と配管出口の圧力を0Paとして，これを通る有効圧力勾配線から推定した曲がり管出口の圧力との差として求め，**表-3.12**に示した．**表-3.12**には，最も上流側にある曲がり管の入口(P_{D_2})および最も下流側にある曲がり管の出口の圧力(P_{D_3})ならびに4個分の曲がり管の圧力損失の合計を併記した．この曲がり管の圧力損失は，P_{D_2}とP_{D_3}の差からP_{D_2}からP_{D_3}までの間に存在する直管の長さの合計(5m)に有効圧力勾配を乗じた直管部分による圧力損失を減じた値として求めている．**表-3.12**において，曲がり管による圧力損失は，塑性粘度と有効圧力勾配とが支配的要因となっており，水平曲がり管による圧力損失を表わす実験式として式(3.32)が提案されている．

$$\Delta P_b = 2.75 \times 10^{-5} \, \eta_{pl}{}^{2.42} \, i^{1.41} \tag{3.32}$$

ここで，ΔP_b；曲がり管の圧力損失(Pa)， i；有効圧力勾配(Pa/cm)．

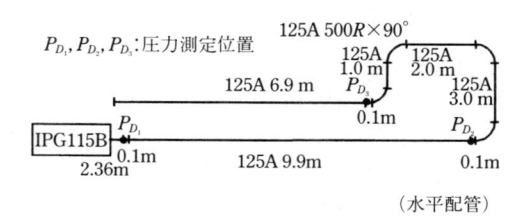

図-3.19 配管の概要 （水平配管）

しかし，式(3.32)を用いて塑性粘度の測定値や有効圧力勾配を事前に定めて配管計画を行うことは，一般に煩雑であると考える．土木学会のポンプ施工指針においては，曲がり管の水平換算長さを用いる方法を採用している．曲がり管の水平換算長さは，圧送圧力を有効圧力勾配で除して求めた水平換算距離から直管部の実長を差し引いた値を曲がり管の個数(4個)で除して求めることができる．この結果は**表-3.12**に併記したようであって，曲がり管の直管換算長は，土木学会のポンプ指針に記載されている水平換算長さ(一律6m)より小さな値となり，その値は一定ではなく，実測流

直管部の圧力損失 ΔP (MPa)	曲がり管の圧力損失 ΔP_b (MPa)	直管換算距離 l' (m)	水平換算長さ (m)	
			L_b	平均
0.044	0.018	38.0	2.22	
0.050	0.022	38.5	2.47	2.52
0.063	0.032	39.5	2.87	
0.041	0.022	40.8	3.03	
0.056	0.033	42.5	3.30	3.31
0.064	0.041	43.3	3.60	
0.038	0.020	40.3	3.01	
0.046	0.027	41.2	3.29	3.26
0.056	0.034	42.3	3.48	

量とスランプによって相違している．その関係を表す実験式として式(3.33)が提案されている．

$$L_b = 79.3\, Q_A^{-0.101}\, \mathrm{SL}^{-1.45} \tag{3.33}$$

ここで，L_b：曲がり管の直管換算長(m)，Q_A：流量(cm³/s)，SL：スランプ(cm)．

(3) 高低差のある管路内の流れ

コンクリートの鉛直上向き配管路内の圧力損失は，3.1.3(3)に示すグラウトや3.1.4(3)のモルタルの場合と同様に管路全体を水平直管路と考え，この部分を流動することによって生じる圧力損失と管路の高低差に試料の単位容積重量を乗じた分の圧力損失の総和として取り扱うことができる．

表-3.13は，図-3.20に示す高低差5.45 mを持つ配管路内に圧送圧力を種々に変化させてコンクリートを圧送し，鉛直部分の高低差分の圧力損失の実験値と $\rho g h$

表-3.13 配管路内のる高低差による圧力損失

配合No.	コンクリートの種類	スランプの目標値*¹(cm)	W/C(%)	s/a(%)	定常流量*²(cm³/s)	スランプ SL(cm)	単位容積重量 ρ (kg/m³)	塑性粘度 η_{pl} (Pa·s)	降伏値 τ_y (Pa)
E-1	LN-N(軽量1種)	12(18)	43	47.0	4376	18.5	1 905	342	140
					6338				
					9636				
E-2	L-L(軽量2種)	12(18)	43	48.0	4407	19.0	1 727	335	110
					5969				
					9148				
E-3	N-N(普通)	8(15)	43	41.0	2844	13.5	2 331	632	242
					6005				
					9348				
E-4	LN-N(軽量1)	8(15)	43	44.0	3111	13.5	1 919	516	240
					7879				
					12634				

*1 スランプ目標値の( )内の値は，流動化後のスランプ値を示す．
*2 定常流量とは，圧力波形図を参考にして読み取った圧力が一定時の流量を示す．
*3 有効圧力勾配は，図-3.20に示した $P_{E_3} \sim P_{E_4}$ における値を示す．
*4 高低差に対応する圧力損失の実験値は，P_{E_3} から配管出口までの直管部の実長に有効圧力勾配を乗じ定値から減じて求めた．

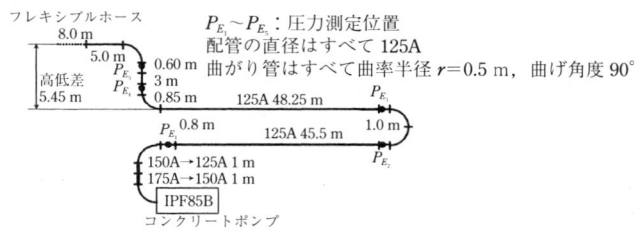

3.1 フレッシュコンクリートの管内流動

```
フレキシブルホース    P_E1~P_E5：圧力測定位置
     8.0 m          配管の直径はすべて125A
     5.0 m  0.60 m  曲がり管はすべて曲率半径 r=0.5 m，曲げ角度90°
高低差    P_E5
5.45 m   P_E4  3 m
         0.85 m    125A 48.25 m
         P_E3  0.8 m    125A 45.5 m    1.0 m
                                        P_E2
         150A→125A 1 m
         175A→150A 1 m
         IPF85B
         コンクリートポンプ
```

図-3.20 配管の概要

とを用いた推定値を示したものである．**表-3.13**において，一部の例外的な値を除いてコンクリートの配合や圧送圧力の相違にかかわらず，両者の比は 0.71～1.35，平均 0.94 となっており，配管路内の高低差による圧力損失が高低差に試料の単位容積重量を乗じることによって推定できることを確かめている．

なお，下向き配管路内にコンクリートを圧送する場合の圧力損失は，水平直管と同様とすることが土木学会のポンプ指針[12]に定められている．

(4) コンクリート圧送における配管計画例

a. 計算手順　コンクリートを圧送する場合，工事計画から要求されるコンクリートの単位時間当りの流量を得るのに必要なポンプ能力（計算では配管入口における圧送圧力の大きさ）を得るための手順を**図-3.21**に示した．

なお，有効圧力勾配を求めるための流量式は，既往の実験結果[11,12]によれば，AEコンクリートの場合，全流量に対するビンガム流量の割合が3％程度以下と小さいので，式(3.2)の第一項を無視して用いることとした．

管内圧力測定結果 ($\times 10^{-2}$ MPa)		有効圧[*3] 力勾配 i (Pa/cm)	高低差に対応する圧力損失[*4] ($\times 10^{-2}$ MPa)		比＝推定値/実験値
P_{E3}	P_{E4}		実験値	推定値	
70.0	27.3	77.9	13.7		0.74
86.7	30.7	103	11.8	10.2	0.86
109	37.4	133	11.9		0.86
72.7	27.7	82.7	13.1		0.71
804	27.9	96.7	10.4	9.2	0.89
111	34.3	142	6.8		1.35
90.6	39.7	90.3	10.5		1.19
117	53.0	113	13.9	12.5	0.91
141	64.0	137	14.0		0.89
76.6	30.1	82.8	10.3		1.00
116	44.1	128	10.0	10.3	1.03
163	63.9	178	12.4		0.83

た値と2個分の曲がり管による圧力損失とを P_{E3} の測

【STEP1】
・コンクリートの品質の設定
・配管経路の設定

○コンクリートの配合
　W/C, s/a, W, SL, air
○圧送性の評価
　①加圧ブリーディング試験，または②変形性評価試験
○配管経路の設定
　・水平直管路の設定（長さ）
　・鉛直管の設定（長さ）
　・配管路内の高低差＝h
　・曲がり管の数（曲率半径 0.5 m で曲げ再度 90°）＝n
　・フレキシブルホースの長さ＝l_f

【STEP2】
・流量の目標値の設定（公称圧送量）
・吸引効率を考慮した流量の計算

○$\beta = 0.0036W + 0.195$
　β＝吸引効率
　W＝コンクリートの単位水量（kg/m³）
○$Q = Q_N \times 1\,000\,000 / 3\,600 / \beta$
　Q＝流量（cm³/s）
　Q_N＝公称圧送量（m³/h）

【STEP3】
有効圧力勾配を計算

○$i = \dfrac{P_p}{l'} = \left(\dfrac{2Q\alpha}{\pi R^3} + \dfrac{2A}{R}\right) \times 100$

ここに，i：有効圧力勾配（Pa/m）
　　　　R：圧送管の内半径（cm）
　　　　A：付着力（Pa）
　　　　α：粘性摩擦係数（Pa·s/cm）
　　　　$A = 0.668\pi_y + 52.9$
　　　　$\tau_y = \left(\dfrac{SL}{20\,800}\right)^{-\frac{1}{1.36}}$　$\alpha = 25.2\left(\dfrac{1}{R}\right) - 1.37$

【STEP4】
曲がり管の直管換算長の計算

○$\Sigma L_b = 79.3\, Q^{-0.101}\, SL^{-1.45}\, n$
ここに，ΣL_b：曲がり管の直管換算長（m）
　　　　n：曲がり管の個数
　　　　（曲率半径 0.5m，5B 管，90°）
○$P_p = (l + \Sigma L_b + l_f \times 1.12)\, i + 98.1\,\rho g h$
ここに，P_p：配管入口の圧力（Pa）

【STEP5】
配管入口の圧力の計算

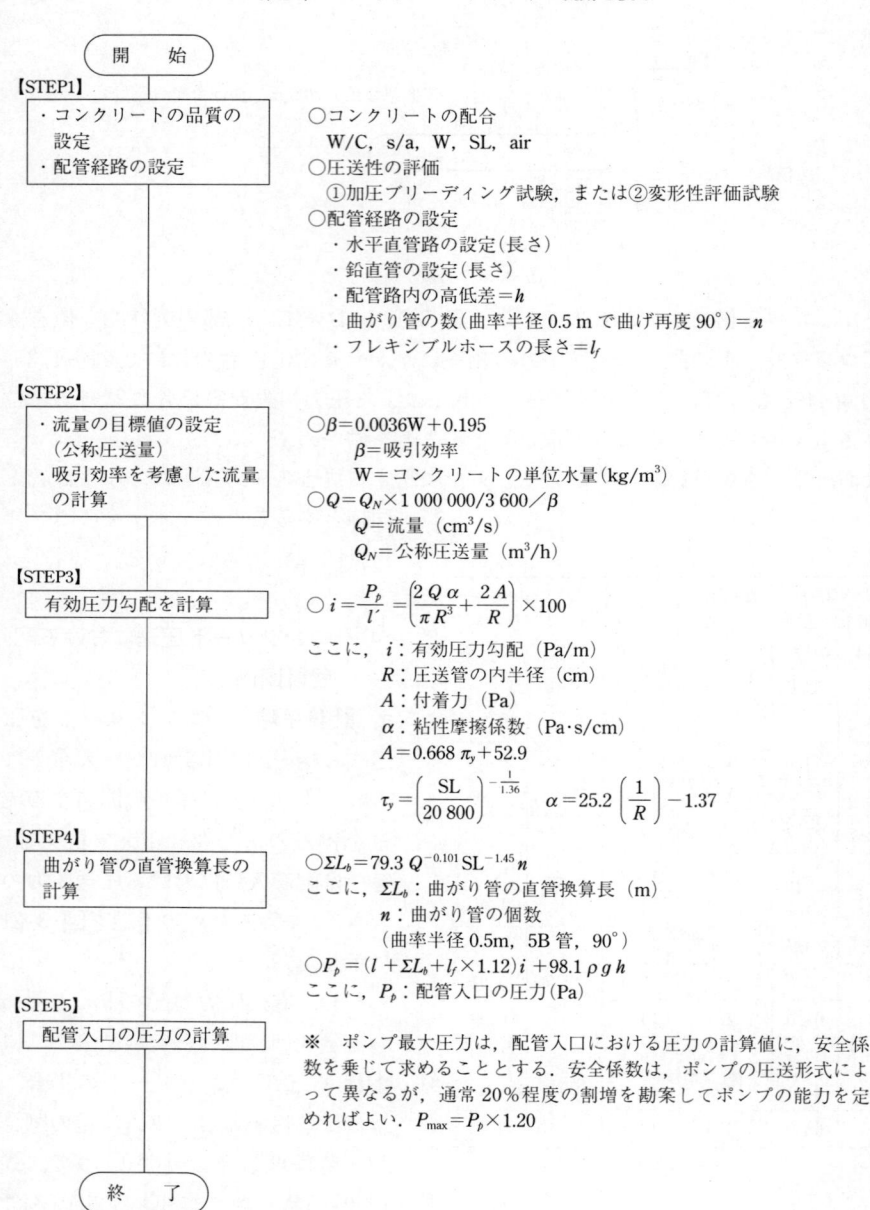

※　ポンプ最大圧力は，配管入口における圧力の計算値に，安全係数を乗じて求めることとする．安全係数は，ポンプの圧送形式によって異なるが，通常 20% 程度の割増を勘案してポンプの能力を定めればよい．$P_{\max} = P_p \times 1.20$

図-3.21 コンクリートの圧送計画の手順

なお，配管条件によっては配管路にテーパ管を含むことがある．この場合，テーパ管による圧力損失は，土木学会コンクリートのポンプ施工指針において，長さ1mのテーパ管に対して換算長さは3mと定められているが，既往の研究成果[13,14]は，ポンプ施工指針より短く，概略2mとして配管計画に用いればよいことが示されているので，テーパ管にはこの換算長さを用いることとした．

また，フレキシブルホースを用いた場合の圧力損失に関する研究[13]はきわめて少なく，その設置形状によって水平直管による圧力損失に乗ずる係数が相違する．例えば，直線上にフレキシブルホースをおいた場合の係数は1.12である．

工事の条件等から長距離圧送を行う場合には，コンクリートのスランプが加圧ブリーディング等の圧送に関わる性質に加え，材料分離に対する抵抗性に関する事前チェックも必要となる．この事前チェックの方法は，圧送性の評価に関する既存の研究成果をまとめ，フローチャートに加えた．

鈴木らは，図-3.21に示す圧送圧力推定手順の信頼性を検証する目的で，既存のコンクリートの試験圧送に関する文献[15]に示されているデータを用い，図-3.21の手順に従って推定した配管路入口における圧力と土木学会のポンプ指針の手順に従って推定した圧力とを比較している．この結果の一例は**表-3.14**[11]に示すようであって，図-3.21の手順に従って求めた圧力の推定値と実測値との比は土木学会のポンプ指針による場合に比べて1に近く，最大値および最小値の幅も小さくなっており，提案している配管計画方法の高い信頼性を実証している．

b．計算例　　図-3.21に従って配管計画を行った事例を以下に示す．

STEP 1

○コンクリートの配合

　　水セメント比：43％

　　細骨材率：41％

　　単位水量（W）：174 kg/m³

　　密度（ρg）：2 331 kg/m³

　　スランプ（SL）：15 cm

○圧送性の評価（①または②のいずれかを用いて評価してもよい）

　　①　ブリーディング試験による評価：JSCE-F 502に従って加圧ブリーディング試験方法について測定を行い，脱水曲線が標準曲線Bと標準曲線Cの中間にプロットされ，良好な圧送性が示された．

表-3.14 圧送

No.	コンクリートの種類	スランプ SL (cm)	単位水量 W (kg/m³)	単位容積重量 ρg (kg/m³)	管の内半径 R (cm)	水平直管の長さ (m)	鉛直管の長さ l_h (m)	l_F (m)	曲り管の数	吸引効率 β
1	普通コンクリート	15.7	185	2.286	7.50	97.9	6.00	5	2	0.861
2										
3										
4		18.0	170	2.308						0.807
5										
6										
7										
8		20.0	163	2.319						0.782
9										
10										
11										

注) 表中の l_F はフレキシブルホースの長さを，P_{ic} は配管入口の圧力の推定値を，P_i は定値をそれぞれ示す．

*1 土木学会のポンプ指針に同一条件に対する圧力損失が示されていないため，高性能ンプ指針[12]の「2.3.4.圧送条件の検討」における水平管1m当りの管内圧力の標準

② 変形性評価試験方法による評価：JSCE-F 509（フレッシュコンクリートの変形性評価試験方法）を行い，平均ポンプ油圧は0.15 M Paで変動係数は6％となり，順調圧送が予測された．

○配管経路の設定

配管経路：**図-3.20** 参照

水平直管路の長さ：101.25 m

　0.5 m＋45.5 m＋1 m＋1 m＋48.25 m＋5 m＝105.7 m－(3＋0.85＋0.6)

鉛直管の長さ：4.45 m　　0.85-13.0＋0.6＝4.45 m

高低差：5.45 m　　0.5＋0.85＋3.0＋0.6＋0.5＝5.45 m

曲がり管の数：4個(500R，90°，5B 管)

フレキシブルホース：8 m

3.1 フレッシュコンクリートの管内流動

圧力推定システムの照査結果

吐出量 Q_N (m³/h)	有効圧力勾配 i (Pa/m)	曲がり管の水平換算長さ l_b (m)	P_{ic} (MPa)	P_i (×10⁻² MPa)	比(= P_{ic}/P_i)	土木学会ポンプ指針			比(= P_{ic}'/P_i)
						管内圧力損失 (×10⁻² MPa)	水平換算距離 (m)	P_{ic}' (×10⁻² MPa)	
23.9	0.725	7.27	65.0	49.0	1.33	0.751		98.8	2.01
33.8	0.821	7.52	73.3	63.7	1.15	0.905		119	1.87
48.2	0.960	7.80	85.3	82.4	1.04	1.15		151	1.84
24.9	0.717	6.02	63.5	56.9	1.12	0.513*¹		67.5	1.19
34.9	0.821	6.23	72.2	66.7	1.08	0.676*¹		88.9	1.33
46.7	0.943	6.42	82.5	73.5	1.12	0.876*¹	131.5	115	1.57
59.9	1.08	6.58	94.0	79.4	1.18	1.12*¹		147	1.85
22.8	0.679	5.14	59.8	47.1	1.27	0.345*¹		45.4	0.96
31.9	0.776	5.32	67.8	53.0	1.28	0.497*¹		65.3	1.23
44.5	0.911	5.50	79.1	57.9	1.37	0.712*¹		93.6	1.62
58.0	1.06	5.65	91.1	69.6	1.31	0.927*¹		122	1.75

配管入口の圧力の実測値を，P_{ic}' は土木学会のポンプ指針の手順に従って計算した配管入口の圧力の推

AE 減水剤コンクリートの標準値を用いて推定した．土木学会ポンプ指針欄の「管内圧力損失」は，ポ
値である．

STEP 2

容量の目標値：(公称圧送量：25 m³/h)

吸引効率の計算

$\beta = 0.0036 \times 174 + 0.195 = 0.821$

設定 $Q = \{25 \times (1\,000\,000/3,600)\}/0.821 = 8,459$ cm³/s

STEP 3

有効圧力勾配の計算

$$i = \frac{P_P}{l'} = \left(\frac{2\,Q\,\alpha}{\pi\,R^3} + \frac{2\,A}{R}\right) \times 100 = \left(\frac{2 \times 8\,450 \times 38.95}{\pi \times 6.25^3} + \frac{2 \times 189}{6.25}\right) \times 100$$

$= 91\,643$ Pa/cm

$\alpha = 252(1/6.25) - 1.37 = 38.95$ Pa·s/cm

$\tau_y = (15/20\,800)^{-1/1.38} = 189$ Pa

$$A = 0.668 \times 189 + 52.9 = 179 \text{ Pa}$$

STEP 4
$$\Sigma L_b = 79.5\, Q^{-0.101} \text{SL}^{-1.45} n = 79.5 \times 8\,459^{-0.101} \times 15^{-1.45} \times 4 = 2.51 \text{ m}$$

STEP 5

配管入口(図-3.20における P_{E1} 地点)の圧力の計算

$$\begin{aligned}
P_P &= (0.50 + 45.50 + 1.00 + 1.00 + 48.25 + 0.85 + 3.00 + 0.60 \\
&\quad + 5.00 + 2.51 + 8 \times 1.12) \times 91\,643 + 98.1 \times 2.331 \times 545 \\
&= 10\,737\,810 + 124\,626 = 10\,862\,436 \text{ Pa}\,(= 10.9 \text{ MPa}\,;\text{配管入口の圧力})
\end{aligned}$$

ポンプ圧力の選定を行う場合:安全係数として配管入口おける圧力に20%を割り増しする.

$$P_{\max} = P_p \times 1.20 = 10.9 \times 1.20 = 13.1 \text{ MPa}$$

以上の能力を持つポンプを選定すればよい.

3.1.6　フレッシュコンクリートの分離現象解析への応用

1.1でニュートン体およびビンガム体の管内流動の基礎式を示した.また,**3.1.2～3.1.5**では,グラウトやコンクリートのポンプ圧送時の管内流動挙動について定量的な取扱いができることを説明した.ここでは,これ以外に管内流動(細管流れ)のレオロジーを応用できるものについて紹介する.

管内流動のレオロジーを用いて定量的にその現象を説明しようと試みられた対象としては,広義でのブリーディング現象が挙げられる.これは,粒子の形状や粒径の異なる個体と液体とが混ざり合った状態のもの(サスペンジョン)から,その一部のビンガム体(液体と一部の固体の混合物)がサスペンジョン全体に加えられた圧力によって流出する分離現象と考えることができる.すなわち,サスペンジョン中の一部のビンガム体は,流出しない固体によってサスペンジョン中に形成される仮想の細管(仮想細管)群中を圧力によって流れでる現象と考えることができる.この現象の解析は,**3.1.2～3.1.5**のグラウトやコンクリートのポンプ圧送時の管内流動解析と比較してそう単純ではない.その理由としては,ポンプ圧送のように流れるビンガム体のレオロジー特性や管の諸元が明確になっていないからである.しかし,この分離現象を単純にモデル化して取り扱っても差し支えない場合もあり,このような場合には,流出するビンガム体のレオロジー特性値や仮想細管群の諸元を

大略特定することができ，ある程度の精度で定量的に扱うことができる．これまでに管内流動のレオロジーを用いて解析が試みられた流動化剤を高添加した場合のペースト分離現象と遠心力締固め時のスラッジ発生現象についてその詳細を紹介する．

(1) 流動化剤を高添加した場合のペースト分離現象

村田および鈴木は，コンクリートの流動性を向上させるために流動化剤を高添加していくと，ペーストの分離現象が顕著となり，流動化剤をやたらに添加できないことを実験的に確認するとともに，この分離現象についてレオロジー手法を用いて解析を試みている[16]．固体の充填層を液体が流動する現象については，粉体工学の分野において，水処理，薬品ろ過，熱交換等の機構解明のために解析的な研究がなされてきた．これらの研究によれば，図-3.22 に示すように比較的密実な充填層内を流体が透過する場合と流体に対して固体密度が小さく充填物の周りを流体が流動する場合とに大別され，前者は Hydraulic Radius Theory で，後者は Drag Theory によって現象をある程度説明できるとしている[17]．村田らは，流動化剤を高添加したモルタルのペースト分離現象は Hydraulic Radius Theory が応用できるものと考え，図-3.23 に示すように充填物(主に細骨材)によって形成された仮想の細管内をセメントペースト(ビンガム体)が充填層に作用する圧力によって流動するとして細管流れのレオロジーを応用して解析を行った．

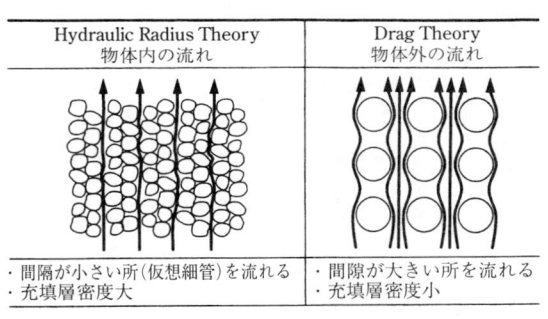

図-3.22 充填層の透過流動解析モデル

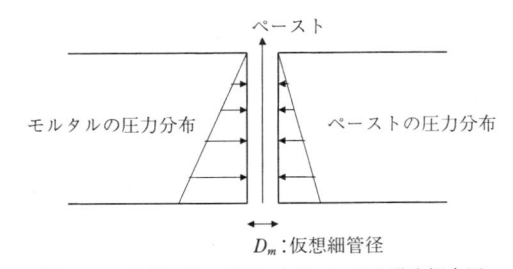

図-3.23 仮想細管モデルによるペースト発生概念図

この解析では，主に細骨材で形成される仮想細管群の平均径 D_m は，モルタル容

積に対する細骨材の容積比 V_s が 0.5(容積率 50 %)の場合，細骨材の平均径に等しいと仮定して，すなわち，D_m は細骨材の粒度分布と V_s から式(3.34)および式(3.35)によって近似的に求めた．

$$D_m = 0.5 \frac{d_m}{V_s} \tag{3.34}$$

$$d_m = \frac{\sum n_i d_i}{\sum n_i} \tag{3.35}$$

ここで，D_m：仮想細管群の平均径(m)，d_m：細骨材の平均径(m)，V_s：モルタル容積に対する細骨材の容積比，d_i：相隣れるふるい寸法の平均値(m)，n_i：相隣れるふるい間の粒子を直径 d_i の球と仮定して計算した粒子個数．

細管流れのレオロジーによれば，図-3.24(a)に示すように，ペーストが細管内を定常状態で流動し分離発生する場合の細管長 l における圧力差 $\varDelta P$ と管壁でのせん断力の釣合い式(3.36)より付着抵抗 τ は式(3.37)となる．

$$2\pi r l \tau = \pi r^2 \varDelta P \tag{3.36}$$

$$\tau = \frac{r \varDelta P}{2 l} \tag{3.37}$$

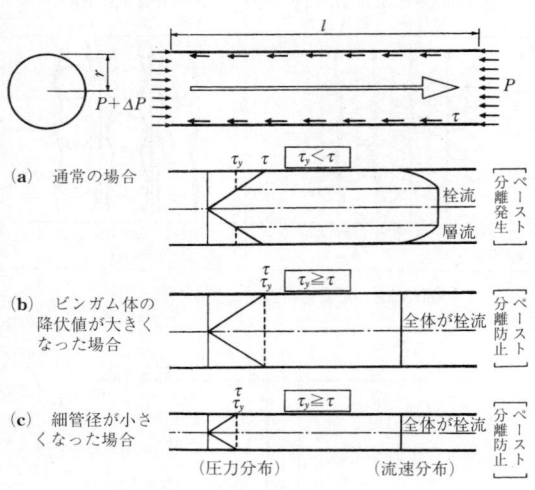

図-3.24 細管中を流れるビンガム体

ここで，r：細管の半径(m)，l：細管の長さ(m)，τ：せん断応力(細管の管壁での付着抵抗：Pa)，$\varDelta P/l$：圧力勾配(Pa/m)．

(a)の状態と比較して，ペーストの降伏値が大きい場合[(b)]や細管半径が小さい場合[(c)]では，式(3.37)が式(3.38)で表される状態となる場合が存在する．すなわち，管壁で $\tau = \tau_y$ となる場合[その時の細管半径(栓流半径)r_y]で，この時，細管全体が栓流状態となり，ペーストは流れないため分離は起こらないことになる．

$$\tau_y = \frac{r_y \varDelta P}{2 l} \tag{3.38}$$

ここで，τ_y：降伏値(Pa)，r_y：栓流半径(m)．

一方，式(3.38)中の圧力勾配($\Delta P/l$)は，モルタルとペーストの密度差によって生じることから，式(3.39)で表される．

$$\begin{aligned}\frac{\Delta P}{l} &= (\rho_m - \rho_p)\frac{g\,h}{h} \\ &= (\rho_m - \rho_p)g\end{aligned} \quad (3.39)$$

ここで，ρ_m：モルタルの密度(kg/m³)，ρ_p：ペーストの密度(kg/m³)，g：重力加速度(9.8 m/s²)，h：モルタル試料高さ(仮想細管長)(m)．

したがって，式(3.38)および式(3.39)から栓流半径 r_y は，式(3.40)で表される．そして，$2r_y/D_m$(比栓半径)≤ 1 の時，理論的にはペーストは細管内を流動しないのでペーストは分離することはないと考えられる．

$$r_y = \frac{2\,\tau_y}{(\rho_m - \rho_p)g} \quad (3.40)$$

ここで，r_y：栓流半径(m)．

村田らは，砕石コンクリートと軽量骨材コンクリートのモルタル部分で，流動化剤の添加量を変化させた場合の分離ペースト量を測定するために，それぞれの条件でのモルタル混練直後に1Lのメスシリンダーに30 cmの高さ分を打設，静置して分離ペースト量を測定した．モルタルの配合を**表-3.15**に，測定結果の一覧を**表-3.16**にそれぞれ示す．また，細骨材率と分離ペースト量の関係の一例を**図-3.25**に，実験で使用した細骨材の粒度分布およびペーストの降伏値試験結果より算出し

表-3.15 モルタルの配合

コンクリートの種類	スランプ(cm)	空気量(%)	水セメント比 W/C (%)	コンクリートの配合					モルタルの配合					
				細骨材率 s/a (%)	単位量(kg/m³)				単位量(kg/m³)			流動化剤(L/m³)		
					水 W	セメント C	細骨材 S	粗骨材 G	水 W	セメント C	細骨材 S	C×0%	C×0.3%	C×0.5%
砕石コンクリート	8.0	2.0	53	34.6	152	287	682	1206	312	588	1275	0	7.06	11.76
				36.6	155	292	663	1157	307	573	1293	0	6.85	11.58
				38.6	158	298	694	1113	303	571	1326	0	8.05	11.42
				40.8	161	303	725	1070	299	564	1349	0	6.77	11.28
軽量コンクリート	8.0	6.0	53	38.0	159	300	482	608	309	503	936	0	7.00	11.78
				40.0	162	306	504	584	305	576	948	0	6.81	11.52
				42.0	165	311	525	581	301	568	859	0	6.82	11.36
				44.0	168	317	546	537	298	562	895	0	6.74	11.24

表-3.16 分離試験結果

試料	細骨材のFM	コンクリートの細骨材率(%)	流動化剤の添加量(C×%)	セメントペーストの降伏値(Pa)	栓流半径r_y(×10^{-5}m)	モルタル中の砂の容積比(%)	仮想細管の平均径D_m(×10^{-5}m)	分離上昇した水またはセメントペーストの量V_{cp}(10^{-6}m³)	$2r_y/D_m$
川砂モルタル	3.14	34.6	0	1.18	57.1	50.2	9.86	4.2	11.6
		36.6				50.9	9.72	4.4	11.8
		38.6				51.6	9.59	3.4	11.9
		40.6				52.2	9.48	3.2	12.1
		43.0			105.	51.5	9.61	1.2	21.9
		45.0	0.25	0.065	4.23	53.0	9.34	0.5	0.91
		38.6	0.25	0.061	4.34	53.3	9.23	0.9	0.93
			0.30	0.038	2.02	51.6	9.59	6.1	0.42
		40.6				52.2	9.48	6.2	0.43
		34.6	0.50	0.012	0.60	50.2	9.86	13.9	0.10
		36.6				50.9	9.72	12.4	0.12
		38.6				51.6	9.59	10.6	0.13
		40.6				52.2	9.48	9.6	0.13
	3.36	36.6	0.30	0.038	2.02	50.9	9.72	6.8	0.42
		38.6				51.6	9.59	6.3	0.42
		40.6				52.2	9.48	6.4	0.43
軽量モルタル	2.74	38.0	0.23	0.068	18.3	50.6	8.38	5.4	4.38
		40.0			18.3	51.2	8.33	5.4	4.38
		42.0			16.4	51.8	8.19	5.4	3.87
		44.0			20.6	52.3	8.80	4.9	5.09
			0	0.126	32.8	48.4		2.8	7.46
			0.32	0.012	3.41	51.2		0	0.82
		40.0	0.42	0.009	2.27	51.2	8.33	0	0.55
			0	0.102	27.0	51.2		5.8	6.57
			0.23	0.052	17.1	51.2		5.0	4.11
		38.0	0.50	0.008	2.33			4.8	0.56
		40.0			2.58	51.2	8.33	4.1	0.62
		42.0			2.58			3.8	0.62
		44.0			2.92			3.2	0.70

た$2r_y/D_m$と分離ペースト量の関係を図-3.26にそれぞれ示す．図-3.25および図-3.26より，分離ペースト量は細骨材率より流動化剤の添加量の方が支配的であること，また，分離ペースト量は$2r_y/D_m$と関係があり，この実験では$2r_y/D_m ≒ 0.6$でペーストの発生量が大きく変化することなどがわかる．なお，$2r_y/D_m$が1

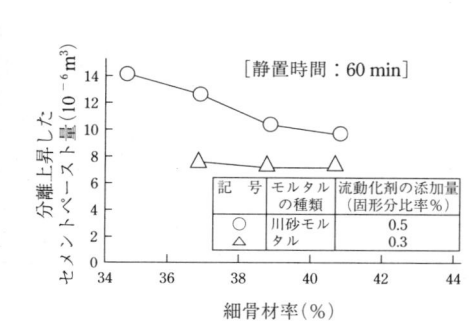

図-3.25 細骨材率と分離したペースト量の関係

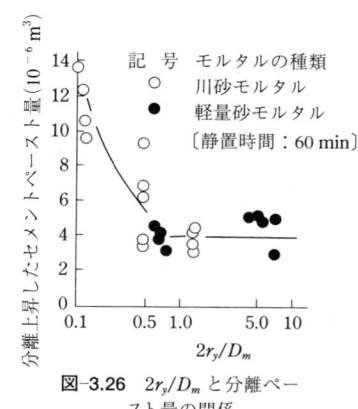

図-3.26 $2r_y/D_m$ と分離ペースト量の関係

ではなく 0.6 付近で変化したのは，D_m を算出するためにいくつかの仮定を設けており，これらが微妙に影響しているものと考えられる．精度的には更に研究の余地はあると考えられるが，$2r_y/D_m$ がこのようなペースト分離を検討するうえで定量的な指標値として有効であることが認められた．

村田らは，これらの結果，すなわち，$2r_y/D_m \fallingdotseq 0.6$ でペーストの発生量が大きく変化することに基づいて，流動化剤の添加量とペーストの降伏値の関係およびスランプの増大量の関係を調べ，分離限界となる流動化剤添加量およびスランプ増大量の上限値を示した（**図-3.27，3.28** 参照）．ここで用いた砕石コンクリートの場合，流動化剤添加量の上限値は約 0.2％（固形分）で，スランプ増大量の上限値は約 5 cm であった．また，軽量コンクリートの場合は，流動化剤添加量の上限値は約

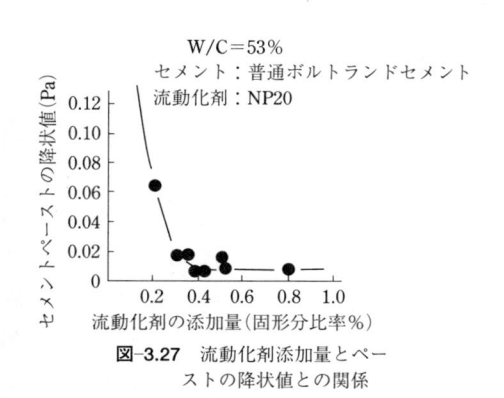

図-3.27 流動化剤添加量とペーストの降伏値との関係

図-3.28 流動化添加量とスランプ増大量との関係

0.6％（固形分）で，スランプ増大量の上限値は約 15 cm であった．このように，ペースト分離を抑制した範囲で流動化剤を用いてスランプの増大を図る場合，用いる細骨材の粒度分布や流動化剤の添加量とペーストの降伏値の関係およびスランプの増大量の関係をあらかじめ調べることによって適正な添加量やスランプ増大量を定量的に検討することができる．

(2) 遠心力締固め時のスラッジ発生現象

コンクリート二次製品のうち，パイル，ヒューム管およびポール等の管形状を有する製品製造には，遠心力を応用して十分に締固めを行う，いわゆる遠心力締固め方法が古くから実用化されている[18]．すなわち，この方法は，管形状の型枠にコンクリートを盛り込み，まず，2 G 以下の低加速度で数分間型枠を回転させ型枠内の隅々までコンクリートを行きわたらせ，次に 15 G 前後の中加速度である程度締め固め，さらに 30 G 前後の高加速度で数分間仕上げの締固めを行って成形を完了する方法である．遠心力締固め方法は，均一な締固めが確実に行え，密実度の高い高強度なコンクリートが達成される．しかし，問題点としては，**写真-3.1** に示すように，締固めの際に余分な水分や微粒子分（ほとんどがセメントの微粉分）で構成されるアルカリ性のスラッジが発生し，その処理が厄介であるといった点が挙げられる．このような背景から，近年，遠心力締固め時に発生するスラッジを抑制するための研究開発がなされてきた．その解決策の一つとして増粘剤を添加する方法が考案され，一部実用化されている．下山らは，スラッジ発生を抑制する増粘剤の研究開発において，(1) で述べた流動化剤を高添加した場合のペースト分離発生の機構を応用して抑制機構を解明している[19]．以下にその詳細を述べる．

スラッジは，コンクリート構成材料のうちの混練水とセメントの一部（微粉分）で構成される液体と考え，その他の材料（固体）で構成される間隙は，管半径方向に形成される仮想細管群と考える．スラッジは，ビンガム体と

写真-3.1 スラッジ発生の状況

考えられ，遠心力下（遠心加速度下）でスラッジと他の材料との密度差による圧力勾配によって細管中を流動し発生すると考える．遠心力締固め後の製品の断面を観察すると，図-3.29 に示すように外側から内側に向かって，コンクリート層，モルタル層，ペースト層が形成されており，スラッジは最終的にペースト層中を流動していることがわかる．また，発生したスラッジは，そのほとんどが混練水とセメントの一部，すなわち希釈されたペーストとみなすことができる．そこで，図-3.29 中に示すような解析モデルを考える．仮想細管群の平均径 D_m は，式(3.34)に相当する式(3.41)よって近似的に求めた．ただし，ここでの d_m は，スラッジがペースト層を流動しているのでセメントの平均径とした．また，V_s は，ペースト容積に対するセメントの容積比とした．

$$D_m = 0.5 \frac{d_m}{V_s} \tag{3.41}$$

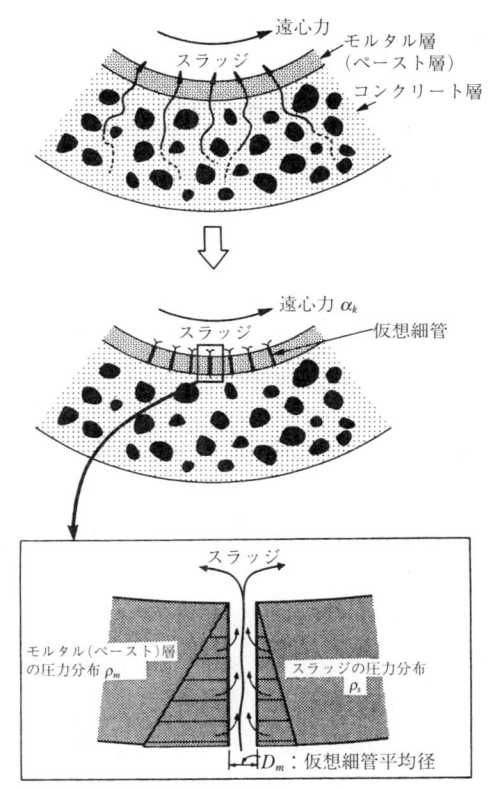

図-3.29 仮想細管モデルによるスラッジ発生概念図

ここで，D_m：仮想細管群の平均径(m)，d_m：セメントの平均径(m)，V_s：ペースト容積に対するセメントの容積比．

一方，式(3.39)に相当する圧力勾配($\Delta P/l$)は，遠心加速度 α 下におけるペーストとスラッジ（希釈ペースト）の密度差によって生じることから，式(3.42)で表される．

$$\begin{aligned}\frac{\Delta P}{l} &= (\rho_p - \rho_s)\frac{\alpha\, l}{l} \\ &= (\rho_p - \rho_s)\alpha\end{aligned} \tag{3.42}$$

ここで，ρ_p：ペーストの密度(kg/m^3)，ρ_s：スラッジの密度(kg/m^3)，α：遠心加速度(m/s^2)．

また，以上から，式(3.40)に相当する遠心加速度α下における栓流半径r_yは，式(3.43)で表される．したがって，遠心加速度α下における比栓半径$(2r_y/D_m)$は，式(3.41)と式(3.43)より求めることができる．

$$r_y = 2\frac{\tau_y}{(\rho_p - \rho_s)\alpha} \qquad (3.43)$$

ここで，r_y：栓流半径(m)．

比栓半径$(2r_y/D_m) \leqq 1$の時，理論的には，スラッジは細管内を流動しないので，スラッジは発生しないことになると考えられる．そこで，実際のパイルのコンクリート配合で，遠心加速度30Gの条件でスラッジが発生したものと，これに増粘性を加えてスラッジの発生を抑えたもののペースト部を取り出し，セメントの平均粒径，ペーストの密度，仮想細管群の平均径およびスラッジの降伏値を測定し，比栓半径$(2r_y/D_m)$を求めた．その結果を**表-3.17**に示す．なお，この実験では，増粘剤を添加しない場合に発生したスラッジと同等の固形分濃度となるようにセメントと水酸化カルシウム飽和溶液を混合して増粘剤無添加の場合のスラッジ試料とし，さらにこれに増粘剤(アクリル系)を所定量加えたものを増粘剤添加時のスラッジ試料として降伏値を測定した．増粘剤を添加するとスラッジは降伏値が大きくなることがわかった．比栓半径は，増粘剤の有無で，それぞれ0.12および1.85となり，スラッジ発生の有無の理論的な条件に適合する結果が得られた．

この遠心力締固め時のスラッジ発生は，**表-3.18**に示すように種々の方法で抑制することができることが知られている[20,21]．しかし，これらの抑制対策によるスラッジ発生の有無を本解析方法で定量的に検討しようとした場合，この対策を反映し

表-3.17 増粘剤使用の有無によるスラッ

増粘剤量[*1] (kg/m^3)	ペースト中のセメント容積比 V_s (%)	セメントの平均粒径 d_m $(10^{-5} m)$	仮想細管の平均径 D_m $(10^{-5} m)$	ペースト中の水分(スラッジ)		ペーストの密度 ρ_p (kg/m^3)
				密度 ρ_s (kg/m^3)	降伏値 τ_y (Pa)	
0	49.5	1.00	1.01	1000	0.098	2070
6.0	48.2	1.00	1.04	1000	1.47	2040

* 1 パイル配合での換算単位量
* 2 $\alpha_k = \alpha/g(G)$, g：重力加速度，最大加速度：30 G

3.1 フレッシュコンクリートの管内流動

表-3.18 $2r_y/D_m$ とスラッジ発生要因との関係

スラッジ発生の有無の判断基準					
$2r_y/D_m \geqq 1$ ──→ スラッジ防止					
$2r_y/D_m < 1$ ──→ スラッジ発生					
スラッジ発生に影響する主な要因		r_y	D_m	$2r_y/D_m$	傾 向
材 料 特 性	粉 体 の 粉 末 度	小→大	大→小	小→大	低下
	粉体粒度分布(細粒分)	小→大	大→小	小→大	低下
	細骨材粒度(微粉分)	小→大	大→小	小→大	低下
配 (調) 合	単 位 粉 体 量	少→多	大→小	小→大	低下
	水 粉 体 比	大→小	小→大	大→小	増大
	細 骨 材 率	小→大	大→小	小→大	低下
	高性能減水剤量	少→多	大→小	─	大→小	増大
	増 粘 剤 量	少→多	小→大	─	小→大	低下
遠心力締固め条件	最 高 加 速 度	小→大	大→小	大→小	増大

$r_y = 2\tau_y / \{(\rho_p - \rho_s)\alpha\}$ $D_m = 0.5 d_m / V_s$

たコンクリート配合条件や遠心力成形条件からだけでは十分に検討できない．それは，スラッジとしてペーストのどのような部分(どのような濃度のペースト)が発生するかが，これらの条件からだけでは特定できないからである．しかし，もし，スラッジ発生の有無だけを若干安全側で評価してもよければ，例えば，混練水(水酸化カルシウム飽和溶液)＋若干量のセメントといったように比較的降伏値が小さいスラッジが発生する条件で比栓半径を求め評価すれば，定量的なスラッジ発生の有無の検討はある程度可能である．

管内流動のレオロジーを用いて広義でのブリーディング現象を定量的に解明する研究は，まだ，緒に着いたばかりであるといえる．しかし，解明の方向は，上記の2例に示すように，サスペンション中に形成される仮想細管群を残りの部分，すなわち，分離流動するペースト部分が流動すると考えることで可能と思われる．今後，仮想細管群と分離流動するペーストの最適解を求めるための研究がさらに必要であると考える．

ジ発生解析結果

遠心力[*2] α_k (G)	栓流半径 r_y (10^{-5} m)	比栓半径 $2r_y/D_m$	細管流れの有無	スラッジ発生の有無
30	0.062	0.12	流動する	発 生
30	0.962	1.85	流動しない (栓流状態)	発生しない

3.2 自由表面を持つコンクリートの流れ

3.2.1 流体力学の応用

　コンクリートの運搬，打込み時においては，コンクリートは一般に自由表面を持つ．この場合の流動解析は管内流動のように単純ではない．しかし，流動シミュレーションを行って現場の実施工に反映させるためには解析手法が必須であり，この開発研究がきわめて重要であるといえる．これらの解析手法の基礎となるのはレオロジーであることはいうまでもないが，1985年頃から試みられ始めたコンピュータによる解析においては，先駆学問として完成していた水理学や流体力学を基礎とした水や空気等の流動解析手法が応用された．すなわち，流動現象の基本となるのは，エネルギー（運動）の式である Navier-Stokes の方程式および連続の式であり，これらはいずれも偏微分方程式として表される．そして，これらの式を同時に満足する解を導くことによって流動現象を解析的に求めようとした試みがなされてきた．前記の偏微分方程式の解は簡単に求められないため，コンピュータによる数値解析法（差分法等）を用いて解くことが試みられた．1985年当時はコンピュータの能力も低く複雑な計算はまだ不可能であったため，要素分割数も少なく，流動体も単純なモデルに置き換えて，それらの物性値（レオロジー定数）を用いて行われた．当時のフレッシュコンクリートやモルタルは，降伏値を持たない非ニュートン体もしくはニュートン体として扱われた．その後，コンピュータの能力や精度が飛躍的に向上するとともに，解法も差分法だけでなく変分法による有限要素法（FEM）も開発されたことから，複雑な流動現象を解析する研究が盛んに行われるようになった．流動解析の対象コンクリートは，スランプ 12～15 cm 以上の軟練りコンクリートやモルタルであり，これらをビンガム体として扱った．

(1) Navier-Stokes の運動方程式

　粘性による内部摩擦を無視できる流体を完全流体という．したがって，完全流体の中では圧力 p(Pa) だけが作用し，この圧力は，流体に接する固体表面や流体内に仮想した面に垂直に作用する．Navier-Stokes の運動方程式を説明する前に，Navier-Stokes の運動方程式の基礎となった完全流体の運動方程式（Euler の式）に

3.2 自由表面を持つコンクリートの流れ

触れる[22]．平面における完全流体の運動を考える．図-3.30に示すように x, y 方向の流速度成分を u(m/s), v(m/s) とし，重力も含めたすべての外力の加速度を X(m/s²), Y(m/s²) とする．任意の点 (x, y) を中心とする面要素 $dx \times dy$ の運動について考える．この面要素に作用する x 方向の力(N)は，この流体の密度を ρ(kg/m³) とすれば，式(3.44)に示される．

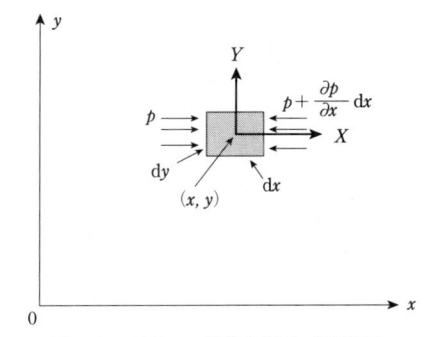

図-3.30 Eulerの運動方程式（面要素に作用する力）

$$\rho\, dx\, dy\, X + p\, dy - \left\{p + \frac{\partial p}{\partial x} dx\right\} dy = \left\{\rho X - \frac{\partial p}{\partial x}\right\} dx\, dy \tag{3.44}$$

これに対して x 方向の加速度成分を求めるには，図-3.31に示す短い時間 dt(s) 後の面要素の位置 $(x + u\, dt, y + v\, dt)$ での x 方向の速度(m/s) を考えると，定常運動（流線の形が時間的に変化しない運動）ならば，式(3.45)となる．

$$u + \frac{\partial u}{\partial x} u\, dt + \frac{\partial u}{\partial y} v\, dt \tag{3.45}$$

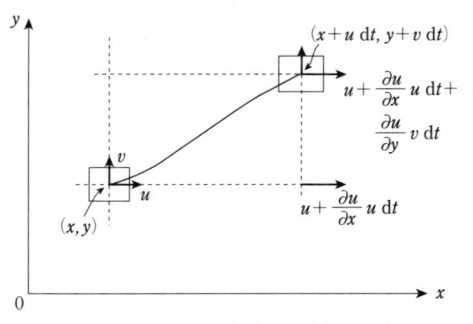

図-3.31 Eulerの運動方程式（微小時間 dt 後の面要素の位置および速度）

したがって，x 方向の加速度 a_x(m/s²) は，u の時間的変化 $(\partial u / \partial t) dt$ を加えて式(3.46)となる．

$$\begin{aligned}
a_x &= \lim_{dt \to 0} \frac{u + \frac{\partial u}{\partial x} u\, dt + \frac{\partial u}{\partial y} v\, dt + \frac{\partial u}{\partial t} dt - u}{dt} \\
&= \frac{\partial u}{\partial t} + u \frac{\partial u}{\partial x} + v \frac{\partial u}{\partial y}
\end{aligned} \tag{3.46}$$

したがって，運動に関する方程式は，式(3.47)となる．

$$\left(\rho X - \frac{\partial p}{\partial x}\right) dx\, dy = \rho\, dx\, dy\, a_x$$

$$\frac{\partial u}{\partial t}+u\frac{\partial u}{\partial x}+v\frac{\partial v}{\partial y} = X-\frac{1}{\rho}\frac{\partial p}{\partial x} \tag{3.47}$$

y 方向についても同様に運動に関する方程式を求めると,式(3.48)となる.

$$\frac{\partial v}{\partial t}+u\frac{\partial v}{\partial x}+v\frac{\partial v}{\partial y} = Y-\frac{1}{\rho}\frac{\partial p}{\partial y} \tag{3.48}$$

式(3.47)および式(3.48)を Euler の運動方程式という.

しかし,一般に実存する流動性を示す物質(水,空気,フレッシュコンクリート等)は,完全流体ではなく粘性および圧縮性(密度変化を起こす性質)を有することから,これらの影響を運動方程式に考慮する必要がある.これを考慮したのが Navier-Stokes の運動方程式である.Navier-Stokes の運動方程式を式(3.49)に示す.式(3.49)は,Euler の運動方程式に粘性に関わる項が付加されていることがわかる.ただし,この式は,流体を非圧縮性と仮定したものであることを付記する(一般にフレッシュコンクリートは非圧縮流体と考えても差し支えない).なお,この式を導く過程の説明は省略するが,詳しく知りたい場合は,流体力学等の教科書を参照されたい[23].なお,式中の ν は,動粘性係数$[\eta/\rho(\mathrm{m^2/s})]$である.

$$\begin{aligned}\frac{\partial u}{\partial t}+u\frac{\partial u}{\partial x}+v\frac{\partial u}{\partial y} &= X-\frac{1}{\rho}\frac{\partial p}{\partial x}+\nu\left(\frac{\partial^2 u}{\partial x^2}+\frac{\partial^2 u}{\partial y^2}\right)\\ \frac{\partial v}{\partial t}+u\frac{\partial v}{\partial x}+v\frac{\partial v}{\partial y} &= Y-\frac{1}{\rho}\frac{\partial p}{\partial y}+\nu\left(\frac{\partial^2 v}{\partial x^2}+\frac{\partial^2 v}{\partial y^2}\right)\end{aligned} \tag{3.49}$$

(2) 連続の式の説明

図-3.30 において流体を非圧縮性と仮定すれば,単位時間に要素 $dx \times dy$ の中に入る質量(kg)は,式(3.50)で,また出る質量(kg)は,式(3.51)でそれぞれ表される.しかし,その差はゼロでなければならないので,式(3.52)が導かれる.式(3.52)が連続の式といわれているものである.

$$\rho u\, dy + \rho v\, dx \tag{3.50}$$

$$\rho\left(u+\frac{\partial u}{\partial x}dx\right)dy + \rho\left(v+\frac{\partial v}{\partial y}dy\right)dx \tag{3.51}$$

$$\rho\left(u+\frac{\partial u}{\partial x}dx\right)dy + \rho\left(v+\frac{\partial v}{\partial y}dy\right)dx - (\rho u\, dy + \rho v\, dx) = 0$$

$$\frac{\partial u}{\partial x}+\frac{\partial v}{\partial y} = 0 \tag{3.52}$$

3.2.2 流体力学の応用および差分法，FEMによる解析例の紹介

(1) 自由表面を持つフレッシュコンクリートの流動解析例—1

小谷らは，Navier-Stokesの運動方程式および連続の式を適用し二次元問題として解析している[24]．Navier-Stokesの運動方程式の解は，差分法により求めた．すなわち，空間を直交メッシュで有限個に分割し，各セルの中心に圧力を，セルの左右辺の中点にx方向流速を，上下辺の中点にy方向流速を設定し，時刻nにおける(u, v, p)を用い，各セルの流速成分を逐次計算する．自由表面は，流体部分のセルに質量を持たない粒子を配置しておき，これにより決定した．この計算方法は，HarlowとWelchによって開発されたMAC法(Marker and cell Method)と呼ばれているものである．

ここで，モルタルおよびコンクリートは降伏値を持たない非ニュートン体とみなし，実測したコンシステンシー曲線を入力データとする非定常解析プログラムを作成している．そして，これを用いスランプコーンの変形過程，トレミー管から流出したコンクリートの流れ等の計算例示している．この結果の一例を図-3.32に示す．

(2) 自由表面を持つフレッシュコンクリートの流動解析例—2

谷川，森らは，粘塑性有限要素法を用いてフレッシュコンクリートの流動シミュレーションを行う一方法を提案し

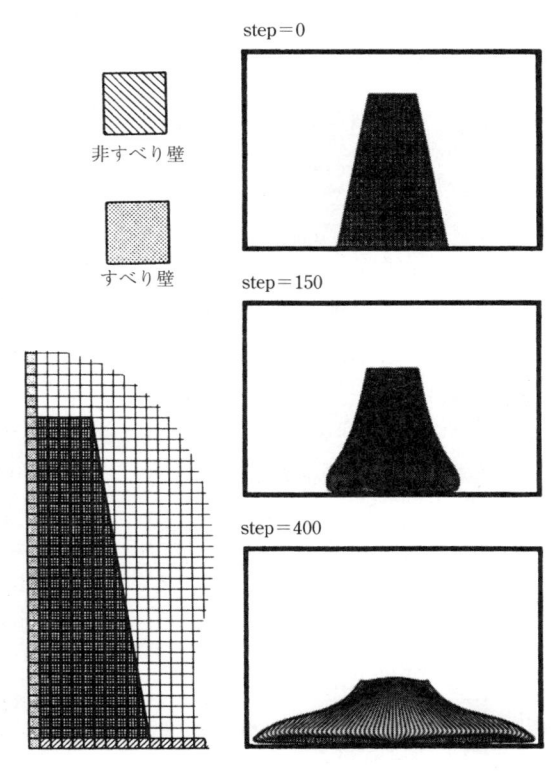

図-3.32 スランプ試験変形シミュレーション

た[25])．本解析においては，フレッシュコンクリートをビンガム体として扱っている．一般に，ビンガム体（粘塑性材料）の変形・流動挙動は，式(1.3)で示されるような単純せん断状態下での表現であるが，ここでは，Hohenemser, Pragerによって示された任意の応力状態に対して拡張された式(3.53)を用いている．

$$2\,\eta_{pl}\,V_{ij} = 0\,(F<0),\quad 2\,\eta_{pl}\,V_{ij} = F\,\sigma'_{ij}\,(F\geqq 0) \tag{3.53}$$

$$F = 1 - \frac{\tau_y}{\sqrt{J_2}}$$

ここで，η_{pl}：塑性粘度(Pa・s)，V_{ij}：変形速度テンソル(1/s)，σ'_{ij}：偏差応力テンソル(Pa)，τ_y：降伏応力(Pa)，J_2：偏差応力テンソルの2次不変量(Pa^2)．

本解析では，通常の粘弾性解析における非常に大きな弾性係数を仮定（弾性変形をゼロと仮定）して，任意の位置における応力を瞬間的な弾性体として計算している．具体的な計算手順は，まず，この弾性計算によって得られる応力を式(3.53)に代入し，得られたひずみ速度に弾性剛性マトリックス$[D]$を乗じて見かけの弾性応力$\{\sigma^*\}$を求める．次に，$\{\sigma^*\}$を生じさせるのに必要な節点力$\{F^*\}$を積分して逆算し，全体の変形を見かけの節点力$\{F^*\}$に対して弾性計算で求める．その結果として，粘性変形によって生じる単位時間当りの変形を算定する．これらの計算は，図-3.33に示すフローチャートのプログラムによってパーソナルコンピュータで実行された．

フレッシュコンクリートと型枠・容器・底板等の面との間にはすべりが生じるが，すべり面の水平方向に働く反力の大きさにより節点の固定条件を決定している．すなわち，水平力がすべり抵抗を超えると，その方向に節点が移動し，す

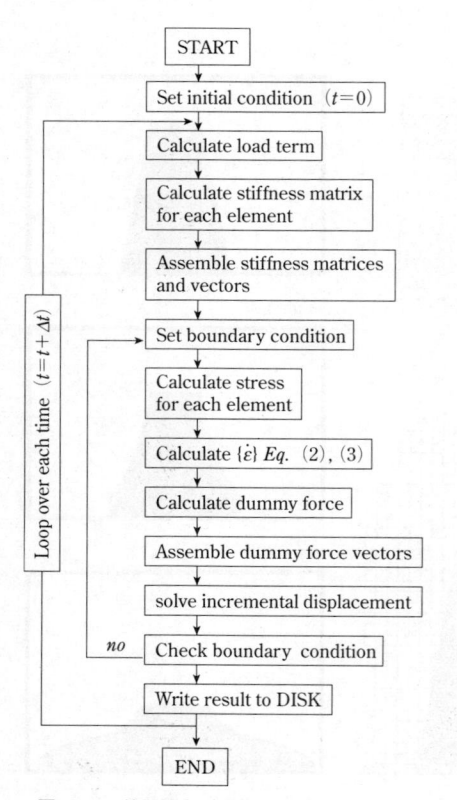

図-3.33 粘塑性有限要素法フローチャート

3.2 自由表面を持つコンクリートの流れ

べりが生じる．すべり抵抗応力は，付着応力と摩擦係数を用いて以下のように与えられる．

$$\sigma_h = \tau_h + \mu \sigma_n \tag{3.54}$$

ここで，σ_h：すべり抵抗応力(Pa)，τ_h：付着応力(Pa)，μ：摩擦係数，σ_n：垂直応力(Pa)．

また，本解析においては，流動の始まりや停止時等の流動が一定速度ではない場合の解析のために，図-3.34に示すような要素モデルを考え，動的な釣合いから求まる運動方程式の解(指数関数式)によって時間刻みごとのステップの平均ひずみ速度を求めた．これによって流動の始まりや停止時における慣性力の影響を求めた．

以上の解析手法により，スランプ試験時の試料の変形(流動)挙動(スランピング)をシミュレーションした．スランプコーンの要素分割，スランピングのシミュレーション結果の一例を図-3.35に示す．本解析は，ビンガム体物性値(レオロジー定数)を変化させ計算したもので，実際のコンクリートによる実験結果と比較検証したものではないが，より現実的な変形(流動)挙動を解析できることが示された．

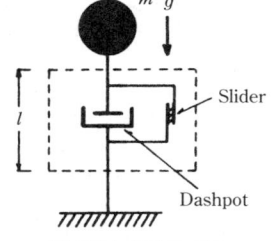

図-3.34 要素モデル

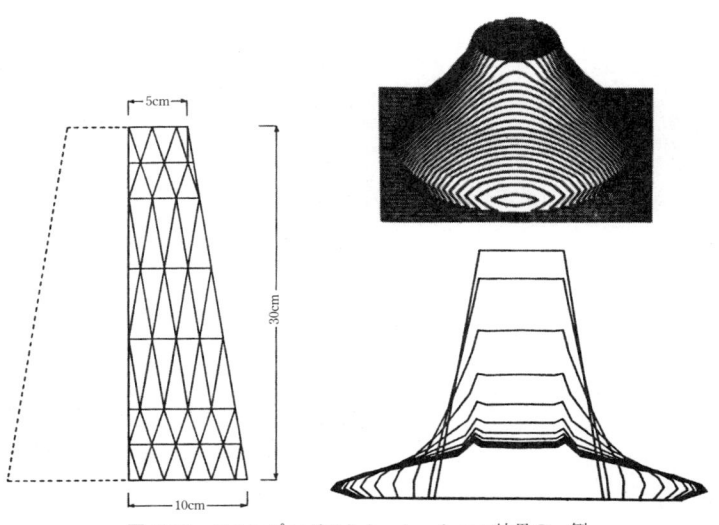

図-3.35 スランピングのシミュレーション結果の一例

(3) 自由表面を持つフレッシュコンクリートの流動解析例—3

小門らは,高流動コンクリートのスランプフロー試験時の流動挙動を数値解析によってシミュレーションすることにより,フロー値やフロー到達時間等とレオロジー定数(ビンガム体)との関係を明らかにすることを目的に流動解析を試みている.解析手法は,基本的に前述の小谷らと同様であり,Navier-Stokesの運動方程式および連続の式を適用している.ただし,ビンガム体の構成式は,谷川らと同様にHohenemser, Pragerによって示された任意の応力状態に対して拡張された式(3.55)を用いている(**図-3.36**参照).また,解析は円柱座標系(r, θ, z)を用いて行われ,連続の式および運動方程式はそれぞれ式(3.56)および(3.57)で表される.

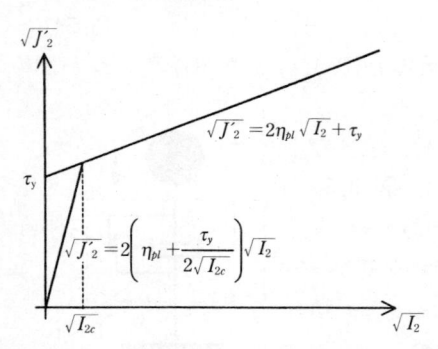

図-3.36 数値解析に用いる$\sqrt{I_2}$と$\sqrt{J'_2}$との関係

$$\begin{aligned}
\tau'_{ij} &= 2\left(\eta_{pl} + \frac{\tau_y}{2\sqrt{I_2}}\right) \quad (\sqrt{J'_2} \geq \tau_y) \\
\tau'_{ij} &= 2\left(\eta_{pl} + \frac{\tau_y}{2\sqrt{I_{2c}}}\right) \quad (\sqrt{J'_2} \leq \tau_y) \\
\eta &= \eta_{pl} + \frac{\tau_y}{2\sqrt{I_2}} \quad (\sqrt{I_2} > \sqrt{I_{2c}}) \\
\eta &= \eta_{pl} + \frac{\tau_y}{2\sqrt{I_{2c}}} \quad (\sqrt{I_2} \leq \sqrt{I_{2c}})
\end{aligned} \quad (3.55)$$

ここで,τ'_{ij}:偏差応力テンソル(Pa),J'_2:偏差応力テンソルの2次不変量(Pa^2),I_2:ひずみ速度テンソルの2次不変量(1/s^2),I_{2c}:ひずみ速度テンソルの2次不変量の限界値(1/s^2),η:粘度(Pa·s).

$$\frac{1}{r}\left\{\frac{\partial(r\,v_r)}{\partial r}\right\} + \frac{\partial v_z}{\partial z} = 0 \tag{3.56}$$

ここで,v_r:半径方向速度成分(m/s),v_z:縦軸(スランプコーン)方向速度成分(m/s).

$$\frac{\partial v_r}{\partial t} + \frac{1}{r}\left\{\frac{\partial(r\,v_r^2)}{\partial r}\right\} + \frac{\partial(v_r v_z)}{\partial z}$$

3.2 自由表面を持つコンクリートの流れ

$$= -\frac{1}{\rho}\frac{\partial p}{\partial r} + 2\frac{\eta}{\rho}\frac{\partial^2 v_r}{\partial r^2} + \frac{2\eta}{\rho r}\left(\frac{\partial v_r}{\partial r} - \frac{v_r}{r}\right) + \frac{\eta}{\rho}\frac{\partial^2 v_r}{\partial z^2} + \frac{\eta}{\rho}\frac{\partial^2 v_z}{\partial r \partial z}$$

$$\frac{\partial v_z}{\partial t} + \frac{1}{r}\frac{\partial(r\,v_r\,v_z)}{\partial r} + \frac{\partial v_z^2}{\partial z}$$

$$= -\frac{1}{\rho}\frac{\partial p}{\partial z} + \frac{\eta}{\rho}\frac{\partial^2 v_r}{\partial r \partial z} + \frac{\eta}{\rho}\frac{\partial^2 v_z}{\partial r^2} + \frac{\eta}{\rho r}\frac{\partial v_r}{\partial z} + \frac{\eta}{\rho r}\frac{\partial v_z}{\partial r} + 2\frac{\eta}{\rho}\frac{\partial^2 v_z}{\partial z^2} - g \quad (3.57)$$

ここで，ρ：密度($=$単位容積質量)(kg/m^3)，g：重力加速度(m/s^2)，t：時間(s)，p：圧力(Pa)．

　本解析は，小谷らと同様の方法(差分法)で行われた．なお，この数値解析に当っては，自由表面を持つ流れとなることから，計算領域全体の圧力場が決定される必要がある．そこで，前記の運動方程式(3.57)から得られる圧力方程式(3.58)を数値計算に用いた．

$$-\frac{\partial D}{\partial t} + \frac{\eta}{\rho}\nabla^2 D \quad (3.58)$$

ここで，

$$D = \frac{1}{r}\frac{\partial}{\partial r}(r\,v_r) + \frac{\partial v_z}{\partial z}$$

$$\nabla^2 D = \frac{1}{r}\frac{\partial}{\partial r}\left(r\frac{\partial D}{\partial r}\right) + \frac{\partial^2 D}{\partial z^2}$$

具体的な数値解析は，小谷らと同様のMAC法が採用された．半径方向のセルの大きさ(Δr)を5 mm(0.005 m)，高さ方向のセルの大きさ(Δz)を5 mm(0.005 m)として計算した．図-3.37に示すように，初期条件($t=0$)はスランプコーンに高流動コンクリートを充たした状態でセルにマーカ粒子を配置した状態とした．また，境界条件としては，底面およびスランプコーン側面を固着条件で，スランプコーンの引上げ速度を40 mm/s(0.04 m/s)とした．
　実験は高流動モルタルで行われ，このレオロジー定数(降伏値τ_yと塑性粘度η_{pl})は，球引上

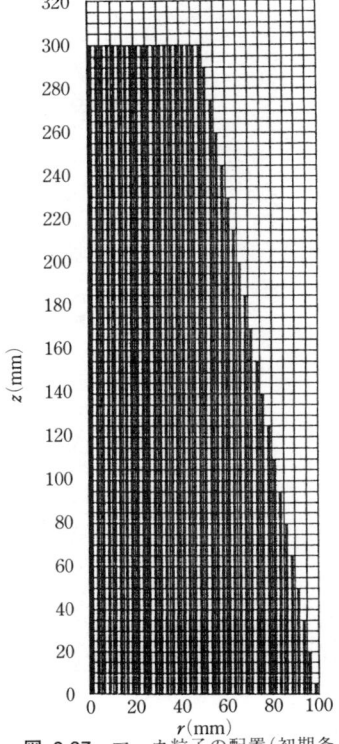

図-3.37　マーカ粒子の配置(初期条件)

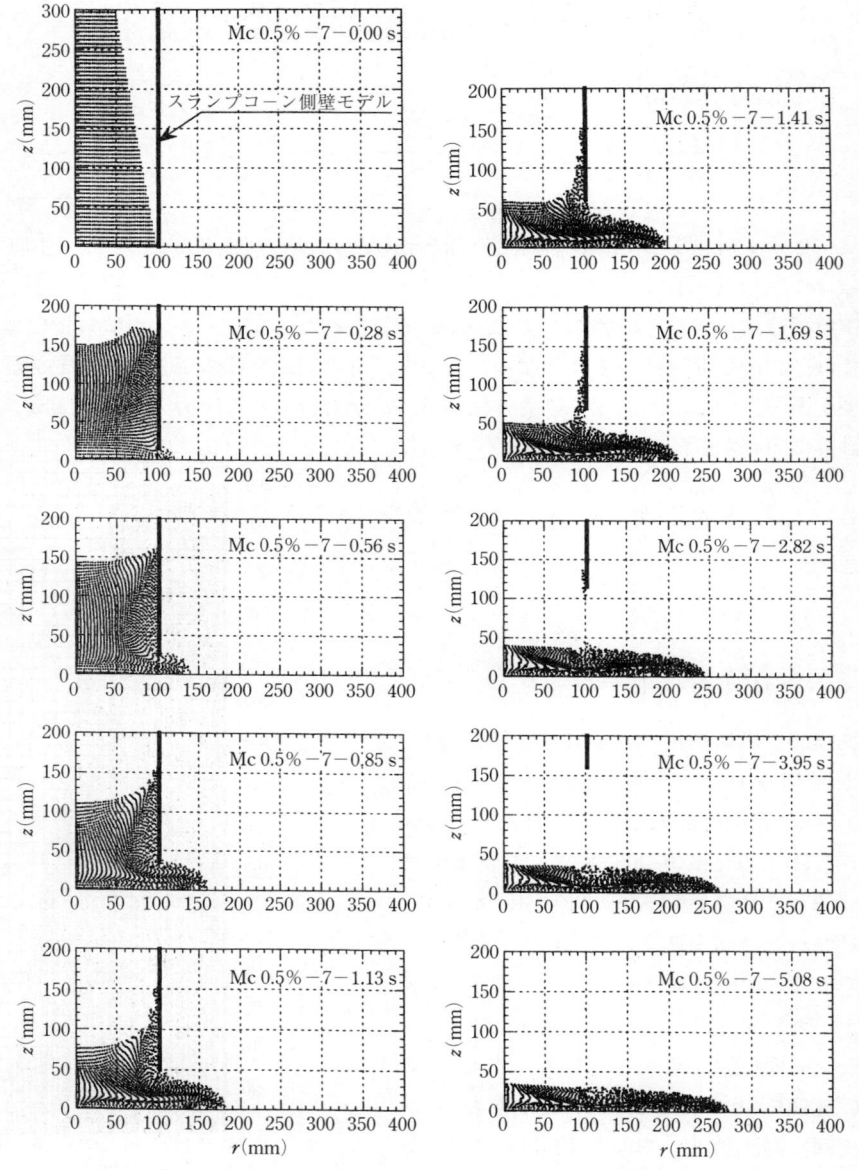

図-3.38 高流動コンクリートのスランプフロー試験数値解析結果

げ粘度計で測定し，Ansley の式（第 1 章を参照）から求めている．

スランプコーン引上げ速度を考慮した高流動コンクリートの流動状況の解析結果を図-3.38 に示す．また，高流動コンクリートのフロー半径と到達時間の関係における実験値と解析値を比較した結果の一例を図-3.39 に示す．これらより，実際の流動状況を良好に解析できることが示されている．

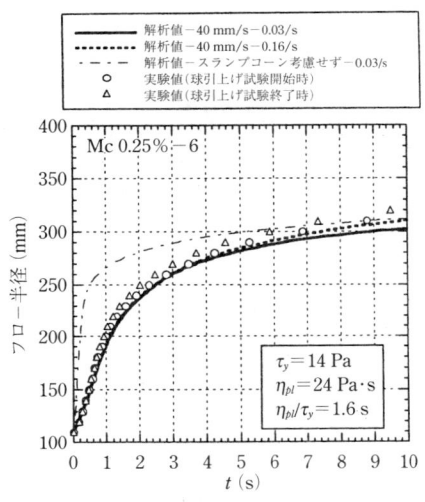

図-3.39 フロー半径と到達時間との関係

3.2.3 流体力学およびダルシーの法則の応用による解析例

岩崎は，プレパックドコンクリートにおける粗骨材間隙へのグラウトの流動が Darcy 則に従うとみなせることに着目し，粗骨材充填層内に仮想した微小直方体内にグラウトが貯留されることによる圧力増加を高さに変換し，グラウトの液面形状を予測する方法を提案している．これは，グラウトの特性，注入管の数および間隔等の施工条件からグラウトの注入状況（液面形状）を推定し，注入作業の合理化を図ることを目的としたものである．

粗骨材層に辺長 dx, dy, dz の直方体を仮想する（図-3.40 参照）．非定常流として直方体の一面からの流入と対面からの流出量は，相違してグラウトは貯留される．今，xz 面について，y 方向からの流入量 dq_y と流出量を考えると，式(3.59) および (3.60) で示される．したがって，直方体内に貯留されるグラウト量 dQ_y は，式(3.61) となり，全貯留量 Q は，式(3.62) となる．

図-3.40 仮想直方体

$$dq_y = -\frac{k}{\rho}\frac{\partial P}{\partial y} dx\, dz\, dt \tag{3.59}$$

$$\mathrm{d}q_y + \frac{\partial \mathrm{d}q_y}{\partial y}\,\mathrm{d}y = -\frac{k}{\rho}\frac{\partial P}{\partial y}\,\mathrm{d}x\,\mathrm{d}z\,\mathrm{d}t - \frac{k}{\rho}\frac{\partial^2 P}{\partial y^2}\,\mathrm{d}x\,\mathrm{d}y\,\mathrm{d}z\,\mathrm{d}t \tag{3.60}$$

$$\mathrm{d}Q_y = \frac{k}{\rho}\frac{\partial^2 P}{\partial y^2}\,\mathrm{d}x\,\mathrm{d}y\,\mathrm{d}z\,\mathrm{d}t \tag{3.61}$$

$$Q = \mathrm{d}Q_x + \mathrm{d}Q_y + \mathrm{d}Q_z = \frac{k}{\rho}\left(\frac{\partial^2 P}{\partial x^2} + \frac{\partial^2 P}{\partial y^2} + \frac{\partial^2 P}{\partial z^2}\right)\mathrm{d}x\,\mathrm{d}y\,\mathrm{d}z\,\mathrm{d}t \tag{3.62}$$

ここで，k：グラウトの透過係数(m/s)，ρ：グラウトの密度(kg/m³)，P：グラウトの圧力(Pa)．

圧力の単位量を高めるための単位容積当りのグラウト量を q_0 とすると，式(3.63)が得られる．

$$q_0(\mathrm{d}x\,\mathrm{d}y\,\mathrm{d}z)\,\mathrm{d}p = \frac{k}{\rho}\left(\frac{\partial^2 P}{\partial x^2} + \frac{\partial^2 P}{\partial y^2} + \frac{\partial^2 P}{\partial z^2}\right)\mathrm{d}x\,\mathrm{d}y\,\mathrm{d}z\,\mathrm{d}t$$

$$\frac{\partial P}{\partial t} = \frac{k}{q_0\,\rho}\left(\frac{\partial^2 P}{\partial x^2} + \frac{\partial^2 P}{\partial y^2} + \frac{\partial^2 P}{\partial z^2}\right) \tag{3.63}$$

この圧力増加をグラウトの高さに変換するには，単位底面積を持ち，空隙率 ε の柱状骨材層を考え，q_0 によるグラウト高さを h_0 とすれば，h_0，ρ および ε は，式(3.64)のようになる．さらに，これらの関係式より，任意の時刻および場所におけるグラウトの高さ h は，式(3.65)のようになる．

$h_0 = q_0/\varepsilon$，$1 = \rho h_0 = \rho(q_0/\varepsilon)$ より，

$$q_0 = \frac{\varepsilon}{\rho} \tag{3.64}$$

$$h = \frac{P}{\rho} = \frac{q_0}{\varepsilon}P = \frac{q_0}{\varepsilon}\iint G\,f\,\mathrm{d}x'\,\mathrm{d}y \tag{3.65}$$

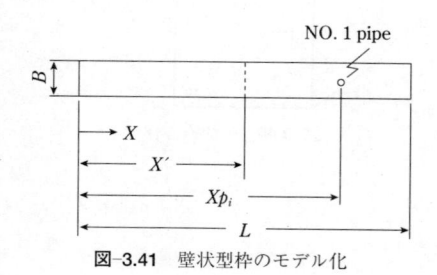

ここで，G：Green 関数，f：境界条件．

岩崎は，図-3.41 に示すような壁状の型枠(長さ L，幅 B)内におけるプレパックドコンクリートを想定し，実験によるグラウトの充塡高さと式(3.65)を用いて解析した計算高さを比較した．解析は，境界条件として式(3.66)，Green 関数としてはこの

図-3.41 壁状型枠のモデル化

場合，式(3.67)となることから，任意の位置および時間におけるグラウト高さh_q (x, t)は，式(3.68)で示される．実験結果の一例を図-3.42に示す．実験値と解析値がよく一致していることを示した．

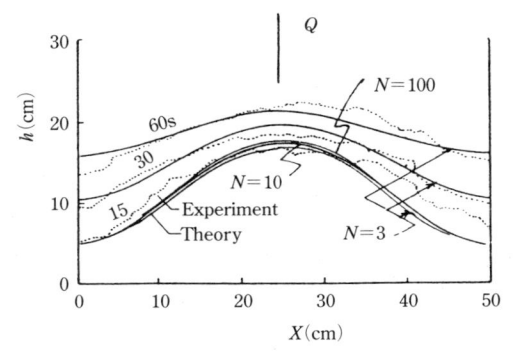

図-3.42 解析計算結果と実験値との比較

$$\left[\frac{\partial h_q}{\partial x}\right]_{x=0} = \left[\frac{\partial h_q}{\partial x}\right]_{x=1} = 0 \tag{3.66}$$

$$G_x = \frac{1}{L} + \frac{2}{L}\sum_{n=1}^{N_p}\exp\left\{-\left(\frac{n\pi}{L}\right)^2 a\tau\right\}\cos\frac{n\pi x}{L}\cos\frac{n\pi x'}{L} \tag{3.67}$$

$$h_q(x,t) = \frac{1}{\varepsilon}\sum_{i=1}^{N_p}\int_0^t\left[\frac{q_i(\tau)}{L}\left[1+2\sum_{n=1}^{\infty}\exp\left\{-\left(\frac{n\pi}{L}\right)^2 a\tau\right\}\right]\cos\frac{n\pi x}{L}\cos\frac{n\pi x_{pi}}{L}\right]d\tau \tag{3.68}$$

ここで，$q_i(\tau)$：単位幅当りの注入速度($m^3/s\cdot m$)，N_p：注入管の本数(本)，x_{pi}：注入管の座標，$a:k/\varepsilon$．

3.3 フレッシュコンクリートの変形

流動と変形を扱う学問であるレオロジーにおいては，流動も一種の変形として扱われており，いずれもせん断応力によってもたらされる．しかし，せん断応力が作用する対象物の物性によってその変形(流動)挙動が大きく異なる．3.2では，ビンガム体として扱えるスランプ12～15 cm以上の軟練りのフレッシュモルタルやフレッシュコンクリートの大きな変形挙動，すなわち流動を対象にした．これに対し

て，本節では比較的小さい変形，すなわちスランプが12 cm以下の硬練りコンクリートの変形を対象とする．したがって，本節では，その物性モデルとしては1.3に示す湿った粉粒体(粘塑性体)を対象とする．ただし，本節で扱う変形挙動問題の解析は，ビンガム体にも応用が可能であることから，ビンガム体に適用する場合についても触れることにした．

3.3.1 最終変形の予測

フレッシュコンクリートの変形予測は，打ち込んだコンクリートが型枠の隅々や鉄筋の間隙に行きわたり，硬化後に断面欠損や付着不良を起こさないかどうかのいわゆる造形問題を定量的に扱ううえでの基礎理論して重要である．ここで対象とするコンクリートは，硬練りコンクリートであり，その物性モデルとしては，1.3に示す湿った粉粒体を適用する．また，ここで扱う変形の予測方法は，最終変形を主な対象として述べる．なお，後記するが，湿った粉粒体の変形終了(変形開始)を決定づける条件として，1.3に示したクーロン式は，軟練りコンクリート(ビンガム体)の変形終了(変形開始)を決定づける条件である降伏値(τ_y)と同様の物理的意味を有していると考えられることから，ここで示す最終変形の予測方法は，軟練りコンクリートの変形予測にも適用できる．しかし，軟練りコンクリート(ビンガム体)の変形に関しては，3.2において，自由表面を持つ流動解析を応用して本格的かつ高精度に行えることを述べた．3.2で紹介した解析例以外でも，この解析方法で行われた解析例が報告されている[28~29]．この手法に対して，本節の方法は，精度は若干落ちるが，比較的単純なモデル形状の最終変形を簡単な計算(簡単なコンピュータプログラムによる計算)によって導く工学的な方法といえる．

スランプが12 cm以下のフレッシュコンクリートは，湿った粉粒体として扱えることを第1章で述べた．湿った粉粒体は，クーロン式(3.69)を境界に変形挙動が生じることも述べた．すなわち，コンクリートに何らかの力を作用させた場合，コンクリート中の任意の面に生じる垂直応力とせん断応力の組合せ(モールの応力円で示される応力状態)が生じるが，このモールの応力円がクーロン式を超えると変形が生じることになる．また，スランプ試験でスランプコーンを引き上げた直後のように，応力状態(モールの応力円)がクーロンの式を超えていて変形するものは，変形により応力が小さく(モールの応力円が小さく)なり，モールの応力円がクーロ

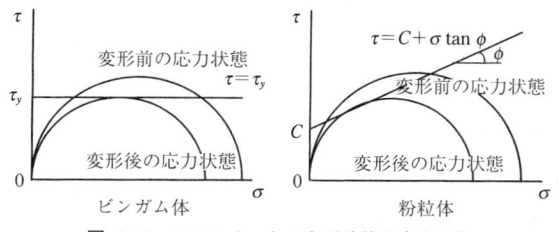

図-3.43 コンクリートの変形前後の応力状態

ン式に接する状態になったところで変形が止まることになる(**図-3.43**参照).また,スランプが12〜15 cm以上の軟練りコンクリート,すなわちビンガム体では式(3.70)が変形の境界条件となる.

$$\tau = C + \sigma \tan\phi \tag{3.69}$$

ここで,τ:せん断応力(Pa),C:粘着力(Pa),σ:垂直応力(Pa),ϕ:内部摩擦角(°).

$$\tau = \tau_y \tag{3.70}$$

ここで,τ_y:降伏値(Pa).

以上のように,最初,変形していたものが停止する時は,コンクリート内部に生じている応力状態(モールの応力円)が湿った粉粒体の場合にはクーロン式に,ビンガム体の場合には降伏値に,それぞれ接する状態になった時なので,レオロジー手法を用いて最終変形を定量的に予測することができる.このような方法で取り扱うことのできるコンクリートの最終変形の予測としては,通常のフレッシュコンクリートのスランプ,型枠内に盛り込まれた高流動コンクリート等の自重による変形,遠心力成形時の遠心力による変形および加圧成形時の加圧力による変形等が挙げられる.なお,厳密に最終変形を予測する場合,最終変形に達する前の変形による慣性力や型枠等による変形時の摩擦抵抗等を考慮する必要がある.変形量が小さい場合やゆっくりと変形する場合等では,慣性力の影響を無視しても最終変形量に与える影響は小さいと考えられる.

3.3.2 最終変形予測の例示

(1) スランプコーンの変形

a. 硬練りコンクリート(スランプ12 cm程度以下)の変形　　硬練りコンクリート

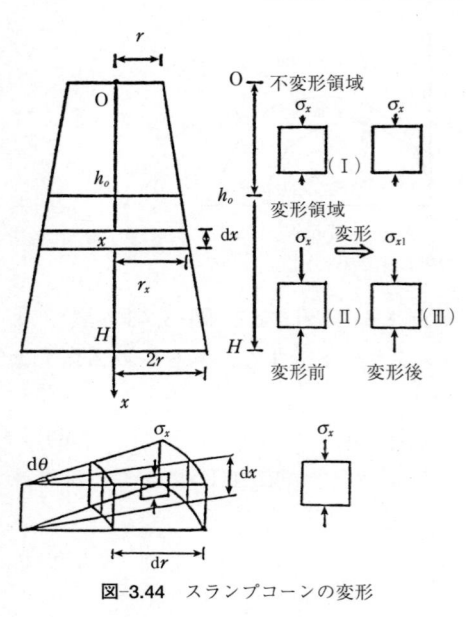

(スランプ12 cm 程度以下)のスランプコーンの変形について説明する．**図-3.44** に示すように，スランプコーンの頂面の中心に原点 O をとり，原点より鉛直下方に x 軸をとった円柱座標系でスランプコーンを表示する．任意の x において厚さ dx の薄層円板を考え，さらに，円板内に任意の半径において中心角 $d\theta$ の扇形要素を考える．この要素には，式(3.71)に示すような自重による垂直応力 σ_x が作用する．

$$\sigma_x = \frac{g\,M_x}{\pi\,r_x^2}$$

$$= \rho\,g\,\frac{(H+x)^3 - H^3}{3(H+x)^2} \quad (3.71)$$

図-3.44 スランプコーンの変形

$$r_x = r\,\frac{H+x}{H}$$

$$M_x = \rho\left\{\pi\,r\,x^2\,\frac{H+x}{3} - \pi\,r^2\,\frac{H}{3}\right\}$$

ここで，r_x：任意 x における薄層円板の半径(m)，M_x：任意 x における薄層円板より上部のコンクリート質量(kg)，σ_x：扇形要素に作用する垂直応力(Pa)，ρ：コンクリートの単位容積質量(密度)(kg/m³)，g：重力加速度(9.8 m/s²)，H：スランプコーンの高さ(0.3 m)，r：スランプコーンの頂面の半径(0.05 m)．

したがって，扇形要素の各断面における応力状態は，スランプ型枠を抜き取るとコーン側方の拘束がなくなるので，**図-3.45** に示すモールの応力円[式(3.72)]で表すことができる．また，同図中に硬練りコンクリ

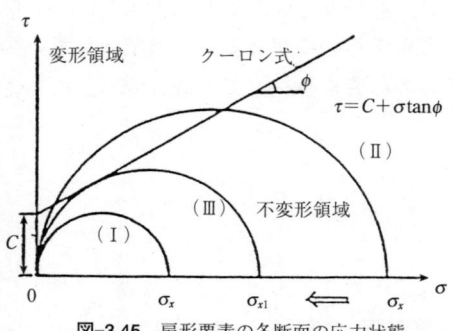

図-3.45 扇形要素の各断面の応力状態

3.3 フレッシュコンクリートの変形　　121

ートの物性値である粘着力 C と内部摩擦角 ϕ より決まるクーロン式を記入した.

$$\left(\sigma - \frac{\sigma_x}{2}\right)^2 + \tau^2 = \left(\frac{\sigma_x}{2}\right)^2 \tag{3.72}$$

図-3.45 より，モールの応力円がクーロン式より上の領域にある時，すなわち，Ⅱの状態の時にコンクリートの変形は可能であると考えられるので，式(3.70)と式(3.72)の σ についての連立 2 次方程式(3.73)で σ が 2 実根を持つ条件，すなわち式(3.73)の判別式(3.75)が $D \geqq 0$ の時に変形することになる.

$$(1+\tan^2\phi)\,\sigma^2 + (2\,C\tan\phi - \sigma_x)\,\sigma + C^2 = 0 \tag{3.73}$$
$$D = \sigma_x{}^2 - 4\,C\,\sigma_x\tan\phi - 4\,C^2 \tag{3.74}$$

したがって，コンクリートコーンの上部は自重が小さく，$D \leqq 0$ の領域，すなわち不変形領域(図-3.45 のⅠの状態)となる．不変形領域の高さ h_0(m)は，$D = 0$ となる条件から求めることができる.

$D \geqq 0$ の変形領域(図-3.45 のⅡの状態)にある扇形要素の変形は，モールの応力円がクーロン式に接する図-3.45 のⅢの状態になるまで要素が潰れる(変形により面積が増大して垂直応力が小さくなる)ことによって起こると考えられるので，図-3.46 に示すように，変形後の自重による垂直応力 σ_{x1} は，式(3.75)で与えられる.

$$\sigma_{x1} = 2\,r_a = 2\,C\,\frac{1+\sin\phi}{\cos\phi} \tag{3.75}$$

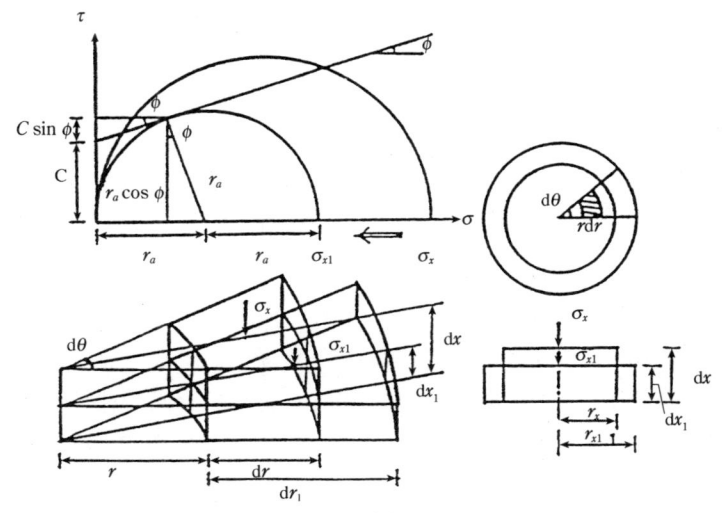

図-3.46　変形前後の扇形要素

ここで，σ_{x_1}：変形後の自重による垂直応力(Pa)，r_a：変形後のモールの応力円の半径(m)．

変形前後で薄層円板上のコンクリートの質量は不変と考えれば，変形後の薄層円板の半径 r_{x_1} は，式(3.76)で計算することができる．

$$\int_0^{r_x}\int_0^{2\pi} r\, d\theta\, dr\, \sigma_x = \int_0^{r_{x_1}}\int_0^{2\pi} r\, d\theta\, dr\, \sigma_{x_1}$$

$$\pi\, r_x^2\, \sigma_x = \pi\, r_{x_1}^2\, \sigma_{x_1}$$

$$r_{x_1} = \sqrt{\frac{\sigma_x}{\sigma_{x_1}}}\, r_x \tag{3.76}$$

ここで，r_{x_1}：変形後の薄層円板の半径(m)．

また，変形前後で薄層円板の体積は変わらないと仮定すれば，変形後の薄層円板の厚さ dx_1(m)は，式(3.77)で計算することができる．

$$\pi\, r_x^2\, dx = \pi\, r_{x_1}^2\, dx_1$$

$$dx_1 = \frac{r_x^2}{r_{x_1}^2} dx = \frac{\sigma_{x_1}}{\sigma_x} dx \tag{3.77}$$

ここで，dx_1：変形後の薄層円板の厚さ(m)．

以上より，スランプは，式(3.77)，(3.75)および(3.71)より式(3.78)で計算することができる．

$$SL = H - h \tag{3.78}$$

$$h = h_0 + \int_{h_0}^{H} dx_1$$

$$= h_0 + \int_{k_0}^{H} \frac{\sigma_{x_1}}{\sigma_x} dx$$

$$h_0 + \int_{h_0}^{H} \frac{2C\dfrac{1+\sin\phi}{\cos\phi}}{\rho g\dfrac{(H+x)^3 - H^3}{3(H+x)^2}} dx = h_0 + \left(2C\,\frac{1+\sin\phi}{\rho g\cos\phi}\right)\ln\frac{7\,H^3}{(H+h_0)^3 - H^3}$$

ここで，SL：スランプ(m)．

しかし，実際のスランプ試験では，底面部においてコンクリート(モルタル)試料とゴム板との間に摩擦力が作用し，変形に影響を与えるのでこの点を考慮する必要がある．そこで，図-3.47に示すように底面部においては，摩擦応力 τ_{Hr} による合力($\tau_{Hr}×$底面積)と等価となるような水平直応力 σ_{r_1} が変形領域 $h_0 \leq x \leq H$ に x に関する指数乗式(3.79)で分布し，変形を拘束すると仮定すれば，式(3.80)が得られる．

$$\sigma_{r_1} = \sigma_{r_{1H}}\left(\frac{x-h_0}{H-h_0}\right)^a \qquad (3.79)$$

$$\int_{h_0}^{H} \sigma_{r_1}(2\pi r_x)\,dx = \pi(2r)^2 \tau_{Hr}$$

$$2\pi r\, \sigma_{r_{1H}}(H-h_0)\frac{A}{B} = \pi(2r)^2 \tau_{Hr} \qquad (3.80)$$

ただし,
$$A = (a+1)H + H(a+2) + h_0$$
$$B = H(a+1)(a+2)$$

ここで, τ_{Hr}:底面部における摩擦応力 (Pa), σ_{r_1}:水平直応力 (Pa).

式(3.80)中の τ_{Hr} は,スランプ12cm以下のモルタルおよびコンクリートで実測したデータの値(モルタルの場合510 Pa,コンクリートの場合804 Pa)を用いることができる.また, $\sigma_{r_{1H}}$ はスランプ試験における底面部の広がり(スランプフロー)がほとんど変化しないことから,図-3.48に示す応力状態を想定して式(3.81)より求める.

これらの値が決まるので,式(3.80)を満足する a を求めることができ,式(3.79)に示す σ_{r_1} が決まる.

$$\sigma_{r_{1H}} = 2b' - \sigma_{x_{1H}} \qquad (3.81)$$

ただし,
$$b' = \sigma_{x_{1H}}(1+\tan^2\phi) + C\tan\phi - (\sigma_{x_H}\tan\phi + C)\sqrt{1+\tan^2\phi}$$
$$\sigma_{x_{1H}} = \sigma_{x_H}$$

ここで, σ_{x_H}:変形前の底面における垂直応力(Pa), $\sigma_{x_{1H}}$:変形後の底面における垂直応力(Pa).

底面摩擦を考慮した場合の任意の x における扇形要素には図-3.49に示すように σ_x および σ_{r_1} が作用し,その各断面の応力状態は同図中のモールの応力円で示され

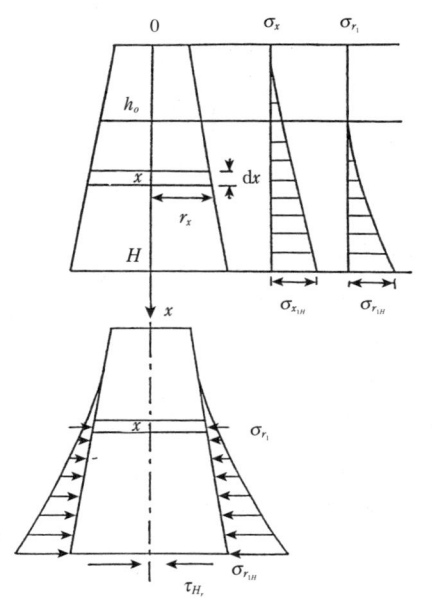

図-3.47 底面摩擦抵抗の考慮

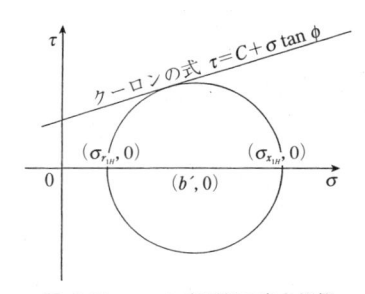

図-3.48 コーン底面部の応力状態

る．変形領域における要素の変形後の σ_{x_1} は，前記のモールの応力円がクーロン式に接する条件より求めることができる．ただし，変形後各要素は，底面に近づくので実際には変形前後で σ_{r_1} は変化する．しかし，ここでは硬練りコンクリートの変形を扱っており，その変化は小さいものと考えられるので一定値と仮定する．したがって，同図に示す座標 $(\sigma_{r_1}, 0)$ を通りクーロン式に接するモールの応力円を求め，その円の中心座標を $(b, 0)$ とすれば，σ_{x_1} は式(3.82)で与えられる．

$$\sigma_{x_1} = 2b - \sigma_{r_1} \tag{3.82}$$

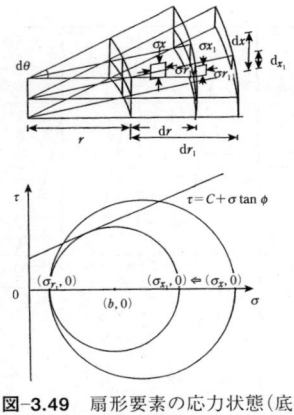

図-3.49 扇形要素の応力状態（底面摩擦の考慮）

ただし，

$$b = \sigma_{r_1}(1+\tan^2\phi) + C\tan\phi + (\sigma_{r_1}\tan\phi + C)\sqrt{1+\tan^2\phi}$$

したがって，薄層円板の変形後の形状，すなわち層厚 dx_1(m) および半径 r_{x_1}(m) は，底面摩擦を考慮しない変形解析同様に式(3.77)および(3.78)で求めることができる．なお，スランプは，これらの積分式の解析解が得られないので，コーンを適当な厚さ（例えば，$dx = 1$ cm程度）の薄層円板に分割して，それぞれの変形後の形状を求め，その和から全変形形状を求める方法で行う必要がある．

b. 軟練りコンクリート（スランプ12〜15 cm以上）の変形　　スランプが15 cm以上の軟練りコンクリート（ビンガム体）の場合の変形計算においては，本項冒頭に述べたように式(3.70)が変形の境界条件となる．また，底面の摩擦抵抗応力は，降伏値にほぼ等しいこと $(\tau_{Hr} \fallingdotseq \tau_y)$ が実験で確認された．これらより，硬練りコンクリートと同様に以下の式によってスランプを予測することができる．

任意の x における扇形要素に作用する垂直応力 σ_x は，式(3.71)と同様であり，水平直応力 σ_{r_1} および変形領域における扇形要素の変形後の垂直応力 σ_{x_1} は，それぞれ式(3.83)および(3.84)となる（**図-3.50，3.51，3.52** 参照）．

$$\sigma_{r_1} = \sigma_{r_1H}\left(\frac{x-h_0}{H-h_0}\right)^a \tag{3.83}$$

ただし，

$$\sigma_{r_1H} = \sigma_{x_1H} - 2\tau_y$$

a は，以下を満足する条件から求めることができる．

3.3 フレッシュコンクリートの変形

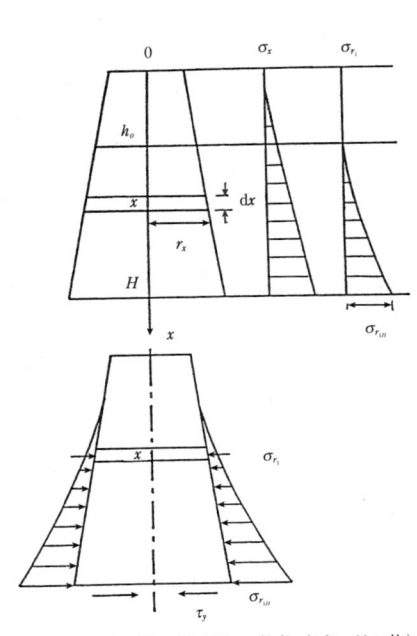

図-3.50 底面部の拘束力の考慮（ビンガム体）

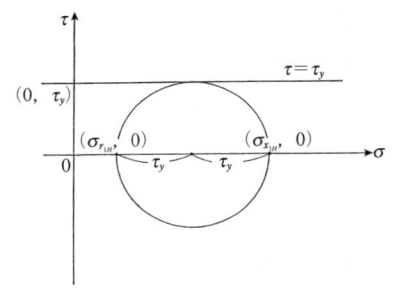

図-3.51 コーンの底面部の応力状態（ビンガム体）

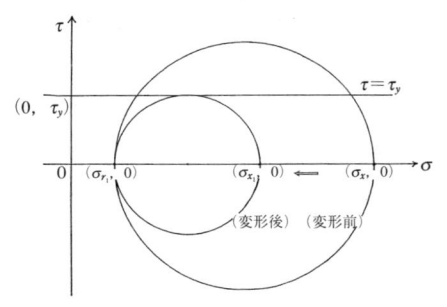

図-3.52 扇形要素の応力状態（ビンガム体）

$$\int_{h_0}^{H} \sigma_{r_1}(2\pi r_x)\,\mathrm{d}x = \pi(2r)^2\tau_y$$

$$2\pi r\,\sigma_{r_1H}(H-h_0)\frac{A}{B} = \pi(2r)^2\tau_y$$

ただし，
$$A = (a+1)H + H(a+2) + h_0$$
$$B = H(a+1)(a+2)$$
$$\sigma_{x_1} = \sigma_{r_1} + 2\tau_y \tag{3.84}$$

したがって，薄層円板の変形後の形状，すなわち層厚 dx_1 および半径 r_{x_1} は，式(3.77)および(3.76)で求めることができる．なお，スランプは，これらの積分式の解析解が得られないので，コーンを適当な厚さ（例えば，$dx = 1\,\mathrm{cm}$ 程度）の薄層円板に分割して，それぞれの変形後の形状を求め，その和から全変形形状を求める方法で行う必要がある．

c. スランプの予測結果 実際に，硬練りコンクリートまたは硬練りモルタル（スランプ12cm以下）のスランプ試験結果（全体の変形形状の結果も含む）と湿った粉粒体物性値をモルタルの場合，一面せん断試験で，また，コンクリートの場合，三軸圧縮試験で測定した結果から計算されるスランプ（全体の変形形状）の結果を比較した．なお，計算はコンクリートコーンを1cmの層厚で分割して各層ごとに変形後の形状を求める方法で行ったが，その際に使用した計算プログラムの一例を図-3.53に示す．実験に用いた硬練りコンクリートおよびモルタルの配合および物性値を表-3.19に示す．また，表-3.20および図-3.54にスランプの実測値と計算値の比較結果を，図-3.55に変形後のスランプコーン全体形状の実測値と計算値の比較の一例を示す．同様に軟練りコンクリート（スランプ12～15cm以上）の実測のスランプとビンガム体の物性値を内円筒回転粘度計により測定した結果から計算されるスランプを比較した．比較結果を表-3.21および図-3.56に示す．

これらの結果から実測値と計算値が比較的よく一致していることが認められる．レオロジー手法を用いてスランプ（最終変形）を予測できることがわかる．

表-3.19 モルタルおよびコンクリートの配合と物性値

配合		物性値				配合条件力			単位量(kg/m³)			
		粘着		内部摩擦角								
		C (Pa)	変動係数(%)	ϕ (°)	変動係数(%)	W/C (%)	s/a (S/C)	スランプ (cm)	C	W	S	G
M	1	593.3	10.9	29.2	7.0	50	(2.36)	2.5	570	285	1 346	—
	2	454.0	9.5	26.2	2.1		(2.10)	6.5	606	303	1 272	—
	3	406.0	13.1	18.6	6.2		(2.00)	8.0	620	310	1 242	—
	4	226.5	12.5	15.0	7.5		(1.86)	14.0	642	321	1 197	—
	5	611.9	10.3	31.2	6.2	60	(2.73)	4.0	500	300	1 363	—
	6	492.3	11.7	24.4	5.8		(2.56)	6.0	517	310	1 326	—
	7	422.7	8.7	24.8	4.3		(2.42)	7.5	533	320	1 288	—
Co	1	818.9	12.5	28.9	5.0	50	48	1.0	360	180	843	927
	2	565.8	8.6	25.1	3.6			3.0	380	190	822	904
	3	521.7	11.2	18.5	4.2			8.0	400	200	802	883
	4	441.3	13.3	9.14	3.9			11.0	420	210	783	861
	5	628.6	14.2	26.2	7.7	38.2	37	3.0	500	191	591	1 032

3.3 フレッシュコンクリートの変形   127

```
10   DIM DX(30),RX(30),IDX(30),IRX(30),SDX(30),T(30),PX(30),PX1(30),PR(30),PRI(30),B(30),BB(30)
20   INPUT "ys=(print=1)"; YS
30   INPUT "ko=(kokoni=1)"; KO
40   IP=30
50   R=5!
60   H=30!
70   RO=2.05
80   D=1!
90   IF KO=1 THEN GOTO 150
100  FOR I=1 TO 40
110  TF=I/10!
120  FOR J=1 TO 20
130  FA=J
140  GOTO 190
150  INPUT "tf="; TF
160  INPUT "fa="; FA
170  INPUT "T30="; TT
180  INPUT "HO="; HO
185  INPUT "PR130="; RR
186  INPUT "a="; AA
190  PAI=3.14
200  FFA=PAI*FA/180!
210  S=0!
220  C=TF
230  FOR KK=1 TO 30
240  X=KK-.5
245  IF X<HO THEN 440 ELSE 250
250  PX(KK)=RO*((H+X)^3-H^3)/(3!*(H+X)^2)1
255  PR1(KK)=RR*((X-HO)/(H-HO))^AA
260  T(KK)=(2*RR*H*(X-HO)^(AA+1)*((AA+1)*X+(AA+2)*H+HO))/(R*(H+X)^2*(X-HO)^AA*(AA+1)*(AA+2))
340  BB(KK)=PR1(KK)*(1+(TAN(FFA))^2)+C*TAN(FFA)+((1+(TAN(FFA))^2)*((PR1(KK)*TAN(FFA)+C)^2-T(KK)^2)).5
350  PX1(KK)=2*BB(KK)-PR1(KK) ; GOTO 390
390  DX(KK)=PX1(KK)/PX(KK)*D
400  RX(KK)=(PX(KK)/PX1(KK))^.5*R*(H+X)/H ; GOTO 460
440  DX(KK)=D
450  RX(KK)=R*(H+X)/H
460  S=S+DX(KK)
470  NEXT KK
480  SL=30-S
490  FOR L=1 TO 30
500  IDX(L)=DX(L)*100!+.5
510  IRX(L)=RX(L)*10!+.5
520  NEXT L
530  ITF=TF*101+.5
540  IFA=FA*10!+.5
550  ISL=SL*10!+.5
560  IF IP<18 THEN 590 ELSE 570
570  LPRINT
580  IP=0
590  IP=IP+1
600  LPRINT "C             fa                    T30           E30         sl"
610  LPRINT USING "##.##          "; C, FA, TT, EE,
620  LPRINT USING "##.#           "; SL
630  LPRINT "dx"
640  IF YS=1 THEN GOTO 850
650  FOR KK=1 TO 30
660  LPRINT USING "##.##       "; DX(KK);
670  NEXT KK
680  LPRINT
690  LPRINT "rx"
700  FOR KK=1 TO 30
710  LPRINT USING "##.##       "; RX(KK);
720  NEXT KK
730  LPRINT
740  SDX(1)=DX(30)/2!
750  FOR II=2 TO 30
760  IJ=II-1!
770  IK=32!-II
780  IM=31!-II
790  SDX(II)=SDX(IJ)+(DX(IK)+DX(IM))/2!
800  NEXT II
810  LPRINT "sdx"
820  FOR K=1 TO 30
830  LPRINT USING "##.##       "; SDX(K);
840  NEXT K
850  LPRINT
860  LPRINT "px"
870  FOR K=1 TO 30
880  LPRINT USING "##.##       "; PX(K);
890  NEXT K
900  LPRINT
910  LPRINT "px1"
920  FOR K=1 TO 30
930  LPRINT USING "##.##       "; PX1(K);
940  NEXT K
950  LPRINT
960  LPRINT "pr"
970  FOR K=1 TO 30
980  LPRINT USING "##.##       "; PR(K);
990  NEXT K
1000 LPRINT
1010 LPRINT "pr1"
1020 FOR K=1 TO 30
1030 LPRINT USING "##.##       "; PR1(K);
1040 NEXT K
1050 LPRINT
1060 IF KO=1 GOTO 1090
1070 NEXT J
1080 NEXT I
1090 END
```

図-3.53 スランプ計算プログラム例

表-3.20 実測スランプと計算スランプ

配合		実測スランプ		計算スランプ		計算値-2の場合の水平直応力 σ_{r1}
		スランプ (cm)	スランプフロー値 (cm)	計算値-1(底面の摩擦抵抗を考慮しない)(cm)	計算値-2(底面の摩擦,スランプフロー値を一定として考慮)(cm)	
M	1	2.5	20.0	4.0	2.0	$5.45\{(x-14)/(H-14)\}^{2.1}$
	2	6.5	20.6	8.0	6.5	$8.45\{(x-9)/(H-9)\}^{5.6}$
	3	8.5	21.1	11.3	9.9	$13.05\{(x-7)/(H-7)\}^{10.0}$
	4	14.0	24.3	18.1	16.9	$18.05\{(x-3)/(H-3)\}^{17.5}$
	5	3.5	20.0	3.3	1.1	$4.65\{(x-15)/(H-15)\}^{1.5}$
	6	6.0	20.4	7.6	5.5	$8.85\{(x-10)/(H-10)\}^{5.5}$
	7	7.5	20.6	9.4	7.8	$9.45\{(x-8)/(H-8)\}^{6.6}$
Co	1	1.0	20.0	2.2	0.0	$4.15\{(x-18)/(H-18)\}^{0.5}$
	2	3.0	20.2	7.3	2.6	$8.95\{(x-10)/(H-10)\}^{3.1}$
	3	8.0	22.0	9.7	6.1	$13.35\{(x-8)/(H-8)\}^{5.8}$
	4	11.0	23.5	14.0	10.9	$21.55\{(x-5)/(H-5)\}^{11.8}$
	5	3.0	20.0	5.8	1.6	$7.75\{(x-12)/(H-12)\}^{2.2}$

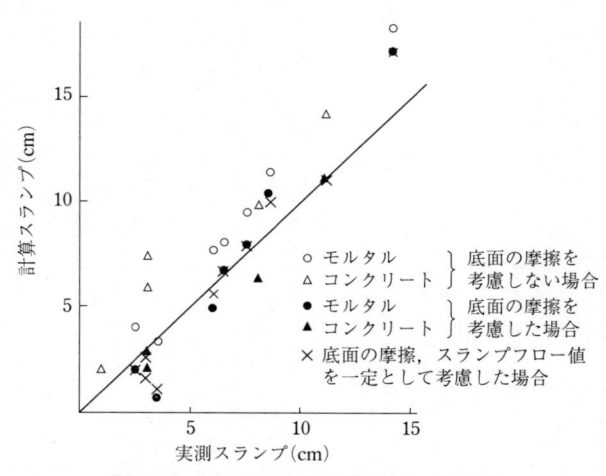

図-3.54 実測スランプと計算スランプの関係

3.3 フレッシュコンクリートの変形

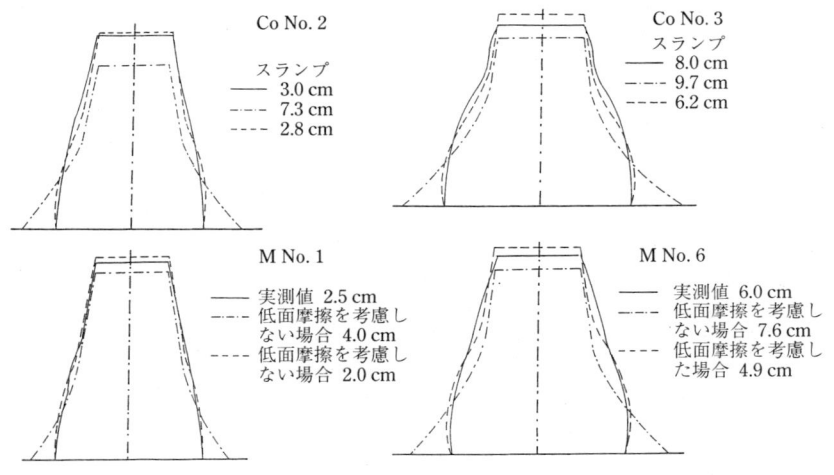

Co No. 2
スランプ
—— 3.0 cm
—·—· 7.3 cm
— — 2.8 cm

Co No. 3
スランプ
—— 8.0 cm
—·—· 9.7 cm
— — 6.2 cm

M No. 1
—— 実測値 2.5 cm
—·—· 低面摩擦を考慮しない場合 4.0 cm
— — 低面摩擦を考慮ない場合 2.0 cm

M No. 6
—— 実測値 6.0 cm
—·—· 低面摩擦を考慮しない場合 7.6 cm
— — 低面摩擦を考慮した場合 4.9 cm

図-3.55 変形後のスランプコーンの全体形状

表-3.21 降伏値とスランプの実測結果およびスランプの計算結果

配合 No.	単位容積質量 (kg/m³)	降伏値 τ_y (Pa)	スランプ試験結果		スランプの計算結果 (cm)		
			スランプ (cm)	スランプフロー値 (cm)	①底面の拘束を考慮しない	②底面の拘束を考慮する	実測値に対する②の比率
1	2 257	155	21.0	42.1	23.1	21.7	1.03
2	2 370	175	18.5	36.4	22.8	20.9	1.13
3	2 415	187	16.0	30.7	22.5	20.0	1.25
4	2 271	160	20.5	41.0	23.0	21.6	1.05
5	2 320	185	19.5	38.7	22.3	20.6	1.06
6	2 290	150	21.0	42.1	23.4	22.0	1.05
7	2 292	180	18.0	35.2	22.4	21.0	1.17
8	2 304	214	14.0	26.1	21.4	19.8	1.41
9	2 311	149	22.0	44.4	23.5	22.1	1.00
10	2 313	180	17.5	34.1	22.5	20.7	1.18
11	2 311	159	20.0	39.8	23.1	21.7	1.09
12	2 312	180	19.5	38.7	22.5	20.7	1.06
13	2 314	191	18.0	35.2	22.1	20.4	1.13
14	2 321	202	18.0	35.2	21.8	20.2	1.12
15	2 329	231	14.0	26.1	21.0	19.6	1.40

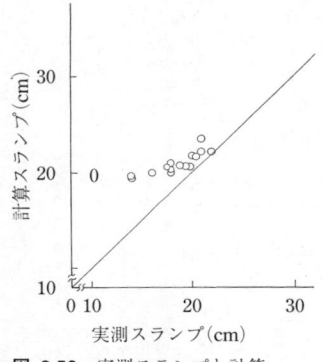

図-3.56 実測スランプと計算スランプの関係(ビンガム体)

これらの結果より，硬練りコンクリート(湿った粉粒体)でも軟練りコンクリート(ビンガム体)でも同様の計算で変形を予測できることがわかった．ビンガム体と湿った粉粒体ではレオロジーモデルが異なるので統合し，一般化することは理論的にはできないが，最終変形時の応力状態を検討する場合，湿った粉粒体の境界条件式であるクーロン式を一般式とみなし，その特別な場合をビンガム体とすれば取扱いが簡単になる．すなわち，クーロン式の C を τ_y とみなし，ϕ を $0°$ とみなせばビンガム体の条件となる(**図-3.43** 参照)．

コンクリートの物性値が与えられた場合のスランプの計算値を示す．硬練りコンクリートの場合，水セメント比(W／C)が 50～60％の一般的なコンクリートにおいて，コンクリートの粘着力 C と内部摩擦角 ϕ には直線的な相関が認められ，粘着力 C とスランプの計算値および内部摩擦角 ϕ と

(**a**) 粘着力と内部摩擦角の関係

$y = 0.0472x - 6.5346$
$R^2 = 0.7186$

(**b**) 粘着力とスランプ計算値の関係

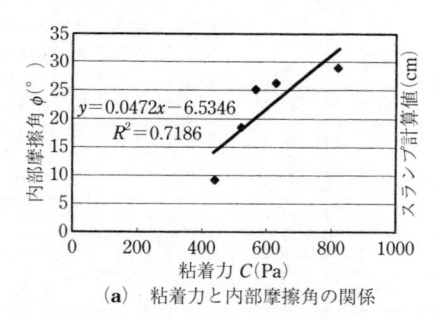

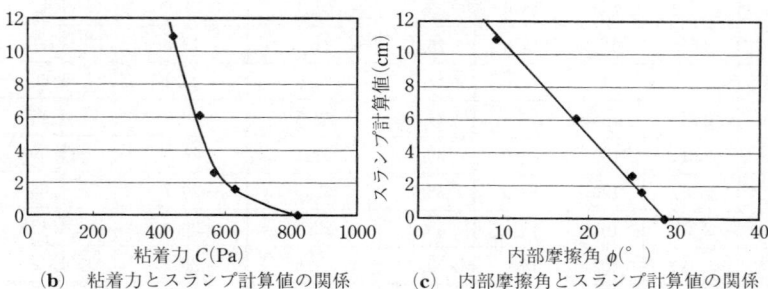

(**c**) 内部摩擦角とスランプ計算値の関係

図-3.57 コンクリートの物性値とスランプの計算値の関係（湿った粉粒体）

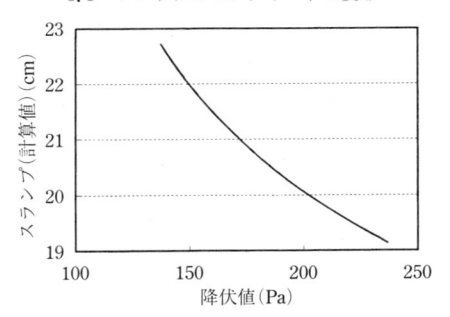

図-3.58 コンクリートの物性値とスランプの計算値の関係（ビンガム体）

スランプの計算値との関係は，図-3.57に示すとおりである．また，図-3.58に軟練りコンクリートの場合の降伏値 τ_y とスランプの計算値の結果を示す．

(2) 遠心力成形時の管体形成評価

　一般にヒューム管やパイル等の製造では，管体を形成し，締め固めるために遠心力成形法が広く実施されている．この成形技術には大きく分けて次のような2つの工程がある．すなわち，まずフレッシュコンクリートを管型枠内に投入し，5G以下の低遠心加速度で管体を形成する工程と続いて実施される10～15Gおよび20～30Gの中および高遠心加速度で順次締固めを行い，密実に仕上げる工程である．管体が十分に形成されないうちに中高遠心加速度で締固めを行うと，ペースト分が分離し，締め固まってしまうので不完全な形状となってしまう．一般にヒューム管やパイル等の製造で使用されるコンクリートは，スランプが8cm程度の硬練りコンクリートであるので，湿った粉粒体（粘塑性体）として扱うことができる．すなわち，レオロジー物性値として粘着力 C と内部摩擦角 ϕ で評価できる．また，遠心力が外力として作用することを考慮して，フレッシュコンクリートの変形挙動を考察することにより管体形成の条件をレオロジー的に検討することができる．

　一般に遠心力成形におけるフレッシュコンクリートの管体への投入は，最低の回転速度（遠心加速度で1.5G程度）である程度いきわたるように行われるが，実際には図-3.59に示すようにまだかなり凹凸がある状態となる．この状態で遠心力を徐々に増加させた場合，コンクリート部に作用する外力としては，遠心力，型枠による変形拘束力および若干の振動等が考えられる．ここでは，管体形成に最も影響のある遠心力に着目して管体形成評価方法を検討した結果を紹介する．

　遠心力成形時にコンクリートに作用する遠心加速度 a は，一般に式(3.85)で与

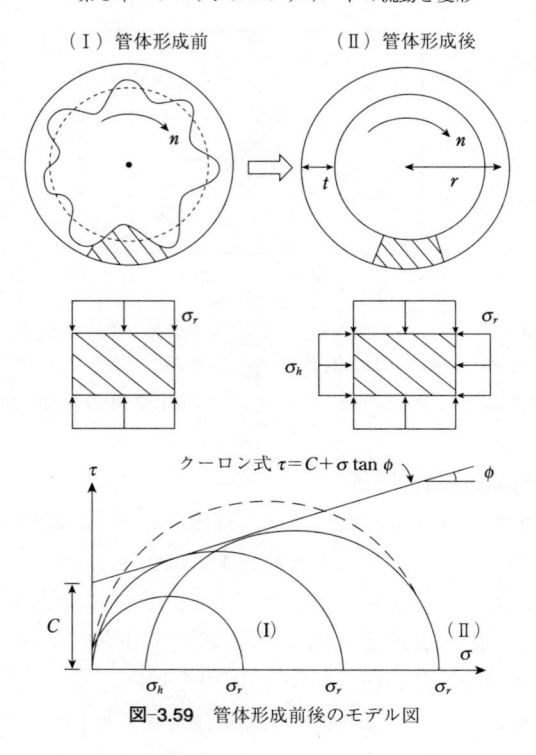

図-3.59 管体形成前後のモデル図

えられ，コンクリート管の単位奥行当りに作用する平均遠心力 F は，式(3.86)となる．

$$a = r\omega^2 = 4\pi^2 r n^2 \tag{3.85}$$

ここで，r：管平均半径(m)，ω：角速度(rad/s)，n：管回転数(回/s)，a：遠心加速度(m/s²)．

$$\begin{aligned} F &= \rho\pi\{(r+\frac{t}{2})^2 - (r-\frac{t}{2})^2\}4\pi^2 r n^2 \\ &= 2\rho g \pi r t \times 4\pi^2 r n^2/g \\ &= 2\rho g \pi r t \times a_k \end{aligned} \tag{3.86}$$

ここで，ρ：コンクリートの密度(kg/m³)，t：管肉厚(m)，a_k：加速度比($4\pi^2 r n^2/g$)，g：重力加速度(9.80 m/s²)．

したがって，管内面のコンクリートが受ける平均遠心力による平均応力 σ_r は，式(3.87)で与えられる．

3.3 フレッシュコンクリートの変形

$$\sigma_r = \frac{F}{2\pi r}$$

$$= 2\rho g \pi r t \times \frac{a_k}{2\pi r}$$

$$= \rho g t \, a_k \tag{3.87}$$

ここで,σ_r：平均応力(Pa).

管体コンクリートの各断面における応力は,**図-3.59**に示すようにモールの応力円で示され,これが硬練りコンクリートの湿った粉粒体物性値(粘着力 C および内部摩擦角 ϕ)で決まるクーロンの式の上の領域にある時,変形が起こり,管体が形成されると考えることができる.そこで,モールの応力円の式(3.88)とクーロンの式($\tau = C + \sigma\tan\phi$)の連立式の判別式[式(3.89)]を求め,$D \geqq 0$ の時に管体が形成されることになるので,この条件が管体形成条件として評価検討に用いることができる.例えば,使用するコンクリートの物性値(粘着力 C および内部摩擦角 ϕ)がわかれば,成形したい管体を形成するのに必要な初期の遠心力(遠心加速度比または型枠の回転数)を設定することができる.

$$\left(\frac{\sigma - \sigma_r}{2}\right)^2 + \tau^2 = \left(\frac{\sigma_r}{2}\right)^2 \tag{3.88}$$

$$D = \sigma_r^2 - 4C\sigma_r \tan\phi - 4C^2 \tag{3.89}$$

本方法で遠心力成形製品の管体形成の評価を検証した実験結果を紹介する.用いたコンクリートおよびモルタルは硬練りであり,スランプは 0〜8 cm 程度であり,モルタルは一面せん断試験により,また,コンクリートは三軸圧縮試験により粉粒体物性値を測定した.測定した粉粒体物性値(粘着力 C および内部摩擦角 ϕ)から式(3.89)より D 値を求めた.また,管体の形成状態を評価するために,**図-3.60**に示すような直径20 cm,長さ30 cm,管肉厚約 4〜5 cm の供試体を a_k が2.5,

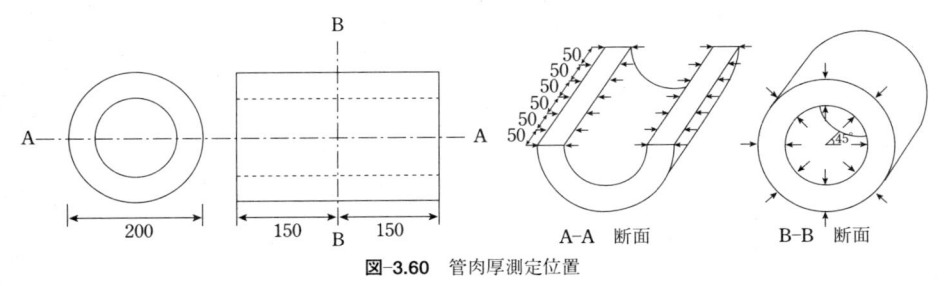

図-3.60 管肉厚測定位置

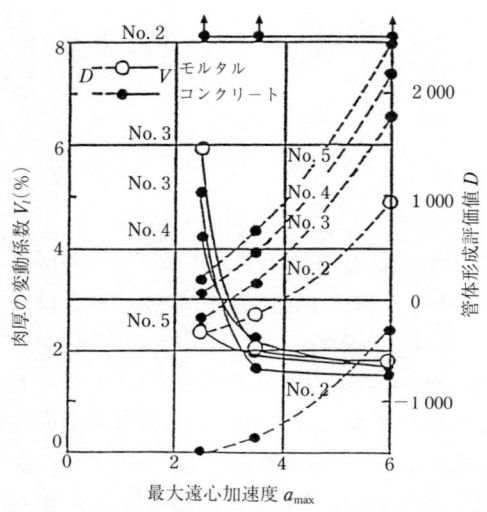

図-3.61 $\alpha_k(\alpha_{max})$ と V_l および D 値の関係の一例

3.5 および 6.0 で成形し，硬化後，管中央部の円周方向 8 箇所および長手方向 14 箇所の肉厚を測定し，その変動係数 V_r と V_l を求めた．

得られた試験を**表-3.22**, **図-3.61** に示す．α_k (図中にでは α_{max}) が大きくなるに従って V_r と V_l は確実に小さくなり，管体が形成されていくことが認められる．また，α_k (図中にでは α_{max}) が大きくなるに従って D 値は大きくなり，おおよそ $D \geqq 0$ で管体が形成されていることが確認できる．これらのことより，使用するコンクリートの粉粒体物性

表-3.22 塑性体物性値 C および ϕ，肉厚の変動係数 V_r および V_l, D 値の結果

配合		物性値			最大遠心加速度 α_{max}								
種類	No.	C (Pa)	ϕ (°)	ρ (g/cm³)	2.5			3.5			6.0		
					V_r	V_l	D 値	V_r	V_l	D 値	V_r	V_l	D 値
M	1	768	28.5	2.16	4.15 (%)	4.58 (%)	−145	2.09 (%)	1.88 (%)	153	1.87 (%)	1.64 (%)	1 557
	2	608	26.0	2.22	2.81	2.59	71	2.10	1.87	437	1.88	1.41	2 042
	3	792	36.2	2.05	6.21	5.96	−325	2.52	2.04	−115	1.93	1.81	998
	4	593	29.2	2.05	2.95	2.78	8	1.91	1.75	282	1.67	1.57	1 597
	5	775	29.4	2.02	5.06	5.49	−201	2.92	2.96	48	1.32	1.59	1 239
	6	758	28.1	2.02	4.95	4.72	−164	2.55	2.11	95	1.69	1.48	1 573
Co	1	629	26.2	2.32	4.52	4.71	81	2.32	2.50	482	1.85	1.79	2 235
	2	1 610	32.1	2.32	>10.0	>10.0	−1492	>10.0	>10.0	−1357	10.0>	10.0>	−265
	3	819	28.9	2.31	5.32	5.09	−169	211	1.64	178	2.10	1.55	1 796
	4	566	25.1	2.30	3.46	4.22	58	2.58	2.25	465	1.90	1.86	2 225
	5	522	18.5	2.29	2.10	2.41	239	1.90	2.03	677	1.85	1.70	2 503
	6	648	26.6	2.29	3.72	4.01	40	2.14	2.30	430	1.98	2.33	2 122

値(粘着力 C および内部摩擦角 ϕ)がわかれば,成形したい管体を形成するのに必要な初期の遠心力(遠心加速度比または型枠の回転数)をある程度設定できることがわかる.

スランプが 12 cm 以下の硬練りコンクリートの粉粒体物性値である粘着力 C と内部摩擦角 ϕ は,前項で述べたように直線的な関係が存在する(図-3.57 参照).そこで,このスランプの範囲における硬練りコンクリートの物性値である粘着力 C と内部摩擦角 ϕ の組合せによる管体形成のための遠心力(遠心加速度比 α_k)の計算結果を表-3.23 に示す.ただし,コンクリートの密度は,一般的な 2.30 kg/m³,また管厚は,一般的な 0.1 m (10 cm) の場合について求めた.

表-3.23 コンクリートの物性値(粘着力 C と内部摩擦角 ϕ の組合せ)による管体形成のための遠心力(遠心加速度比 α_k)の計算結果

スランプ (cm)	粘着力 C (Pa)	内部摩擦角 ϕ (°)	密度 ρ (kg/m³)	管体形成のための遠心力(遠心加速度比 α_k)
1.0	700	27.5	2.30	1.02
2.0	600	25.5	2.30	0.84
4.0	535	21.5	2.30	0.70
8.0	470	15.0	2.30	0.56
12.0	420	7.5	2.30	0.42

注:管厚 10 cm の場合

文　献

1) 森永繁:コンクリートポンプの管内圧送に関する研究,コンクリートジャーナル,Vol.9, No. 7, pp. 1-11, 1971. 7.
2) 村田二郎,鈴木一雄:グラウトの管内流動に関する研究,土木学会論文集,第 354 号, pp. 99-109, 1985. 2.
3) 森博嗣,谷川恭雄:粘塑性有限要素法によるフレッシュコンクリートの流動解析,日本建築学会構造系論文報告集,第 374 号, pp. 1-9, 1987. 4.
4) A. N. Ede : The Resistance of Concrete Pumped though Pipelines, *Magazine of Concrete Research*, Vol. 9, No. 27, pp. 125-140, 1957. 11.
5) Roger D. Browne, Phillip B. Bamforth : Tests to Establish Concrete Pumpability, *ACI Journal*, pp. 193-203, 1977. 5.
6) 本間仁:標準水理学, pp. 85, 丸善.
7) 本間仁:応用水理学(上巻), pp. 78, 丸善.
8) 富田幸雄:レオロジー, pp. 333-336, コロナ社, 1975.
9) 村田二郎,鈴木一雄:管壁にすべりを伴うグラウトモルタルの管内流動に関する研究,土木学会論文集,第 384 号／V-7, pp. 129-136, 1987. 8.

10) 村田二郎, 越川茂雄:各種化学混和剤を用いたコンクリートポンプ圧送性に関する研究, 平成8年度日本大学生産工学部生産工学研究所委託研究報告書, pp. 2-12, 1997.3.
11) 鈴木一雄, 越川茂雄, 伊藤康司:コンクリートの管内流動に関する研究, コンクリート工学論文集, Vol. 15, No. 2, pp. 47-57, 2004.5.
12) 土木学会コンクリート委員会:コンクリートのポンプ施工指針[平成12年版], 2000.2.
13) 毛見虎雄:コンクリートポンプ工法, pp. 122, 彰国社, 1977.12.
14) 和美廣喜, 桜本文敏, 柳田克巳:高強度コンクリートのポンプ圧送性に関する実験研究, 日本建築学会構造系論文集, 第466号, pp. 11-20, 1994.12.
15) 田沢栄一, 松岡康訓, 坂本全布:特殊コンクリートの圧送性と品質に関する研究, 大成建設技術研究所報, 第12号, pp. 77-86, 1979.11.
16) 村田二郎, 鈴木一雄:流動化コンクリートにおけるスランプ増大量について, 第40回土木学会年次講演会梗概集, 第5部, pp. 41-42, 1985.
17) 井伊谷鋼一:粉体工学ハンドブック, 充てん層の透過流動, pp. 227-236, 1969.1.
18) 日本コンクリート工学協会:コンクリート便覧, 遠心力締固め, pp. 880-881, 1976.
19) 下山善秀:遠心力締固め製品製造時のスラッジ防止剤および低減剤の現状, コンクリート工学, Vol. **34**, No. 5, 1996, 5.
20) 下山善秀, 富田六郎, 茂庭孝司:遠心成形における分離性状に関する研究, セメント技術年報, **42**, pp. 189-191, 1988.
21) 福沢公夫, 沼尾達弥, 伊藤幸雄:微粉末材料の混和による遠心力締固め製品製造時のスラリー排出防止, セメント技術年報, **38**, pp. 182-185, 1984.
22) 本間仁:標準水理学, 丸善.
23) 例えば, 今井功:流体力学, 岩波書店.
24) 小谷, 神田:フレッシュコンクリートの流動解析, フジタ工業技術研究所報, 1985.7.
25) 森, 谷川:粘塑性有限要素法によるフレッシュコンクリートの流動解析, 日本建築学会構造系論文報告集, 第374号, 1987.4.
26) 小門, 細田, 宮川:数値流体解析による高流動コンクリートのレオロジー定数評価法に関する研究, 土木学会論文集 No. 648/V-47, 2005.5.
27) 岩崎:プレパックドコンクリートにおけるグラウト注入状況の予測方法, 土木学会論文集, 第360号, 1985.8.
28) 森, 谷川:フレッシュコンクリートの各種コンシステンシー試験方法に関するレオロジー的考察, 日本建築学会構造系論文報告集, 第377号, 1987.7.
29) 小村, 森, 谷川, 黒川:フレッシュコンクリートのスランピング挙動に対するレオロジー的研究, 日本建築学会構造系論文報告集, 第462号, 1994.8.
30) 小門, 宮川:スランプフロー試験による高流動コンクリートのレオロジー定数評価法に関する研究, 土木学会論文集 No. 634/V-45, 1999.11.
31) Roger D. Browne and phillip B. Bamforth : Test to Establish Concrete Pumpability, *journal of the American Concrete Institute*, Vol. 74, No. 5, 1977.
32) J. F. Best and R. O. Lane : Testing for Optimum Pumpability of Concrete, *Concrete, International*, Vol. 2, No. 10, 1980.
33) Günter Pusch : Zur Therrie der Rohrförderderung von Frischbeton, Betontechnik, Vol. 10, No. 1, 1989.

第4章 フレッシュコンクリート中の振動の伝播

4.1 コンクリートの特性と締固め

　コンクリートの締固めは，振動，遠心力，タンピング，またはこれらの組合せによってコンクリート中の連行空気以外の空隙を排除し，固体粒子の間隔を最密に配列する作業である．ACI用語[1]には，"Consolidation"と"Compaction"とがあり，粒子間隔を最密に配列して強く安定させる，またはその容積を最小に減じることに着目した用語である[2]．コンクリートのコンシステンシーによって締固め方法を変化させる必要があり，コンシステンシーが大きいものほど一般に締固めの仕事量が増大する．コンクリートの締固めは，一般に回転運動で生成される加速度の振動力が利用されているが，加圧による場合もある．実用に供されている典型的な締固め手段は，①内部振動機，②振動台，③遠心力成形機，④振動加圧成形機，⑤表面振動機(振動ローラ等)等がある．

　スランプが15 cm程度以上の軟練りから高流動のコンクリートは，一般にビンガム体としての挙動を示し，降伏値が小さいので流動性に富む．スランプ15～2.5 cm程度の硬練りコンクリートは，降伏値が大きいために流動性が低く，振動を与えることによってコンクリートを液状化させる．これらのコンクリートの締固めには一般に棒状の内部振動機が用いられ，挿入された振動棒を抜き取った場合，コンクリートが振動棒の挿入孔を埋めるように流動できる軟らかさが必要である．スランプが2.5 cm程度以下になるとパサパサの状態となり，粒状混合物としての特徴が顕著となる．したがって，コンクリートに強力な振動を与えることによって内部摩擦抵抗を低減させ，空隙を排除する．コンクリートのコンシステンシーが著しく大きい場合，内部振動機を抜き取った場合に振動棒の挿入孔がそのまま残るので，

振動ローラ等の表面振動機を用いる必要がある．

　フレッシュコンクリートは，**図-4.1**に示すように，締固めのための外力の作用を受けても材料分離等を生じることのない安定性と，締固めによって相対密度が容易に増大する締固め性が必要である．そして，コンクリートの締固め挙動の解明には，振動機からフレッシュコンクリートへの振動等の外力の伝播機構と空隙の除去機構および変形挙動の理解が必要である．

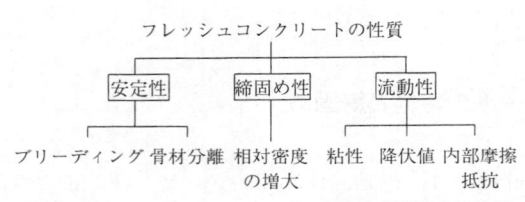

図-4.1 フレッシュコンクリートの締固めに関連する性質

4.2 締固め機構

4.2.1 締固めの挙動

　型枠に打ち込まれたコンクリートに振動を与えると，第一段階では，投入されたコンクリート上面が急激に沈下する．第二段階では，液状化したコンクリートの内部から気泡が上昇し，エントラプトエアが除去される．さらに振動を継続すると，配合によっては粗骨材が沈降し，セメントペースト部分が上昇するなど，材料分離を生じる．したがって，コンクリートのコンシステンシーに応じて適切に締固め条件を定めることが重要である．

　コンクリートの締固めは，振動機の振動力によってコンクリートが強制的に変位を受け，すなわち振動機の加速度がコンクリートに伝播され，スランプを有するコンクリートではその液状化によって脱泡される．また，著しくコンシステンシーの大きなコンクリートでは，振動によって粒状混合物の内部摩擦抵抗が低下し，粒子間空隙が埋められて相対密度が増大する．振動による液状化作用または内部摩擦抵抗の減少の結果，粒子は重力の作用によって再配列されて相対密度が大きくなる．

4.2.2 振動機の力学

通常のコンクリートの振動締固めは，偏心質量をモータによって回転させて振動が生成される．偏心距離 r_0 の質量 m が1分間に回転数 R rpm[振動数：$f=R/60$(Hz)]で回転する時に生成される起振力は，式(4.1)によって表される．

$$X = m\,r_0\,\omega^2 \tag{4.1}$$

$$\omega = 2\,\pi\,f \tag{4.2}$$

$$f = 1/T_0 \tag{4.3}$$

$$a = r_0\,\omega^2 = 4\,\pi^2\,f^2\,r_0 \tag{4.4}$$

ここで，X：起振力(N)，m：偏心質量(kg)，r_0：質量の偏心距離(m)，ω：角速度(rad/s)，f：振動数(1/s)，T_0：周期(s)，a：加速度(m/s²)．

偏心質量(回転体)の高速回転によって $r_0\,\omega^2$ の加速度 a が発生する．任意の y 方向の振動に着目すると，**図-4.2**に示すように単振動となり，振動の振幅，速度および加速度は，式(4.5)〜(4.7)で表される．

$$y = r_0 \sin\omega\,t = r_0 \sin(2\pi f)\,t \tag{4.5}$$

$$\frac{dy}{dt} = v = r_0\,\omega\cos\omega\,t \tag{4.6}$$

$$\frac{d^2y}{dt^2} = a = -r_0\,\omega^2\sin\omega\,t = -\omega^2\,y \tag{4.7}$$

ここで，t：時間(t)，y：変位(m)，v：速度(m/s)．

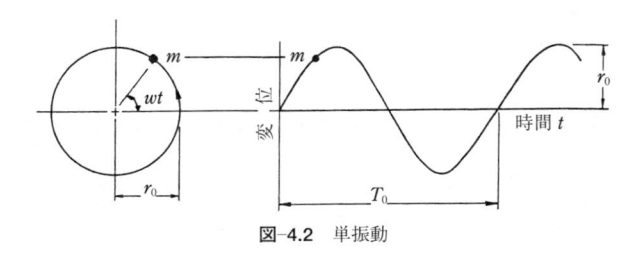

図-4.2 単振動

式(4.7)からわかるように，加速度は，常に変位より位相が **π** だけ進んでおり，加速度の大きさは，変位に比例し，その方向は，変位と逆に原点に向かっているということができる．

加速度，振動数，振幅の関係である式(4.4)を図化したものが**図-4.3**である．こ

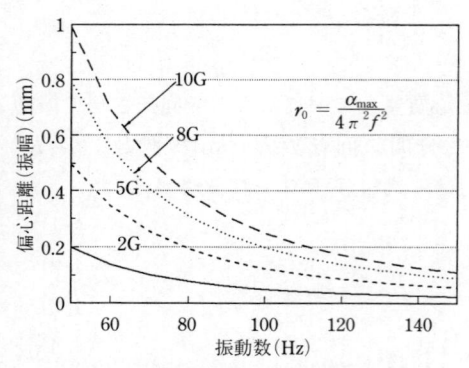

図-4.3 振動数、振幅および加速度の関係

れからわかるように，一定加速度のもとでは，振動数を小さくすれば振幅が増加する．また，一定振幅のもとでは，振動数の増大によって加速度が増加する．一般の高周波振動機は，振動数を大きくすることによって締固めの加速度を大きくしている．モータ等によって駆動させる振動機は，質量の偏心距離を大きくすることは容易ではないが，振動数を増大させることは電気的に容易であるので，高周波振動機は，振動数を増大させることによって発生加速度を大きくしている．

4.2.3 波動の伝播と物性値

媒体を伝播する主要な波動には，縦波（粗密波）と横波があり，内部振動機によるコンクリートの振動は，振動波の進行方向と変位の方向は一致しているので縦波である．したがって，コンクリート中の波動伝播に縦波の波動伝播に関する式(4.8)を適用する．

$$\frac{\partial^2 y}{\partial x^2} = \frac{\rho}{E}\frac{\partial^2 y}{\partial t^2} \tag{4.8}$$

$$c^2 = \frac{E}{\rho}$$

ここで，y：変位(m)，x：位置(m)，t：時間(s)，c：波動の伝播速度(m/s)，E：動弾性係数(N/m^2)．

したがって，波動の伝播速度は，式(4.9)で表される[2]．

$$c = \sqrt{\frac{E}{\rho}} \tag{4.9}$$

一方，縦波の波長，振動数および伝播速度との関係は，式(4.10)となる[2]．

$$c = \lambda f \tag{4.10}$$

ここで，λ：縦波の波長(m)．

4.2 締固め機構

縦波の伝播によって生じる最大圧力は，

$$p = v c \rho \tag{4.11}$$

ここで，p：縦波の伝播に伴う最大圧力(Pa)，v：組成粒子の速度(m/s)．

一方，**図-4.4**に示す円筒型枠にスランプ4cmのコンクリートを詰めて上下方向に振動する振動台で縦波振動を加えた時の振動応答の実験によって，縦波の伝播速度を求めた結果を**表-4.1**に示す[6]．縦波の伝播速度は，空気量の増大に伴って減少する傾向がある．流動化したコンクリートの見かけの弾性は，連行空気の圧力による体積変化であるので，縦波の伝播速度は式(4.12)で，弾性係数と縦波の伝播速度との関係は式(4.13)によって求められる．この測定結果は，**図-4.5**に示すように，理論値は実験結果を良好に近似している．

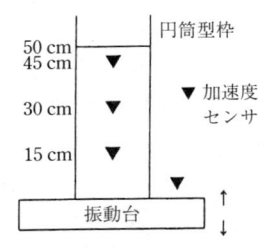

図-4.4 円筒供試体の振動台による実験

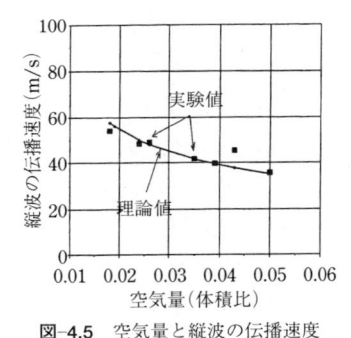

図-4.5 空気量と縦波の伝播速度

$$c = \sqrt{\frac{K_a}{a(1-a)\rho}} \tag{4.12}$$

$$E = c^2 \rho (1+\nu) \frac{1-2\nu}{1-\nu} \tag{4.13}$$

ここで，K_a：空気の体積弾性率($=143\,\text{kN/m}^2$)，a：空気量，ρ：空気を含まない

表-4.1 フレッシュコンクリートの見かけの弾性係数

ケース名		1-1	2-2	2-1	3-1	3-2	4-1	4-2
空気量	$A(\%)$	1.8	2.4	2.6	3.5	3.9	4.3	5.0
見かけの単位重量	$\gamma(\text{gf/cm}^2)$	2.40	2.42	2.40	2.36	2.35	2.35	2.34
空気抜き単位重量	$\rho(\text{gf/cm}^2)$	2.44	2.45	2.45	2.45	2.45	2.45	2.45
1次振動数	$f_1(\text{Hz})$	27.0	—	—	—	—	—	—
2次振動数	$f_2(\text{Hz})$	—	72.5	73.5	62.5	59.5	68.0	53.5
見かけの伝播速度	$c_e(\text{m/s})$	54.0	48.3	49.0	41.7	39.7	45.3	35.7
見かけの弾性係数	$E_e(\text{kgf/cm}^2)$	4.17	3.37	3.44	2.44	2.20	2.88	1.77
理論伝播速度	$c_e(\text{m/s})$	57.6	49.9	48.0	41.6	39.5	37.7	35.0
理論弾性係数	$E_e(\text{kgf/cm}^2)$	4.74	3.59	3.30	2.43	2.18	1.99	1.71

注）ポアソン比 ν：0.49(仮定値)，空気の体積弾性率 K_A：1.4586 kgf/cm^2．

コンクリートの密度(kg/m³)，E：弾性係数(N/m²)，ν：ポアソン比．

空気を含まないコンクリートの密度 ρ が 2 450 kg/m³ の配合で，空気量が2％の時の内部振動機の振動波の速度は，

$$c = \sqrt{\frac{K_a}{a(1-a)\rho}} = \sqrt{\frac{143\times10^3}{0.02(1-0.02)\times2.45\times10^3}} = 54.6 \text{ m/s}$$

空気量が5％の時には，35.1 m となる．このように，振動伝播速度は，空気量の増加によって遅くなる．

4.2.4 締固めエネルギー

振動機からコンクリートに振動が伝播し，振幅 y および応答加速度 α を生じる時，単位容積質量 ρ のコンクリートには，$F(=\rho\alpha)$ の慣性力が生成される．この慣性力によってコンクリートの組成成分が変位を生じ，空隙が充填されることによって相対密度が増大すると考えることができる．

振動によるコンクリートの締固めの力学的挙動を図-4.6 に模式的に示す．振動機の振動エネルギーは，運動エネルギーと位置エネルギーとから成り立っており，この両者の和は常に一定である．運動エネルギーが0になった時に位置エネルギーが最大となる．運動エネルギーの減少過程で加速度が増大し，コンクリートの構成粒子の質量に慣性力を生じ，これによって空隙近傍の粒子が空隙に移動して相対密度が増大する．空隙が充填されることによって空気は上方に移動する．次の運動エネルギー増大過程では，加速度は作用方向が同じで減少過程にあり，コンクリートに作用する慣性力は漸減する．締固めは塑性的で不可逆現象であるから，最大の慣性力で生じた変位は，そ

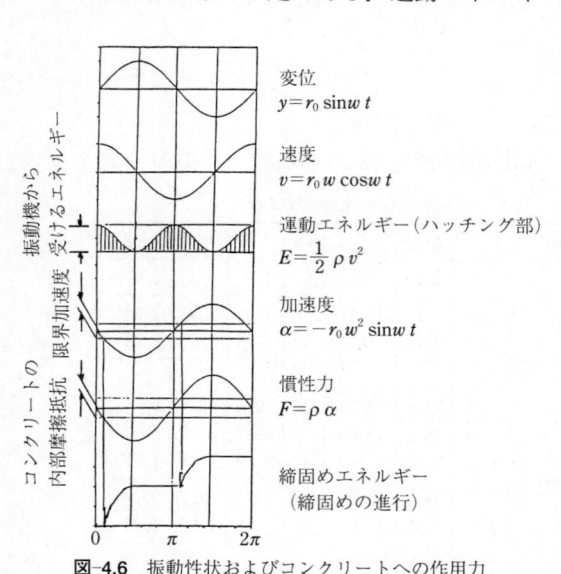

図-4.6 振動性状およびコンクリートへの作用力

の漸減期では静止状態にあると考えられる．次の運動エネルギーの減少過程では加速度の作用方向が逆転するので，コンクリートは前サイクルで残存した空隙を充塡するように移動することができ，再び締固めが進行する．そして，作用する振動エネルギーの累積が締固めエネルギーとなる．したがって，振動1サイクルにおいてコンクリートの充塡率が増大する効果が現れるのは，運動エネルギーが減少して位置エネルギーが増加する最初の1/4サイクルと，位相が変化する3/4サイクルの2区間である．締固め時間 t_0 においては，$f\,t_0$ サイクルの振動を受けるので，t_0 s 間の締固めの全締固めエネルギーは，式(4.14)によって表すことができる[3]．

$$\begin{aligned}E_{t_0} &= 2(f\,t_0)\int_{\frac{1}{4}\text{cycle}}F\mathrm{d}y \\ &= 2(f\,t_0)\int_0^{\pi/2\omega}F\Big(\frac{\mathrm{d}y}{\mathrm{d}t}\Big)\mathrm{d}t \\ &= 2(f\,t_0)\frac{\rho\,r_0^2\,\omega^2}{2} \\ &= \rho\,\alpha_{\max}{}^2\frac{t_0}{4\,\pi^2\,f}\end{aligned} \tag{4.14}$$

ここで，E_{t_0}：t_0 s 間の締固めエネルギー(J/L)，t_0：締固め時間(s)，$\alpha_{\max}$：最大加速度(m/s²)，ρ：コンクリートの密度(kg/L)．

コンクリートの単位容積質量を2.4 kg/L として計算した単位時間当りの締固めの仕事量(仕事率)と振動数との関係を**図-4.7**に示す．一定振動数のもとでは加速度が大きいほど，また一定加速度のもとでは振動数が小さいほど仕事率が増大し，所定時間内における締固めの効率が大きくなる．なお，通常の振動機は，偏心質量の偏心距離(振幅)が一定であるから，振動数を大きくすることによって加速度を大きくして強力な振動機としているのである．すなわち，偏心距離(振幅)1 mm の内部振動機を回転数 6 000 rpm とした時の加速度は，

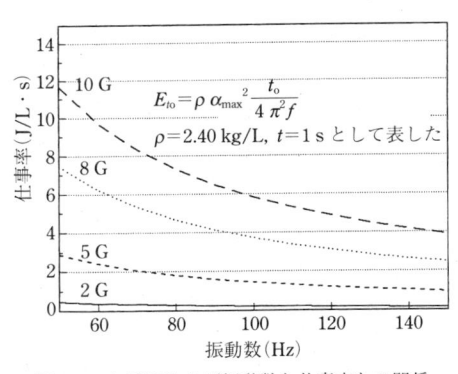

図-4.7 加速度および振動数と仕事率との関係

$$a_{max} = 4\pi^2 f^2 r_0 = 4\pi^2\left(\frac{6\,000}{60}\right)^2 \times 1 \times 10^{-3} = 395 \text{ m/s}^2$$

であり，同じ振動機で回転数を 12 000 rpm とすれば，加速度 a_{max} は 1 579 m/s² となる．この振動数で密度 2.30 kg/L のコンクリートを 5 s 間だけ締め固めた時の締固めエネルギー E は，6 000 rpm の時，

$$E = \rho\, a_{max}^2 \frac{t_0}{4\pi^2 f} = 2.30 \times 395^2 \frac{5}{4\pi^2 \times 100} = 454 \text{ J/L}$$

12 000 rpm の時，$E = 3\,631$ J/L となる．このように，振動機の振幅が同じで，振動数が 2 倍になると，発生する加速度は 4 倍となり，締固めエネルギー E_5 は 8 倍になるのである．

図-4.8 および図-4.9 は，スランプを有するコンクリートを内部振動機で締め固めた時の振動時間と圧縮強度との関係を示したもので，任意時間の締固めにおいて，振動数が小さいほど，また加速度が大きいほどコンクリートの締固め度が向上し，圧縮強度が大きくなることが示されている[4]．また，図-4.10 は，ゼロスランプの超硬練りコンクリートの締固め時間と充填率との関係，および締固めエネルギーと充填率との関係を示したものである[3]．これらの結果も，振動数が小さく，加速度が大きいほど効率よく締固めが進行しており，締固めによる充填率の増大は締固めエネルギーに依存していることが示されている．加速度および振動数と仕事率との関係を示した図-4.7 のように，締固めについての仕事量(エネルギー)を考慮することが重要である．仕事率に注目すると，振動機の加速度が大きいこと，高振幅で低振動数の場合ほど締固め効率が大きいことになる．8 G，160 Hz は 5 G，60 Hz と同等の仕事率を有する．高振幅で稼働する振動機は，機構的に困難な面があ

図-4.8 加速度と圧縮強度との関係

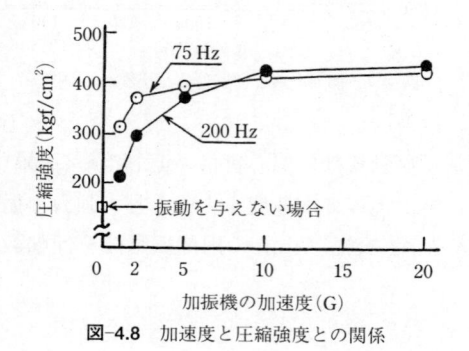

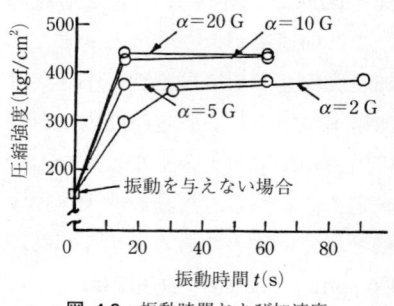

図-4.9 振動時間および加速度と圧縮強度との関係

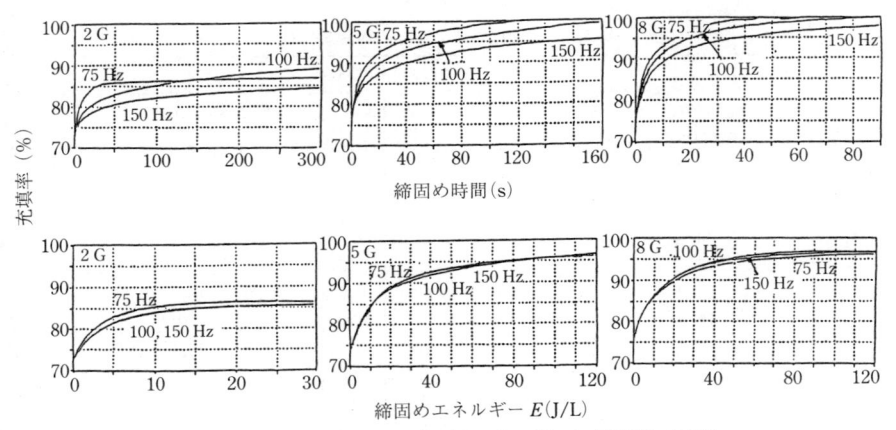

図-4.10 締固め時間または締固めエネルギーと充填率との関係

って実用化されにくいが，騒音・振動等の環境問題を考慮すると，高振幅・低振動数とすることが高エネルギー振動機となる．

4.3 内部振動機による締固め

4.3.1 振動棒の加速度分布

通常のコンクリートの締固めに用いる内部振動機は，振動棒の先端部に装着した偏心質量の回転によって振動を生成している．振動部が先端にあるため，振動の加速度は振動棒の軸線に沿って変化する．直径40，50および60 mm の振動棒の先端から 250 mm 区間の加速度分布の測定例および無負荷時およびコンクリート中に挿入した場合を**表-4.2**および**図-4.11**に示す[5]．無負荷時および挿入時の振動棒の加速度分布は，先端部が最も大きく，上方に向かって直線的に減少する．この加速度の軸方向の減少割合

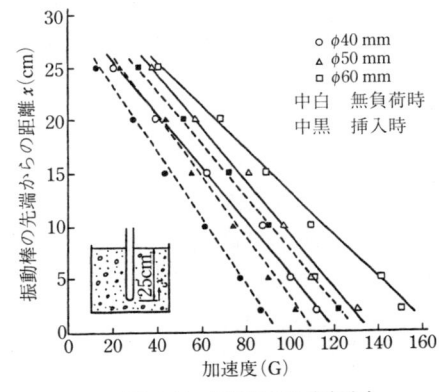

図-4.11 振動棒の加速度分布

表-4.2 内部振動機の棒部の加速度分布

振動棒の先端からの距離(cm)	振動機の加速度(G)					
	棒径 40 mm		棒径 50 mm		棒径 60 mm	
	無負荷時	挿入時	無負荷時	挿入時	無負荷時	挿入時
25	19.5 (0.17)	11.5 (0.13)	37 (0.25)	23 (0.26)	40 (0.27)	30.5 (0.25)
20	39	28.5	57	42.5	68	51
15	62 (0.55)	43 (0.50)	81 (0.62)	55 (0.62)	89 (0.59)	72 (0.59)
10	87 (0.78)	61 (0.71)	97 (0.74)	74 (0.73)	119 (0.79)	89.5 (0.73)
5	100	77	119	90	141	
2	112 (1.0)	86 (1.0)	131 (1.0)	101 (1.0)	150 (1.0)	(1.0)

注) ( )は先端の加速度に対する比.

は,棒径によって多少の変化は認められるが,おおむね同じである.また,無負荷時とコンクリートに挿入時における加速度の軸方向減少割合は同等とみなされる.

4.3.2 負荷減衰

表-4.2に示したように,コンクリート中に挿入された振動棒先端の振幅は,コンクリートの抵抗によって低減される.Kolendaの研究等によれば,この低減は振動体の質量増大,すなわち振動棒で排除されたコンクリートの質量によって表される[2].コンクリート中の内部振動機の加速度は,振動棒で排除されたコンクリートの質量を振動体の質量に考慮すると,式(4.4)は式(4.15)に変換される.

$$a' = \frac{4\pi^2 f'^2 m\, r_0}{M - m + m_b} \tag{4.15}$$

ここで,a':コンクリートに挿入時の振動棒の加速度(m/s²),f':挿入時の振動数(Hz),m_b:振動棒が排除したコンクリートの質量(kg).

村田は,無負荷時の加速度に対する挿入時の加速度の比を負荷減衰係数として表している[5].

$$\xi = \frac{a'}{a} \tag{4.16}$$

ここで,ξ:負荷減衰係数,a:無負荷時の振動棒の加速度(m/s²),a':挿入時の

振動棒の加速度(m/s²).

この結果, 負荷減衰係数として式(4.17)が得られる.

$$\xi = \frac{\alpha'}{\alpha} = \left(\frac{f'}{f}\right)^2 \frac{M-m}{M-m+m_b} \tag{4.17}$$

表-4.3は負荷減衰係数の一例を示したもので, 普通コンクリートおよび軽量コンクリートの測定結果である. 振動棒の直径50 mm, 挿入深さ25 cmの場合の負荷減衰係数は, 普通コンクリート(NN-7)で約0.74, 粗骨材のみに軽量骨材を用いた軽量コンクリート(MN-7)で0.78, 細粗骨材ともに軽量骨材を用いた軽量コンクリート(MM-7)で0.79~0.81となっている. また, **表-4.4**は加速度の測定と同時に測定した振動数に関する結果であり, 振幅は式(4.4)から計算されている. 振動棒をコンクリートに挿入した時の振動機の振動数は, 挿入前の0.98~0.99であり, 挿入前後でほとんど変化していない. したがって, 加速度の負荷減衰は振幅の低減に起因し, スランプ7~12 cmのコンクリートにおける振幅減少は20~35%となる.

表-4.3 振動機の加速度と負荷減衰係数

コンクリートの種類	無負荷時加速度:α (G)		挿入時加速度:α' (G)		負荷減衰係数 (α'/α)
	範囲	平均値	範囲	平均値	
NN-7	75~76.5	75.8	55.5~57.0	55.8	0.74
MN-7	73.2~75.3	74.3	55.8~59.1	57.7	0.78
MM-7	75.6~77.1	76.4	61.5~62.1	61.7	0.81
MM-12	75~79.5	77.3	60.6~61.8	61.3	0.79

注) コンクリートの種類:N;普通骨材, M;軽量骨材, 末尾の数字はスランプを示す.
　　内部振動機:直径50 mm, 挿入深さ25 cm.

表-4.4 負荷減衰時の振動数および振幅

コンクリートの種類	振動数(Hz)				振幅(mm)	
	無負荷時:f		挿入時:f'		無負荷時:α	挿入時:α'
	範囲	平均値	範囲	平均値		
NN-7	193	193	191~193	192(0.99)	0.51	0.38(0.74)
MN-7	192~194	193	190~192	191(0.99)	0.50	0.39(0.78)
MM-7	192~193	193	189~193	192(0.99)	0.51	0.41(0.80)
MM-12	193	193	187~190	189(0.98)	0.51	0.41(0.80)

注) ( )は無負荷時に対する比(f'/f).

振動機の質量 $M=4.177$ kg,偏心重錘の質量 $m=0.227$ kg,振動棒の実直径 $d=0.051$ m,挿入深さ $l=0.25$ m とした場合の負荷減衰係数 ξ を $f'/f=1.0$ として試算する.コンクリート中の振動棒の体積は,

$$V_c = \left(\frac{\pi d^2}{4}\right)l = \left(\frac{3.14 \times 0.051^2}{4}\right) \times 0.25 = 5.107 \times 10^{-4} \text{ m}^3$$

普通コンクリート(NN-7)の場合,$\rho=2390$ kg/m³ とすれば,

$$m_b = V_c \rho = 5.107 \times 10^{-4} \times 2390 = 1.221 \text{ kg}$$

$$\xi = \frac{4.177 - 0.227}{4.177 - 0.227 + 1.22} = 0.764$$

軽量コンクリート(MN-7)の場合,$\rho=1905$ kg/m³ とすれば,

$$m_b = V_c \rho = 5.107 \times 10^{-4} \times 1905 = 0.973 \text{ kg}$$

$$\xi = \frac{4.177 - 0.227}{4.177 - 0.227 + 0.973} = 0.802$$

これらの計算結果は実測値を良好に近似しており,密度の小さいコンクリートほど負荷減衰係数は小さくなる.この結果から,内部振動機をスランプ8cm程度の普通コンクリートに挿入した場合,無負荷時の加速度の約75〜80%程度になると考えてよい.

4.3.3 境界減衰

振動機とコンクリートとの境界では,振動棒の高速運動によってセメントペーストが集まり,振動棒からコンクリートへのエネルギー伝播が低下する.また,振動力が増大すると,キャビテーションによって気泡が形成され,振動による圧縮波を減衰させる緩衝作用によってエネルギー伝達が低下する.圧縮波の圧力が減少すると,小さな気泡は振動棒の周囲で大きな径に発達する.このように振動棒とコンクリートとの境界では「乱れの領域」が発生し,この領域における振動の減衰を境界減衰という.Kolenda はキャビテーションを生じない振動数と振幅との組合せの限界曲線を図-4.13 に示すように振動棒の径ごとに提示している[2].境界減衰は,コンクリートの粘性係数と振動数によって変化する.

乱れの領域における振動の減衰を理論的・実験的に明らかにすることは困難であるので,図-4.12 に示したように,コンクリート中の所定の深さに配置した数点の

4.3 内部振動機による締固め

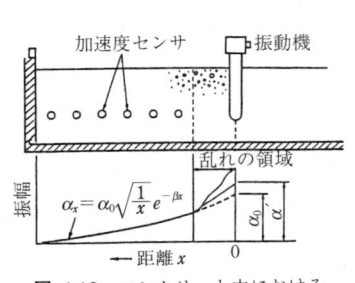

図-4.12 コンクリート中における加速度の減衰

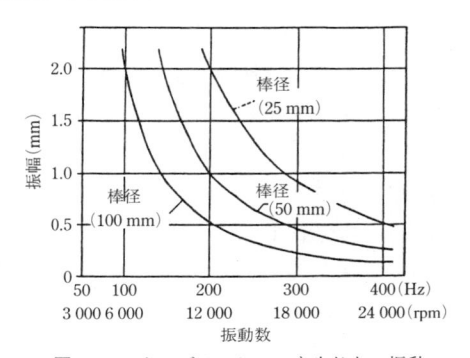

図-4.13 キャビテーションを生じない振動条件の限界

加速度計の応答加速度を計測し，次に説明する距離減衰曲線を描き，この曲線の延長線上の振動棒中心位置における仮想の応答加速度 a_0 を推定し，負荷減衰に伴う振動棒の加速度 a' との比を境界減衰係数 ζ とする．

$$\zeta = \frac{a_0}{a'} \tag{4.18}$$

ここで，ζ：境界減衰係数，a_0：振動棒中心における仮想の応答加速度 (m/s^2)．

図-4.14 に境界減衰係数の測定結果の一例を示す．境界減衰係数は，振動開始後 10〜20 s 間で急激な減衰を示した後ほぼ一定値を示し，主としてコンクリートのコンシステンシーに依存し，スランプが大きいほど小となる．スランプ 2 および 6 cm のコンクリートの場合約 0.9，スランプ 11 cm の場合約 0.3 となっている[7]．

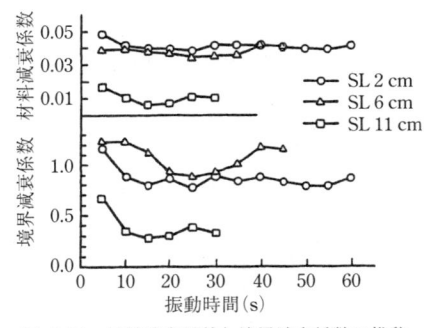

図-4.14 材料減衰係数と境界減衰係数の推移

4.3.4 距離減衰

内部振動機は一般にコンクリートに鉛直に挿入されるから，振動機の深さ方向の位置によって異なる加速度が水平方向に伝播し，振動機からの距離によって加速度は減衰，すなわち距離減衰を生じる．

内部振動機からコンクリートへの振動伝播を一次元的にとらえれば，フレッシュコンクリート中の振動棒先端の振幅減少に伴う負荷減衰，振動棒とコンクリートとの境界における境界減衰，そしてコンクリート中における距離減衰を生じることになる．

振動がコンクリート中を伝播する際の距離減衰は，コンクリートが粘性を有すること，粒状体と液相の混合物である不均一性，空隙の存在等によるエネルギーの吸収が原因と考えられる．距離減衰は，減衰係数と振動機からの距離の関数である．

コンクリート中を波動が伝播する際，波動のエネルギー I は距離 x に比例し，材料減衰係数 $\varOmega$ に応じて減衰すると考えれば，式(4.19)の関係式をたてることができる．

$$\frac{dI}{I} = -\varOmega\, dx \tag{4.19}$$

両辺を積分すると，

$$\int_{I_0}^{I_x} \frac{dI}{I} = -\varOmega \int_0^x dx$$

$$I_x = I_0 \exp(-\varOmega\, x)$$

エネルギーは速度の 2 乗に比例し，振動数の減衰は無視し得るので，

$$r_x^2 = r_0^2 \exp(-\varOmega\, x)$$

したがって，

$$r_x = r_0 \exp\left(-\varOmega\, \frac{x}{2}\right) \tag{4.20}$$

これを加速度で表示すると，$a = 4\pi^2 f^2 r$ を考慮し，

$$a_x = a_0 \exp\left(-\varOmega\, \frac{x}{2}\right) \tag{4.21}$$

ここで，a_0 および a_x：振動棒軸の仮想の加速度および振動棒軸から距離 x の伝播加速度(m/s^2)，$\varOmega$：材料減衰係数，x：振動棒の中心からの距離(m)，r_0 および r_x：振動棒および振動棒の中心からの距離 x における振幅(m)．

図-4.15 は，図-4.12 に示したように振動棒からの距離 90 cm の範囲でスランプ 2 cm のコンクリートの応答加速度を計測した実験結果の一例である．振動開始後 5～60 s 間の応答加速度の減衰性状が示されている．各振動時間における応答加速度分布が式(4.21)に従うのものとして，境界減衰係数 ζ および材料減衰係数 $\varOmega$ を

求めた結果を**図-4.14**に示す．材料減衰係数は，振動時間によってあまり変化せず，スランプ2および6 cmの場合約0.04，スランプ11 cmの場合約0.01となっている．

一次元の波動伝播として距離減衰を説明したが，実際の振動機による波動は，360度方向に伝播するので，幾何減衰を考慮する必要があり，これはx^{-n}に比例する．一次元の平面波の場合，$n=0$である．一般の内部振動機の場合，円筒形であれば$n=0.5$である．幾何減衰を考慮した場合，式(4.21)は，次のように表される．

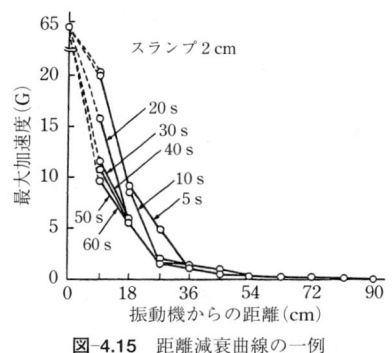

$$a_x = a_0 \frac{1}{x^n} \exp\left(-\Omega \frac{x}{2}\right) \tag{4.22}$$

図-4.15 距離減衰曲線の一例

4.3.5 内部振動機の挿入間隔

内部振動機の無負荷時の最大加速度a_{max}が既知であれば，これまでに説明した負荷減衰係数ξ，境界減衰係数ζを考慮し，1次元的平面波としてコンクリート中に伝播される加速度a_xを材料減衰係数$\beta(=\Omega/2)$に基づいて推定することができる．この推定のための基本となる振動棒軸における仮想の加速度a_0は，振動棒の外径ϕ，振動棒のコンクリート中への挿入深さlおよびコンクリートの単位容積質量ρから負荷減衰係数ξを評価し，これにコンクリートのコンシステンシーに応じた境界減衰係数ζを考慮する．そして，1箇所当りの標準的な締固め時間t_0を適切に定めるとともに，対象とするコンクリートを十分に締め固めるために必要となる締固め完了エネルギー[**4.4.3(2)**参照]を得ておけば，内部振動機の挿入間隔（締固め半径）を設定することができる．

回転数12 000 rpm($f=200/s$)で，無負荷時に加速度$a_{max}=40$ Gの性能を有する外径$\phi=50$ mmの内部振動機をスランプ8 cmのコンクリート中に$l=25$ cm挿入して締固めを行うものとする．この振動機を単位容積質量$\rho=2.350$ kg/Lのコンクリート中に所定の深さだけ挿入した時の負荷減衰係数$\xi=0.70$，スランプ8 cm

のコンクリートの境界減衰 $\zeta=0.40$ とする．この時，コンクリート中における内部振動機の中心軸位置の仮想の加速度 a_0 は，次のようになる．

$$a_0 = \zeta\, a' = \zeta\, \xi\, a = 0.40 \times 0.70 \times 40 \times 9.80 = 110 \text{ m/s}^2$$

スランプ 8 cm のコンクリートを十分に締め固めるために必要な締固め完了エネルギー $E=3.0$ J/L および材料減衰係数 $\beta(=\Omega/2)=0.03\times 10^2$/m とすると，振動機の中心軸からの距離 x におけるコンクリート中の伝播加速度 a_x の分布は，次式となる．

$$a_x = a_0 \exp(-\beta x) = 110 \exp(-0.03 \times 10^2\, x)$$

1 箇所当りの締固め時間 $t_0=10$ s とすると，$E_{t_0} = \rho\, a_{\max}^2 [t_0/(4\pi^2 f)] = 3.0$ J/L より，

$$a_{\max} = \sqrt{\frac{4\pi^2 f\, E_{t_0}}{\rho\, t_0}} = \sqrt{\frac{4\pi^2 \times 200 \times 3.0}{2.35 \times 10}} = 31.7 \text{ m/s}^2$$

締固め時間 10 s で締固めを終了するためには，加速度 a_x が 31.7 m/s² (>限界加速度 1.5 G) となる必要があり，これに対応する距離は，次のように求められる．

$$l = -\left(\frac{1}{3}\right)\ln\left(\frac{31.7}{110}\right) = 0.415 \text{ m}$$

すなわち，1 箇所の締固め時間を 10 s とした時の締固め半径は 41 cm であり，約 80 cm 間隔に内部振動機を挿入すればよい．なお，限界加速度 $a_{cr}=1.5$ G [**4.4.2 (3)** 参照] を考慮すると，締固め限界半径 l_{cr} は，次のようになる．

$$l_{cr} = -\frac{1}{\beta}\ln\frac{a_{cr}}{a_0} = -\left(\frac{1}{3}\right)\ln\frac{1.5\times 9.8}{110} = 0.67 \text{ m}$$

4.3.6 振動伝播の二次元的解析

一般に，棒状の内部振動機は，先端部に装着された偏心質量の回転により振動を発生させており，振動棒軸を中心とする同心円状の振動の圧縮波をコンクリート中に生成している．岩崎は，この様な観点から振動棒を中心として平面的に広がる波動関数を導き，波動の型枠による反射の影響を推定する計算式を提示している[8]．

振動棒軸を原点とする x-y 平面上の任意の点 P(原点からの距離 r，x 軸からの角度 θ)に到達した波面が振動棒から放射された時刻 t_s，その時の偏心質量の角度 ϕ を考慮する．また，原点からの距離 r における変位の振動棒面($r=d/2$)の変位

4.3 内部振動機による締固め

振幅との比は $\sqrt{d/2r}$ となること，粘性による振動振幅の減衰が式(4.22)に示すように指数関数で表されることから，点 P の変位振幅 $a_{r\theta}$ は，式(4.23)となる．加速度 a は，変位振幅 $a_{r\theta}$ の時間 t による2階微分によって求められる．

$$\begin{aligned}a_{r\theta} &= a_0\sqrt{\frac{d}{2r}}e^{-\beta(r-d/2)}\sin\left\{\omega\,t-\frac{\omega}{c}\left(r-\frac{d}{2}\right)-\theta\right\}\\ &= a_0\sqrt{\frac{d}{2r}}e^{-\beta(r-d/2)}\sin\left\{2\,\pi\,f\,t-\frac{2\pi f}{c}\left(r-\frac{d}{2}\right)-\theta\right\}\end{aligned} \quad (4.23)$$

ここで，r：振動棒軸からの距離(m)，θ：x 軸からの角度，d：振動棒の径(m)，a_0：振動棒の振幅(m)，c：波動の速度(m/s)．

コンクリートを棒状振動機で締め固める際の振動が式(4.23)で表される波動関数に従うものとすると，波面は，任意の時刻における振動の位相が等しい点の軌跡となることから，正弦関数が1となる r および θ を求めればよい．この結果を図-4.16に示す．波動関数によれば，波面間隔は c/f となる．

この波動関数によって表現される振動伝播挙動を検証するため，振動機から等距離の同心円上に配置した加速度センサの測定結果から，方向（平面内の角度）による加速度ピークの現れる時間差を求め，計算値と測定結果が良好に対応することが確認されている．

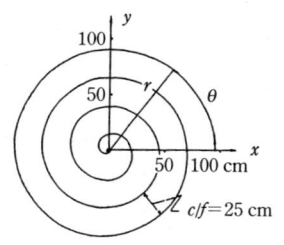

図-4.16 波動関数による振動波面の2次元的伝播

長方形型枠中の任意位置に棒状振動機を挿入した時の振動伝播に対する型枠面による振動の反射の影響について，波動関数を用いた検討が行われている．振動棒軸を原点とし，型枠面に対する原点の鏡像点を考慮すれば，任意位置 P における振動の直接伝播と反射波の伝播とを合成した加速度を計算することができる．図-4.17は，この計算結果の一例であり，型枠面での反射が大きい場合，型

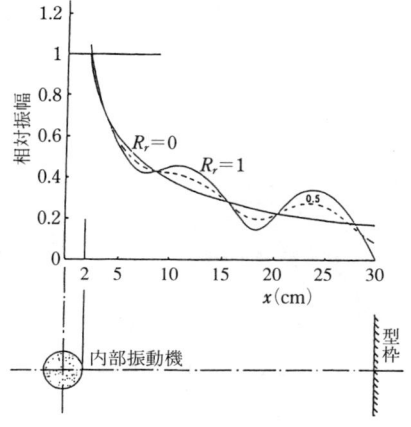

図-4.17 型枠からの反射の有無による相対加速度分布の相違

枠面および型枠面からおよそ $c/2f$ の位置に振動の小さい部分が存在すること，型枠からの反射波によって振動機の有効範囲を大きくする可能性があることが示されている．

4.3.7 振動による流動の数値解析

フレッシュコンクリートの型枠内への充填性状や管内の流動性状に対するコンピュータを用いた数値解析の試みも行われている．これらの方法は，コンクリートの流動もしくは充填性状のシミュレーションが可能であり，対象領域におけるフレッシュコンクリートの流動挙動等を全体的に把握できる特徴がある．谷川らは，フレッシュコンクリートをビンガムモデルとし，振動条件の有無によるコンクリートの流動解析を行っている．図-4.18に解析の一例を示す[9]．

フレッシュコンクリートの流動シミュレーション解析を行うにあたっては，コンクリートを粘塑性体等の適切な材料モデルで表すこと，型枠や配管等の形状を2次元または3次元に設定し，フレッシュコンクリートの投入方法や振動等の変形の駆動力を設定し，コンクリートの自由表面やコンクリートと型枠面等との間のすべりの有無等に関する力学的境界条件の設定等を明確にする必要がある．そして，一般には，有限要素法等の計算方法を用い，時間増分ごとの繰返し計算によって，流動状況がシミュレートされる．

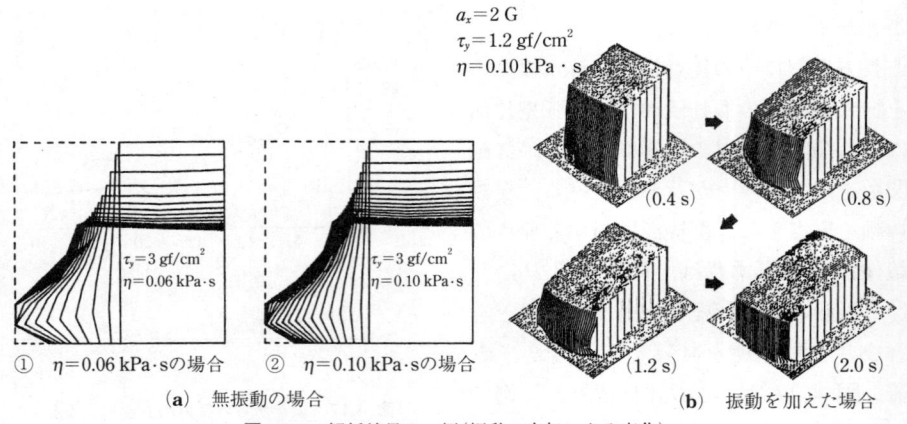

$a_x = 2\,\text{G}$
$\tau_y = 1.2\,\text{gf/cm}^2$
$\eta = 0.10\,\text{kPa}\cdot\text{s}$

① $\eta = 0.06\,\text{kPa}\cdot\text{s}$ の場合　② $\eta = 0.10\,\text{kPa}\cdot\text{s}$ の場合　$\tau_y = 3\,\text{gf/cm}^2$，$\eta = 0.06\,\text{kPa}\cdot\text{s}$　$\tau_y = 3\,\text{gf/cm}^2$，$\eta = 0.10\,\text{kPa}\cdot\text{s}$

(a) 無振動の場合　　(b) 振動を加えた場合

図-4.18 解析結果の一例（振動の有無による変化）

4.4 表面振動機による締固め

4.4.1 超硬練りコンクリートと表面振動機

　単位水量を $100\sim120\,\mathrm{kg/m^3}$ としたコンシステンシーの著しく大きな超硬練りコンクリートを内部振動機で締め固めようとすると，振動棒を挿入した部分は孔状の空洞を生じるだけで，締固めを行うことができない．このようなコンシステンシーの大きなコンクリートの締固めには，振動ローラ等の外部振動機を用いる必要がある．コンクリート製品工場等で超硬練りコンクリートを使用すれば，製品の成形後直ちに脱型することができるので，型枠の稼働率が向上する．また，コンクリートダムのRCD工法やコンクリート舗装のRCCP工法等では，ブルドーザや振動ローラを用いた機械化施工を行いやすく，省力化や急速施工等により経済的効果が大きい．

　このような超硬練りコンクリートは，配合や締固めが適切でない場合，空隙が残存しやすく，強度や耐久性を損なう原因となる．コンクリートのコンシステンシーが大きい方が機械化施工に適しているが，空隙を生じにくいコンクリートとするためにはコンシステンシーを小さくする方がよい．したがって，超硬練りコンクリートでは，フレッシュコンクリートの施工性と硬化コンクリートの品質を考慮すると，両者を満足するコンシステンシーの選定，特に適正な単位水量を選定し，入念な締固めが重要となる．

4.4.2 振動条件の影響

(1) 振動数および加速度

　単位水量 $100\,\mathrm{kg/m^3}$ の超硬練りコンクリートを振動数 75，100 および 150 Hz，また加速度を 2，5 および 8G として組み合わせたそれぞれの条件で，電磁式加振機を用いて締め固めた時の振動時間による充塡率の変化を図-4.19に示す[10]．一定締固め時間におけるコンクリートの充塡率は，一定加速度のもとで振動を与えた時は振動数が小さいほど，また一定振動数のもとでは加速度が大きいほど大きくなる

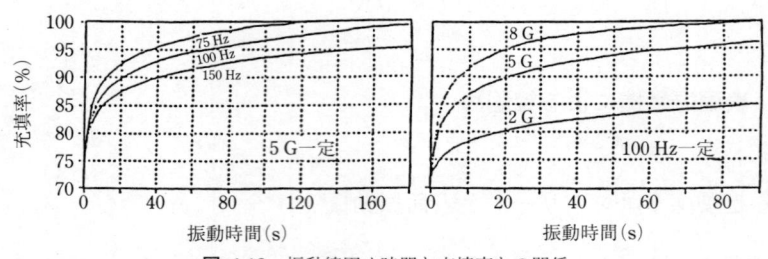

図-4.19 振動締固め時間と充填率との関係

ことが示されている．これまでの研究によると，締固めを行うためには限界の振動数もしくは振幅が存在することが示されており，Kolek は硬練りコンクリートの内部振動機による締固めの限界振動条件として加速度1.5 G，限界振幅0.038 mm (6 000 rpm) を示唆している[11]．既往の研究は，一定振動条件で所定時間内の締固め性状を観察しているので，振幅が小さい場合には締固めエネルギーが小さく，長時間の締固めを必要とするので，締固めの限界振幅が示唆されているものと考えられる．

(2) 締固めエネルギー

異なる振動条件でコンクリートを締め固めた時の充填率の変化，すなわち締固めの進行は，4.2.4で述べたように締固めエネルギーに支配される．振動締固め時間 t 秒間の単位容積当りのコンクリートの締固めエネルギー，すなわち締固め仕事量は式(4.14)で表される．締固めエネルギーは，振動締固め時間と加速度の2乗に比例し，振動数に反比例することになる．締固めの時間的な効率は，図-4.7に示した仕事率で説明される．

図-4.20は，異なる振動数と加速度との組合せからなる振動条件において，締固めエネルギーに伴う充填率の変化を示したものである[10]．振動加速度が限界値(2.5 G)以上であれば，すべての曲線を±5％以内の誤差で近似することができる．次に述べる限界加速度以上であれば，同じ配合のコンクリートの締固め過程は，締固め仕事量に支配されるのである．

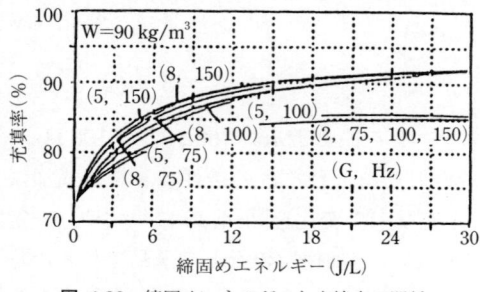

図-4.20 締固めエネルギーと充填率の関係

(3) 限界加速度

単位水量 90 および 100 kg/m³ のコンクリートについて，振動数を 75 Hz として加速度を変化させて締固めを行った時，締固めエネルギーを無限に与えた時に推定される充填率(後述の達成可能充填率 C_f)を図-4.21 に示す．この結果は加速度を 2.5 G 以上にしなければ締固めが進行しないことを示している[10]．山田等は硬練りコンクリートの内部振動機に必要な加速度を 1.5 G 以上としている[12]．図-4.22 は，超硬練りコンクリートからスランプ 6 cm 程度までのコンクリートを振動台で締め固めた時の限界加速度の試験結果[13]で，スランプが大きくなるに従って限界加速度は急激に減少する．このようにコンクリートのコンシステンシーに応じて，一定値以上の加速度で締め固めることが必要である．限界加速度が存在する理由は，コンクリートに作用する加速度によって生成される慣性力が粒状混合物の内部摩擦抵抗よりも大きくならなければ，粒子が移動して空隙を充填することができないからである．

超硬練りコンクリートの配合は，細骨材量に対するペースト量および粗骨材量に対するモルタル量の割合がスランプを有するコンクリートよりも小さく，ペーストやモルタルが骨材粒間で潤滑材として作用する効果が現れにくく，限界加速度は骨材の粒子形状や表面組織の影響を受けやすい．

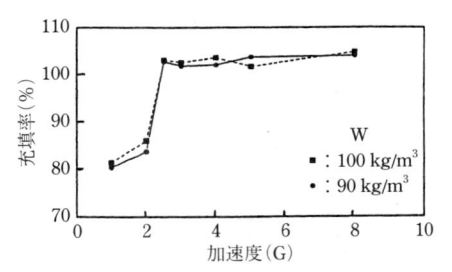

図-4.21 締固めに対する加速度の影響

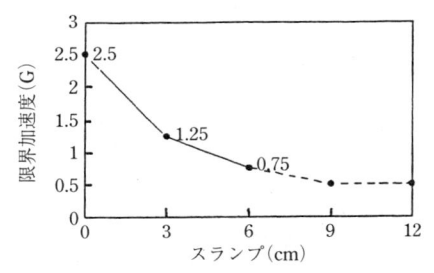

図-4.22 コンシステンシーによる限界加速度の変化

4.4.3 締固め性

(1) 締固め関数

Kolek は，締固めを支配する要因を加速度，締固め時間およびコンクリートのワーカビリティーの程度であるとし，式(4.24)に示す関数によってコンクリートの

締固め率を表している[11].

$$C_x = C_m - (C_m - C_0)\exp[(\omega^2 r/g) t_x k_w a] \tag{4.24}$$

ここで，C_x：締固め時間 t_x における締固め率(%)，C_0：初期締固め率(%)，C_m：最大締固め率(%)，t_x：締固め時間(s)，ω：振動の角速度(1/s)，r：正弦振動の振幅(m)，g：重力加速度(m/s^2)，k_w：コンクリートのワーカビリティーによる係数，a：定数．

式(4.24)は，コンクリートに振動力を作用させた時の締固め率の変化を定性的に表現したものである．一方，村田は，振動締固めにおける運動エネルギーを締固め時間によって積分した値を総仕事量と定義し，仕事量による圧縮強度の変化を式(4.25)によって表し，締固め関数と定義している[4,5].

$$\begin{aligned}f'_c &= A(1 - W_R^{-B}) \\ W_R &= \rho \pi^2 f^2 r^2 t\end{aligned} \tag{4.25}$$

ここで，f'_c：コンクリートの圧縮強度(N/mm^2)，W_R：総仕事量(J·s)，f：振動数(1/s)，r：振幅(m)，t：締固め時間(s)，ρ：コンクリートの単位容積質量(kg/m^3)，A および B：実験定数．

図-4.20に示したように，超硬練りコンクリートを締固めた時の充填率は，限界加速度以上で振動数および振幅が異なる条件であっても，コンクリートの単位容積当りに作用した締固めエネルギーに支配され，一定の締固め曲線を描く[10]．締固め曲線は締固めエネルギーに伴う充填率の増大過程を表したものであり，締固め曲線の近似関数は，式(4.26)で良好に実験結果を表現することができる．

$$\gamma = C_i + (C_f - C_i)[1 - \exp(-b E^d)] \tag{4.26}$$

ここで，γ：締固めエネルギー E におけるコンクリートの充填率(%)，E：単位容積当りのコンクリートに対する締固めエネルギー(J/L)，C_i：初期充填率(%)，C_f：達成可能充填率(%)，b および d：実験定数．

この締固め関数の曲線と実験定数は，図-4.23に示すように模式的に表される．

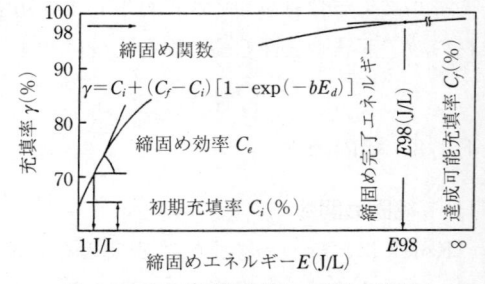

図-4.23 締固め関数と締固め係数の模式図

(2) 締固め性試験と締固め係数

a. 試験方法　実験室や現場で超硬練りコンクリートの締固め性を容易に試験することのできる装置が市販されている．この装置は図-4.24に示す装置構成となっており，逆回転偏心モータ2台を備えることによって一定振幅の上下動で振動する振動台，ノート型パーソナルコンピュータ，振動部のハードウェアーとコンピュータプログラムを同時に起動させる制御部の3点から構成されており，現場に可搬できるものである．振幅は変化させることはできないが，振動数は変化させることができる．装置の例を**写真-4.1**に示す．

試験方法は，土木学会規準JSCE-F 508-1999(超硬練りコンクリートの締固め性試験方法)に規定されている．この試験は，まず示方配合に基づいて所定量の試料を計量して試料容器に詰める．そして，約3分間の振動を加え，試料容器中の試料

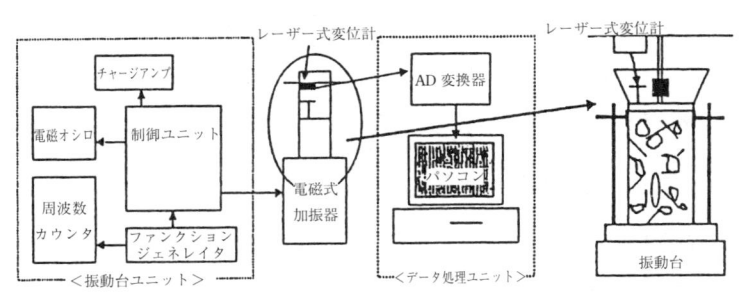

図-4.24　締固め性試験装置

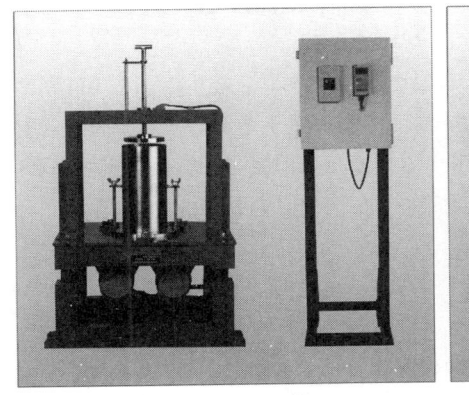

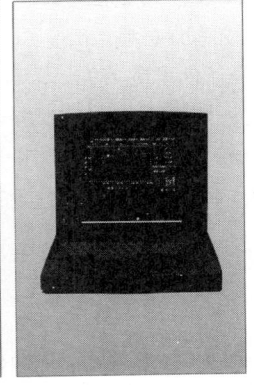

写真-4.1　締固め性試験機の例

の高さを非接触型変位計で所定の時間間隔で計測してコンピュータに入力し,加振中の試料の高さをリアルタイムで計測し,これから充塡率を求める.振動条件と時間から式(4.14)で締固めエネルギーを計算する.その結果,締固めエネルギーと充塡率との関係である締固め曲線が自動的に CRT 画面に図化して表示される.その後のデータ処理 20 秒程度で締固め曲線の近似関数と,次に示す 4 種類の締固め係数が自動的に得られる.

b. 初期充塡率 C_i　　初期充塡率は容器に試料を投入した時の充塡率である.超硬練りコンクリートの場合,突き棒によって軽く突いて一定の状況にし,スランプを生じるような硬練りコンクリートの場合には,容器に投入したコンクリートを均しただけの充塡率である.

c. 締固め効率 C_e　　締固め効率は,締固めエネルギーに伴う充塡率増大の割合,すなわち締固め効率を示し,締固め曲線の勾配として求めることができる.超硬練りコンクリートは,初期の充塡性状が不安定となりやすいこともあり,勾配が安定するエネルギーとして 1 J/L に着目し,このエネルギーにおける曲線の勾配を締固め効率 C_e と定義すれば,式(4.27)で表すことができる.

$$C_e = \frac{d\gamma}{dE}\bigg|_{E=1\,\text{J/L}} \tag{4.27}$$

d. 達成可能充塡率 C_f　　達成可能充塡率は,締固めエネルギー無限大における推定充塡率であって,入念な締固めを行った際に達成されると推定される充塡率を意味する.達成可能充塡率は単位水量の増大とともに増加し,100〜103 % が得られる.試験値が 100 % を超えることがあるのは,試料上面のプレートと容器の壁との間からモルタル分が浮き出てくるためである.

e. 締固め完了仕事量 $E98$　　現場で超硬練りコンクリートを 100 % に締固めることは困難で,実用上は充塡率 98 % で締固め完了と考えてもよいと思われる.このようなことから,締固めを完了する仕事量は,式(4.26)から充塡率 98 % に達する仕事量 $E98$ を求めれば,式(4.28)によって表される.

$$E98 = \left\{\frac{\ln(C_f - C_i) - \ln(C_f - 98)}{b}\right\}^{1/d} \tag{4.28}$$

(3) 配合条件による締固め係数の変化

超硬練りコンクリートの締固め性を表す 4 種類の締固め係数の細骨材率および単

4.4 表面振動機による締固め

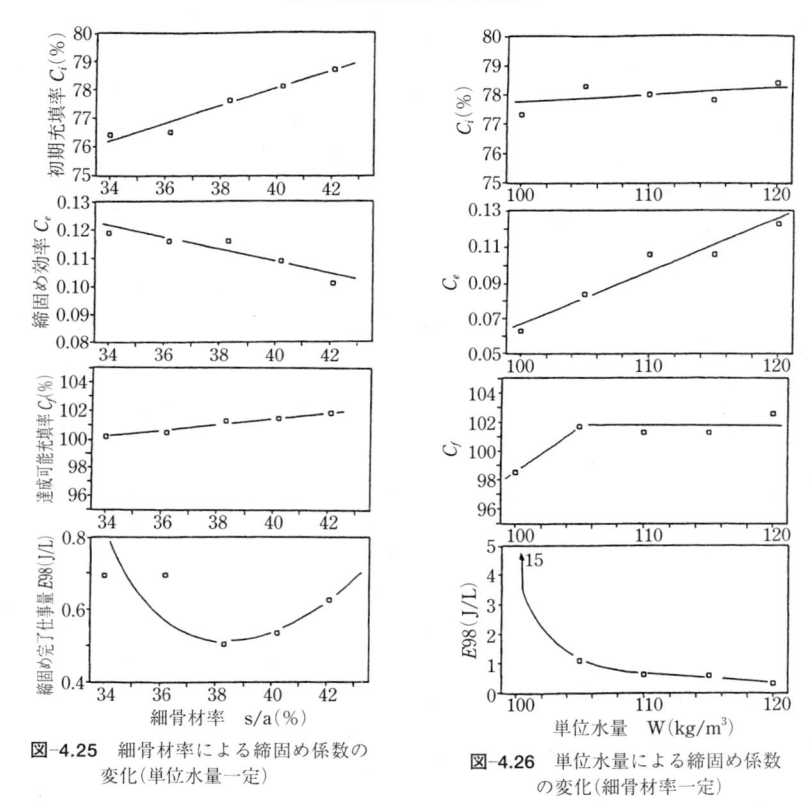

図-4.25 細骨材率による締固め係数の変化(単位水量一定)

図-4.26 単位水量による締固め係数の変化(細骨材率一定)

位水量による変化を**図-4.25**および**図-4.26**に示す[3]．

単位水量を 115 kg/m³ として細骨材率を 34～42 ％に変化させた場合，細骨材の増大に従って粗骨材粒間の粗大な空隙が減少するために，初期充填率 C_i は漸増する傾向を示す．初期充填率 C_i は，一般にモルタル分の増大(粗骨材量の減少)または単位水量の増大によって大きくなる．一方，細骨材の周りの微細な空隙は，振動によって排除しにくいため，細骨材率の増大とともに締固め効率 C_e は低下する．細骨材量の増大は，微細空隙を形成しやすく，この微細空隙は，振動によって散逸しにくいので，締固め効率が低下すると考えられる．この結果，締固め完了仕事量 $E98$ には極小値が現れ，締固めにとって細・粗骨材の最適な割合が存在することを示す最適細骨材率 38.5 ％が得られる．

なお，達成可能充填率 C_f は，いずれの場合も 100 ％以上を示している．これは

細骨材率の増大に伴ってモルタル量が増加するため，締固め性試験のコンクリート上面板と容器の壁面との隙間からモルタル分が浮き出るためであって，C_f が100〜103％程度であれば締固め性試験としては問題ない．しかし，単位水量が著しく小さいコンクリートでコンシステンシーが大きい場合，達成可能充填率 C_f は，100％以下の値となる．このような配合は，完全な締固めの不可能なコンクリートと考えられるので，実用に供してはならない．

最適細骨材率38.5％のもとで，単位水量を 100〜120 kg/m³ に変化させると，初期充填率 C_i は，この程度の水量増大では変化が認められない．しかし，締固め効率 C_e は，水量の増大に伴って比例的に増大する傾向を示し，水量の変化は締固め効率を顕著に変化させる．そして，締固め完了仕事量 $E98$ は，水量の増加に従って反比例的に減少する．単位水量が過小の場合，達成可能充填率 C_f は，100％に達しないことがある．達成可能充填率 C_f は，無限に締固めエネルギーを与えた時に推定される充填率であるので，これが100％に達しない配合は，実際の締固めで高い充填率を得ることができないことを示しているので，このような配合は実用から排除する必要がある．

4.4.4　締固め層内の加速度分布と充填率

(1)　表面振動機の振動条件と応答挙動

表面振動機や振動台は，偏心質量が生成する起振力によって装置全体が振動する．偏心質量による起振力とそれによる振動機全体の質量に作用する見かけの加速度との間には，式(4.29)の関係が成立する．

$$X = m\, r_0 (2\,\pi\, f)^2 = (M-m)\, a\, (2\,\pi\, f)^2 \tag{4.29}$$

$$a = \frac{m\, r_0}{M-m} \tag{4.30}$$

$$a_M = \frac{(2\,\pi\, f)^2 m\, r_0}{M-m} = 4\,\pi^2 f^2\, a \tag{4.31}$$

ここで，M：振動機の全質量(kg)，a：振動機の見かけの振幅(m)，a_M：振動機の見かけの加速度(m/s²)．

振動機の質量を一定とした条件のもとで振動数を増加させると，振動機が生成する見かけの加速度は式(4.31)に従って増大し，図-4.27 に示すように，締固め層内

4.4 表面振動機による締固め

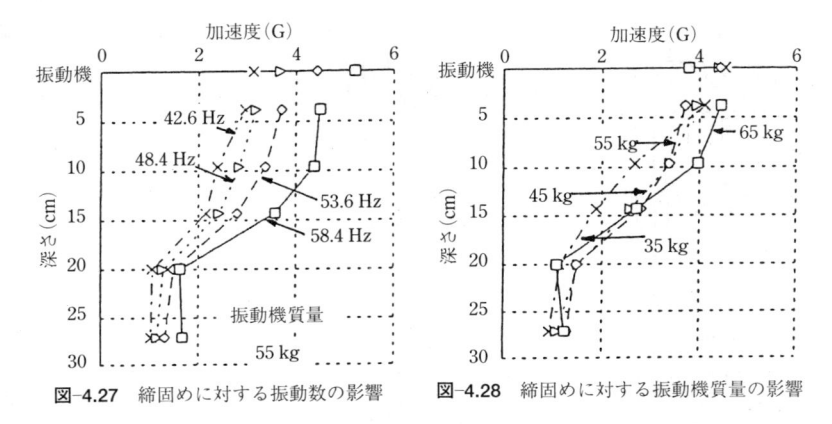

図-4.27 締固めに対する振動数の影響

図-4.28 締固めに対する振動機質量の影響

の応答加速度も大きくなっている．また，振動機の質量を35～65 kgの範囲で4種類に変化させ，一定加速度4.5 Gとなるように振動数を調整して締固めを行った時の応答加速度の分布を図-4.28に示す．応答加速度の層内分布は，締固め層の中間部で多少変化しているが，上下層ではおおむね一定値を示している．このことから，振動機の質量は，式(4.29)から(4.31)に示す見かけの振幅と加速度を支配する要因であって，締固め性状には影響を及ぼさないとみてよい[14]．

質量500 g，偏心距離2 mmの重錘が6 000 rpmで回転する時の起振力Xおよび加速度aは，

$$X = m\,r_0(2\pi f)^2 = 0.5 \times 2 \times 10^{-3} \times (2\pi \times 100)^2 = 395 \text{ N}$$

$$a = r_0(2\pi f)^2 = 2 \times 10^{-3} \times (2\pi \times 100)^2 = 790 \text{ m/s}^2$$

この偏心重錘が装着された振動機の全質量が8 kgである時，この振動機の見かけの加速度a'および振幅aは，次のようになる．

$$a' = \frac{X}{M-m} = \frac{395}{8-0.5} = 52.6 \text{ m/s}^2$$

$$a = \frac{m\,r_0}{M-m} = \frac{0.5 \times 2 \times 10^{-3}}{8-0.5} = 0.13 \text{ mm}$$

質量m，偏心距離r_0の重錘の回転で生成される起振力Xによって，振動機全体の質量Mが振動するので，振動機の見かけの加速度と見かけの振幅は減少することになる．

表面振動機は重力加速度場で鉛直方向で振動するので，式(4.32)に示す条件，す

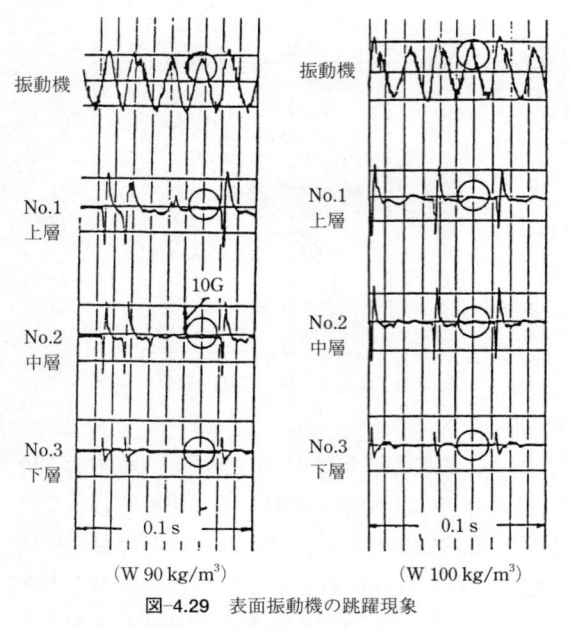

なわち振動機の起振力が振動機の重量を超えると，締固め層が起振力に抵抗できる場合，跳躍を生じることになる．

$$(M-m)g < X = m r_0 \omega^2 \quad (4.32)$$

ここで，g：重力加速度（$=9.807$ m/s²）．

言い換えれば，振動機の見かけの加速度が重力加速度以上の値を生成すると，振動機が跳躍するのである[15,16]．図-4.29 は，表面振動機の振動加速度とコンクリート締固め層内の応答加速度との対応関係を示したものである．振動機が振動しているにもかかわらず，応答加速度が認められない部分があり，この間には表面振動機は跳躍していることを示している[16]．

図-4.29 表面振動機の跳躍現象

(2) 締固めに伴う振動応答の変化

表面振動機の質量 35 kg で，振動数 42.6 Hz，加速度 4.5 G で層厚 45 cm のコンクリートを締め固めた時の締固め層内の応答加速度の変化を図-4.30 に示す[16]．

締固めの初期でコンクリート中の空隙が多い時には，応答加速度は振動機の加速度よりも大きな値が発生している．締固め層の空隙率が大きく，締固めに伴うコンクリートの沈下が著しい時に，振動機よりも大きな応答加速度が認められる．締固めによって充填率が大きくなると，一般に締固め層の下部の方から早く，上部ほど遅れて応

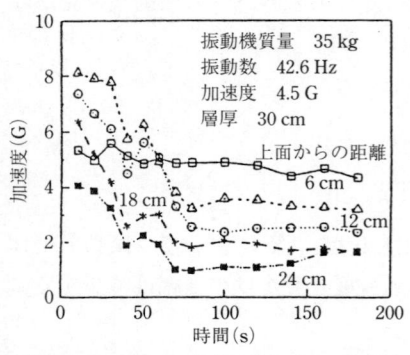

図-4.30 締固めに伴う応答加速度の変化

4.4 表面振動機による締固め

答加速度が一定値に収束する．これは空隙の充填によって排除された空気が上層に向かって移動することによる．コンクリート中の大きな空隙がなくなると，締固め層内の応答加速度は，振動機からの距離が離れるほど小さな加速度で応答する．

振動機の加速度を 4.5 G として締固めを行った時の振動開始後 30, 90 および 180 s 後の応答加速度波形を図-4.31 に示す．空隙率が大きくコンクリートの沈下が著しい締固め初期の 30 s では，振動機の正弦振動波形から乱れた応答を生じている．しかし，90～180 s と経過して骨材間にモルタルもしくはペーストが充填されて均一な状態に変化すると，応答加速度は振動機の正弦振動波形に近づいてくる[17]．

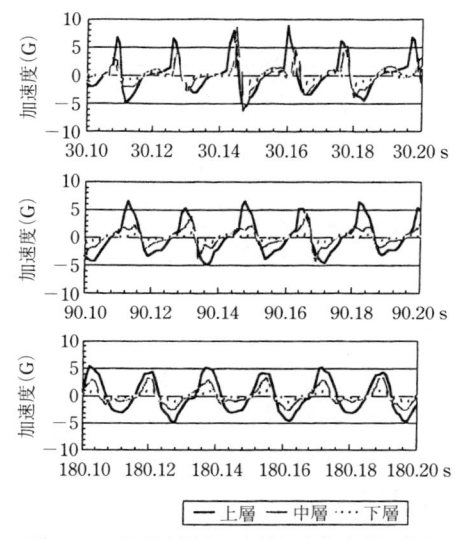

図-4.31 締固め層内の応答加速度波形の時間による変化

(3) 応答加速度の深さ方向分布と充填率

コンクリート表面から入力される振動加速度は，コンクリートの粘性抵抗によって，式(4.21)に示したような距離減衰を生じる．応答加速度は，締固め層内の深さ（振動機からの距離）が大きくなるほど減少するため，締固めエネルギーが小さくなり，表面からの距離が大きくなるほどコンクリートの充填率が低下する．単位水量を 90 および 100 kg/m^3 としたコンシステンシーを変化させた 2 種のコンクリートについて，振動機の質量 35 kg，加速度 8.8 G (60 Hz) で締固め時間を 15 および 120 s とした試料から，硬化後にコアを採取して上，中，下層の充填率を測定した結果を図-4.32 に示す．加速度の伝播は，単位水量の大きなコンシステンシーの小さなものほど良好であるので，同じ締固め時間ではコンシステンシーの小さいものほど大きくなっている．この締固め層内に埋設した加速度センサによって測定された応答加速度に基づいて，所定の深さにおける締固めエネルギーを計算し，このコンクリートの締固め曲線上に充填率を打点した単位水量 100 kg/m^3 の例を図-4.33

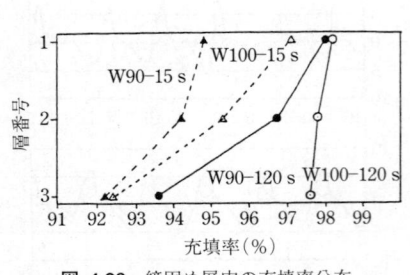

図-4.32 締固め層内の充填率分布

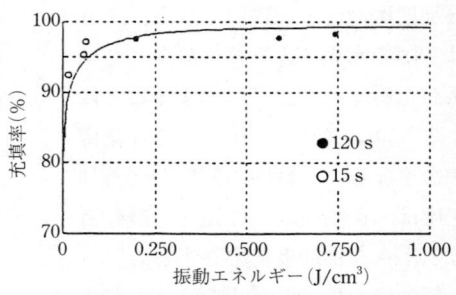

図-4.33 締固め曲線と締固め層内の充填率

に示す．エネルギーの計算にあたっては，限界加速度未満の応答加速度を削除し，また振動機の跳躍による締固めのロスが考慮されている．締固め層内の充填率は，その位置のコンクリートが受ける加速度による締固めエネルギーに応じて，締固め性試験による締固め曲線の充填率に近似している[16]．

(4) 締固め層の支持条件の影響

ダムのRCD工法では，締固め層は下部の硬化したコンクリートで剛に支持されている．一方，舗装のRCCP工法では，粒状材料を締め固めた路盤で弾性的に支持されている．このような締固め層の支持条件の違いを，コンクリート版(剛性支持)と発泡スチロール板(弾性支持)のモデル上で締固め性状を試験した例として，図-4.34に応答加速度を，図-4.35に充填率分布を示す．これは締固め後のコンクリートの高さ30 cmの締固め層を，質量35 kgの表面振動機で振動数58.7 Hz(8.4 G)，締固め時間120 s間だけ締め固めたものである．支持が剛である時には，弾性的に支持した場合よりも加速度の減衰が大きく，十分な締固めエネルギー

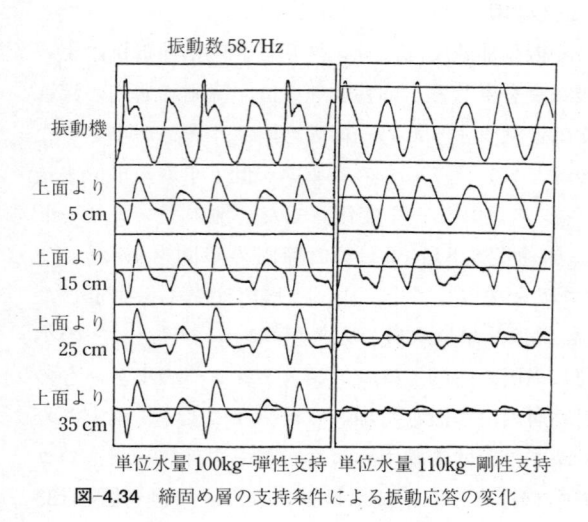

図-4.34 締固め層の支持条件による振動応答の変化

が最下層に伝播されない．その結果，図-4.35 に示すように，剛性支持では表層の充填率は大きいが，下層の充填率の低下が著しい．一方，弾性支持では上下部の充填率の差が小さくなっている．このような振動応答挙動は，剛性支持では締固め層の最下部では試料の応答振幅がほとんど 0 とみなされるが，弾性支持の場合には最下層も応答変位が生じるために，加速度の伝播が良好であるといえる[17]．

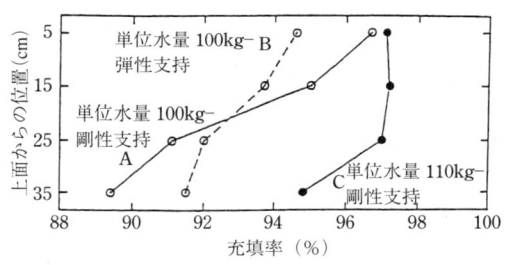

図-4.35 締固め層の支持条件による充填率分布の変化

コンクリート表面に作用する振動機の起振力 X は，試料に生じる慣性力，粘性抵抗力および弾性抵抗力の総和と釣り合っている．したがって，コンクリート締固め層内の抵抗力と起振力との関係は式(4.33)で表される．

$$X = \rho_c V_c \frac{d^2 y}{dt^2} + C \frac{dy}{dt} + Ky \qquad (4.33)$$

ここで，ρ_c：コンクリートの密度(kg/L)，V_c：コンクリートの体積(L)，C：粘性減衰係数(Ns/m)，K：バネ定数(N/m)，y：試料の変位(m)，X：起振力(N)．

式(4.33)で表されるコンクリートの材料モデルは，コンクリートの振動に対する力学的性質をバネとダッシュポットを並列に結合したフォークトモデル(図-4.36)として表現し，その質量に振動の加速度による慣性力を考慮したものである．締固め層の支持条件によって，試料の変位 y が支配されるので，振動応答挙動は支持条件の考慮が重要となる．

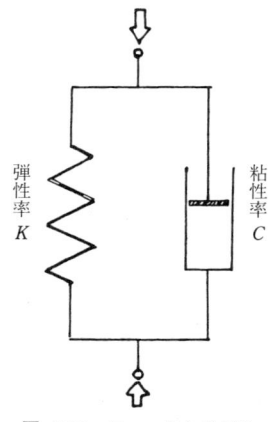

図-4.36 フォークトモデル

4.4.5　締固め性試験の施工管理への応用

(1)　使用材料および配合の選定

超硬練りコンクリートの品質は，配合条件ばかりでなく，その入念な施工の程度

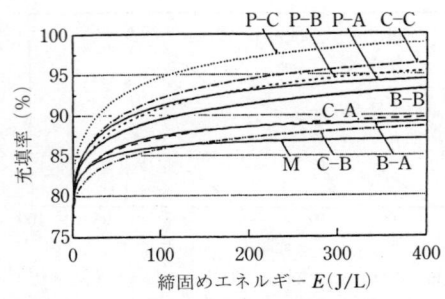

図-4.37 細骨材の品質による締固め性の変化

にも支配される．転圧コンクリートの空隙をできるだけ少なくするには，配合から定まるコンシステンシーをできるだけ小さくし，振動ローラ等の表面振動機操作のためにはできるだけコンシステンシーを大きくする方がよいので，両者を満足する適切な配合を選定することが重要となる．4.4.3(3)で述べたように，コンクリートの締固め性は，単位水量や細骨材率[3]ばかりでなく，使用する骨材[3]や混和材料[18,19]によって変化する．締固め性試験は，これらの条件による締固め性状の変化を良好に把握することができる．同じ示方配合で細骨材の種類を変化させたコンクリートの締固め性試験結果の一例を図-4.37に示す．

(2) 締固め性の経時変化

超硬練りコンクリートの練混ぜ後の経時に伴う締固め曲線の変化状況を図-4.38に示す[17]．この図にはプレーンコンクリートと超硬練りコンクリート用混和剤を用いたコンクリートが対比されており，練混ぜ直後に同等の締固め性が得られていたものが，経時に伴ってプレーンコンクリートの締固め性が低下する状況，また混和剤使用の効果が明瞭にわかる．

図-4.39は各種コンクリートの最終充填率 C_f の経時的な変化を示したものである．コンクリート温度20℃の練混ぜ直後では同等の締固め性を示していたものが，温度が30℃になると，同一配合の締固め性が低下するばかりでなく，経時に伴って締固め性が低下する状況が明瞭に判断できる[19]．

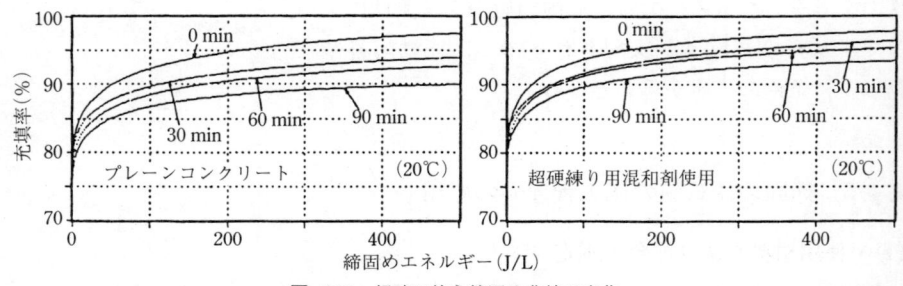

図-4.38 経時に伴う締固め曲線の変化

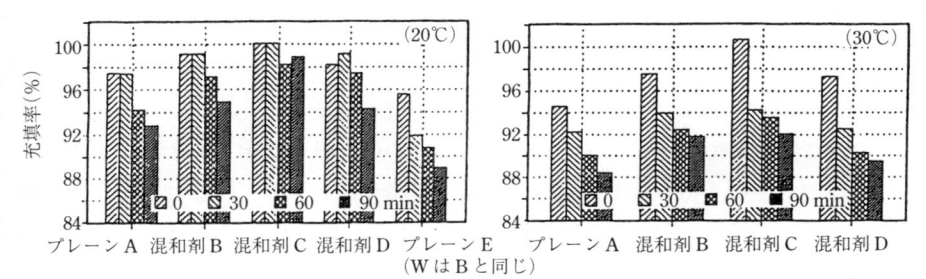

図-4.39 コンクリート温度による締固め性の変化

超硬練りコンクリートの締固め性は，経時または単位水量の変化に伴って明瞭に低下することが締固め曲線の変化によってわかる．任意の時間が経過した後でも練混ぜ直後と同等の充填率を得るための締固め作業の程度を，締固め完了仕事量 $E98$ から定量的に知ることができる．室内における超硬練りコンクリートを表面振動機による締固め実験で，締固め完了エネルギー $E98$ に基づいて表層部のコンクリートの充填率が98％となるよう振動締固め時間を決定し，練混ぜ60分経過後の締固め性試験結果の締固め完了仕事量 $E98$ の増大に基づいて，表面振動機の振動時間を設定して締固めを行った時のコアの充填率試験結果を図-4.40に示す[20]．この結果から，表層部のコンクリートの充填率は98％に得られており，また図-4.41に示すように，締固め層内の加速度応答の測定結果に基づいて計算した締固めエネルギーと充填率との関係は，締固め曲線に一致していることが認められる．

締固め性試験で締固め完了エネルギー $E98$ が400 J/Lと測定された超硬練りコンクリート（密度2.40 kg/L）を，最大加速度5 G，振動数100 Hzの表面振動機で締め固めれば，

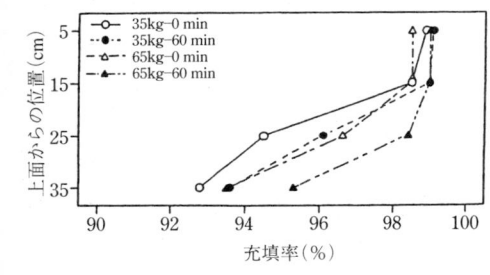

図-4.40 締固め層の充填率分布

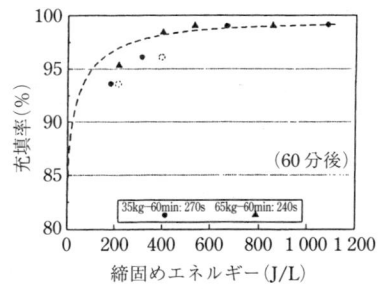

図-4.41 締固め曲線と締固め層内のエネルギーと充填率との関係

$$t_0 = E98 \times 4\pi^2 \frac{f}{\rho\, a_{\max}^2} = 400 \times \frac{4\pi^2 \times 100}{2.40 \times (5 \times 9.80)^2} = 274 \text{ s}$$

すなわち，4分34秒間の締固め時間をかければよいことになる．

現段階では現場のコンクリートが受ける締固め仕事量の推定を行えるまでに至っていないが，少なくとも練混ぜ直後等において十分な充塡率を得るための作業の程度がわかっているならば，経時に伴う締固め完了仕事量 $E98$ の基準時点に対する増大に応じて現場作業の程度を増大させれば，所要の充塡率を任意の時点で達成することができる．

4.4.6 転圧施工のシミュレーション

(1) 計算方法の概要

締固め性試験によって得られる締固め曲線から，超硬練りコンクリートの締固め性状を良好に把握できることを示した．図-4.42 に示すように，表面振動機からの締固め層内への振動伝播機構を明らかにすることによって，任意位置の締固めエネルギーを推定することができれば，締固め関数(曲線)を介して，任意位置のコンクリートの充塡率を推定することが可能になる．すなわち，コンクリートのコンシステンシーまたは締固め性に応じた振動ローラの転圧回数の設計，あるいは任意位置におけるコンクリートに所要の充塡率を達成するための施工条件，施工条件に応じた適正配合の選定が可能となる．

振動締固めにおける締固め層への振動伝播をシミュレーションするためには，コンクリートの力学的挙動を表現する材料モデルと振動機から締固め層への振動伝播系統を表現する層構造モデルが必要である．4.3.2 で述べた内部振動機による締固めの振動伝播と同様に，振動機の底面(接触面)から振動力が試料上面に伝達されると，締固め層

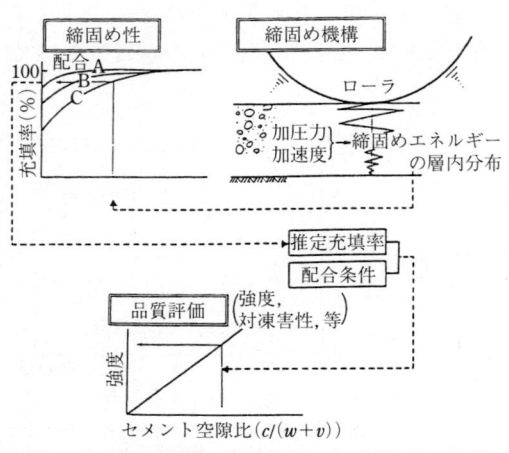

図-4.42 締固め機構−締固め性試験−品質評価の関係

4.4 表面振動機による締固め

内の振動機からの距離の増大に従って伝達振動力は，減衰するとともに影響範囲が広がっていく．伝達振動力の影響範囲は，試料のせん断剛性（せん断抵抗力）によって変化し，この締固め層のせん断剛性は，充填率によって変化すると考えられる．シミュレーションモデルの例を**図-4.43**に示す．このシミュレーションモデルは，次の考え方に基づいている[17,21]．

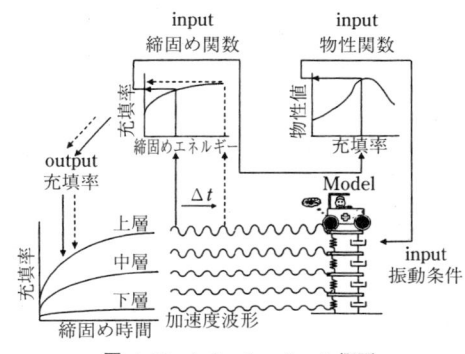

図-4.43 シミュレーション概要

① 材料モデルはフォークトモデルとし，材料モデルの力学定数は，充填率に応じて変化する．
② 振動機，締固め層およびその支持条件（舗装においては路盤）は全体を連成した構造モデルとし，締固め層はフォークトモデルを直列的に連結する．
③ 単位水量が著しく小さい場合や締固め層の充填率が増大してくると，振動機が跳躍する現象を生じる．跳躍現象は，締固め層に負の反力が生じる時に，振動機と締固め層との節点を切り離してシミュレーションする．
④ 締固め層の上面に作用する振動力の層内の距離に応じた影響範囲の増大は，締固め密度によるせん断剛性の取扱いが未解決であるため，試料の内部摩擦角を考慮して一定値とする．

シミュレーションのための実験概要を**図-4.44**に示す．まず，コンクリートを敷

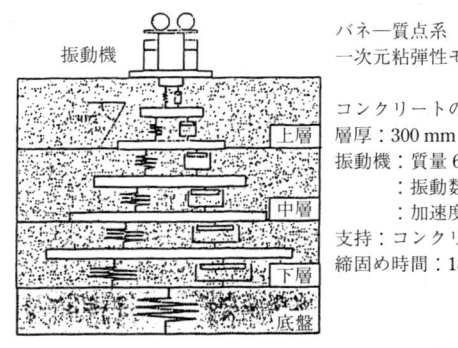

バネ―質点系
一次元粘弾性モデル

コンクリートの単位容積質量：2.5 kg/L
層厚：300 mm
振動機：質量 6.5 kg
　　　：振動数 60 Hz
　　　：加速度 4.5 G
支持：コンクリートスラブ
締固め時間：180 s

図-4.44 シミュレーションモデルのための実験概要

き均しした時の初期充填率に応じて材料定数を定め，これに微少時間 $\varDelta t$ だけ振動力を作用させた時の振動伝播から，各層の節点における応答加速度を求め，これに基づいて締固めエネルギーを計算する．次に，締固め関数を介して各層の充填率を求める．そして各層の充填率に応じて材料モデルの定数を修正して，次の振動時間増分 $\varDelta t$ の振動応答を計算する．これを締固め時間 t_0 まで繰り返す．

コンクリートをフォークトモデルで表せば，振動伝播は式(4.34)によって計算することができる[21]．

$$[M]\{\ddot{y}\}+[C]\{\dot{y}\}+[K]\{y\}=\{F\} \tag{4.34}$$

ここに，$[M]$：質量マトリックス(kg)，$[C]$：粘性減衰係数マトリックス(N・s/m)，$[K]$：ばね係数マトリックス(N/m)，$\{F\}$：強制振動力(N)，y：変位(m)．

材料定数は，任意の充填率の円柱形供試体を振動台で成形して即時脱型し，これに静的に持続載荷した時の変形の経時変化を計測し，フォークトモデルによって近似して求めた結果を図-4.45に示す．バネ係数は試料の充填率が増加するに従って大きくなり，粘性減衰係数は低下することが示されている．一方，振動機による締固め層の応答加速度の試験結果から，逆解析によって材料定数を推定する方法もある[22]．

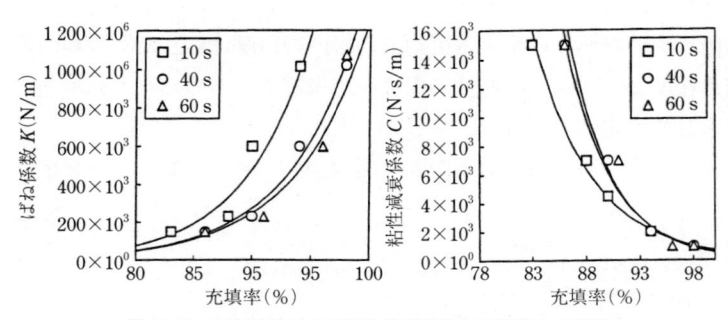

図-4.45 バネ係数および粘性減衰係数と充填率との関係

(2) 締固め層内の充填率の推定

水セメント比42％，単位水量120 kg/m³のコンクリート(**表-4.5**)を**図-4.46**に

表-4.5 コンクリートの配合

s/a(%)	W/C(%)	W(kg)	C(kg)	S(細)(kg)	S(粗)(kg)	JIS G
35	42	120	343	170	681	1186

4.4 表面振動機による締固め

示すように平面が 600×600 mm の型枠に 360 mm の高さまで投入し（充填率 100 % で 300 mm になる），質量 65 kg の表面振動機を振動数 60 Hz（加速度 4.5 G）で 180 s 締固めた時の応答加速度のシミュレーション波形を図-4.47 に示す[15]．この加速度波形は，実測の加速度波形（図-4.31）に類似している．鋭い波形は振動機が跳躍している状況を示している．

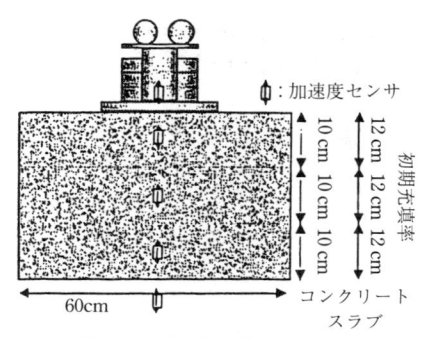

図-4.46 表面振動機による締固め試験

締固め層内の実測の応答加速度を 10 s ごとに平均値を求めて締固めエネルギーを計算し，締固め関数から求めた充填率を間接充填率，シミュレーション計算による応答加速度からエネルギーを計算して求めた充填率を推定充填率，所定の締固めを終了して硬化後に採取したコアから求めた充填率を実測充填率として示す．図-4.48 は，締固め層内の実測充填率と間接充填率とを示したものである．最下層で誤差が大きいが，全体的には両者は良好に近似しており，締固め関数と表面振動機による締固めとは，締固めエネルギーと充填率との関係が同じであるとしてよいことを示している．図-4.49 は，シミュレーションによる締固め層の上，中，下層の推定充填率および間接

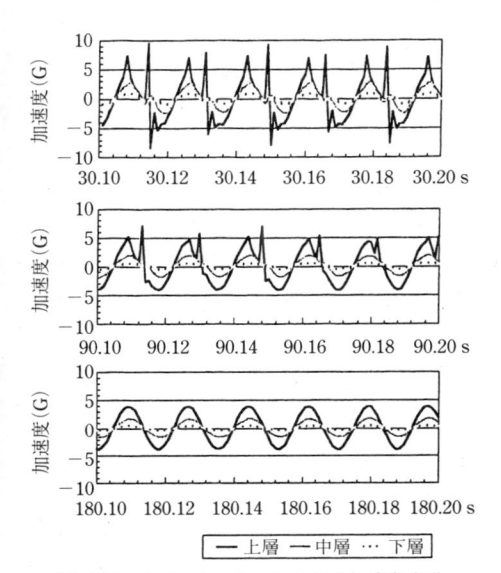

図-4.47 シミュレーションによる加速度波形

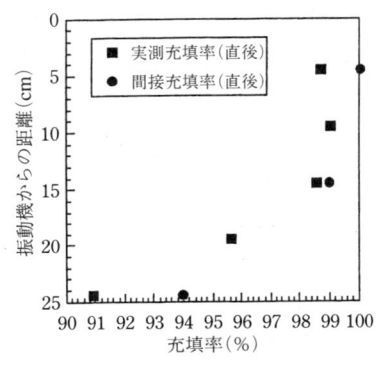

図-4.48 実測充填率と間接充填率との比較

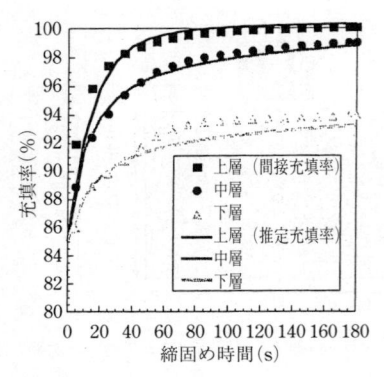

図-4.49 間接充填率とシミュレーションによる推定充填率の比較

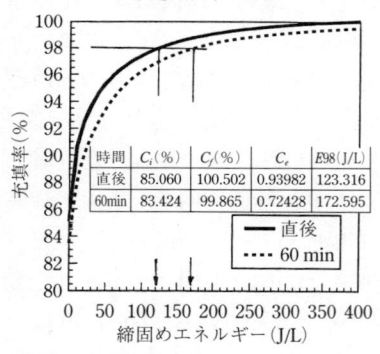

時間	C_i(%)	C_f(%)	C_r	$E98$(J/L)
直後	85.060	100.502	0.93982	123.316
60min	83.424	99.865	0.72428	172.595

図-4.50 締固め曲線の経時による変化

充填率の経時的変化を対比して示したものである．シミュレーションによる推定充填率は，実測の応答加速度に基づく締固めエネルギーから求めた間接充填率を良好に近似している．そして，図-4.48に示したように，このシミュレーション計算によって充填率を推定することができる．

(3) 経時による充填率の変化

 練混ぜ後の経時によって，セメントの水和の進行や水分の蒸発等によって締固め性は変化する．コンクリートの練混ぜ直後と1時間経過後の締固め曲線の変化を図-4.50に示す．締固め完了エネルギー $E98$ は，練混ぜ直後の123 J/Lから1時間後には173 J/Lで，1.4倍に増大している．この結果，締固め最上層の充填率が98％に達する締固め時間は，練混ぜ直後で35 s，1時間経過後では55 sで，1.6倍となっており，締固め性試験から得られる $E98$ の増大割合に近似した値となっている（図-4.51）．一方，締固めの中層の充填率が98％に達する時間は，練り混ぜ直後で約90 s，1時間経過後では約180 sであり，約2倍の締固め時間が必要であることが示されている（図-4.52）．このことは，練り混ぜ後の経時変化によって粘性減衰係数が増大し，振動の伝播性状が低下したために，任意の位置に伝播する締固めエネルギーが低下することを示している．したがって，時間が経過した時の締固め層内の充填率を所要の値にするためには，締固め性試験から得られる締固め完了エネルギーの増大の割合よりも大きな締固め時間を設定する必要がある．このように，締固めのシミュレーションによれば，コンクリートの性状変化に伴う締固め挙動の変化を明瞭に把握することができる．

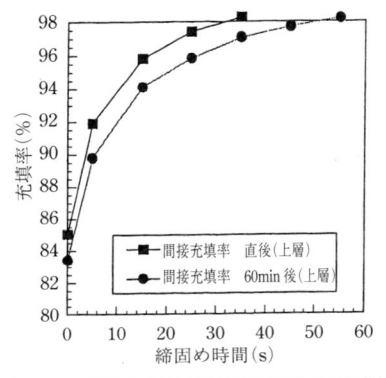

図-4.51 締固め上層の間接充填率(経時変化)

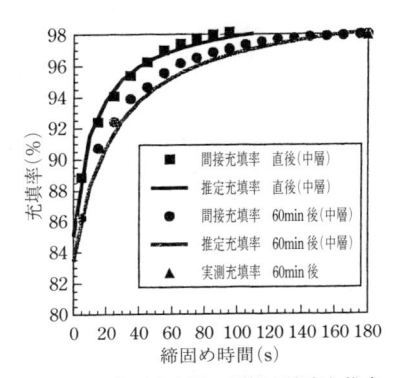

図-4.52 締固め中層の間接充填率と推定充填率(経時変化)

文 献

1) ACI Committee 116 : Cement and Concrete Terminology, ACI 116 R-85.
2) ACI Committee 309 : Behaviour of Fresh Concrete During Vibration, ACI 309. 1 R-81, 1986
3) 國府,上野:締固め仕事量に基づく超硬練りコンクリートの配合設計,土木学会論文集,No. 532/V-30, pp. 109-118, 1996.2.
4) 村田,川崎:振動締固め作業のシステム化に関する基礎的研究,フレッシュコンクリートの挙動の解析と施工作業のシステム化への応用に関する研究(昭和60,61,62年度科学研究費補助金研究成果報告書), pp. 158-168, 1988. 3.
5) 村田二郎:コンクリート振動機の知識,コンクリート工学,Vol. 33, No. 8, pp. 26-34, 1995. 8.
6) 橋本,若林,大関,田中,國府:振動台による締固めにおける硬練りコンクリートの動的挙動,日本コンクリート工学協会,超硬練りコンクリート技術に関するシンポジウム論文集, pp. 35-42, 1998. 6.
7) 川崎,越川,佐藤:内部振動機による締固めの有効範囲の推定に関する研究,日本コンクリート工学協会,フレッシュコンクリートの挙動とその施工への応用に関するシンポジウム論文集, 1989. 4.
8) 岩崎,阪本:コンクリート中における内部振動機の振動の伝播特性,土木学会論文集, No. 402/V-10, pp. 87-96, 1989. 2.
9) 森,谷川:振動力を受けるフレッシュコンクリートの流動解析法,日本建築学会構造系論文報告集, No. 388, pp. 18-27, 1988. 6.
10) 國府,近藤,上野:RCCP用コンクリートの締固め性試験方法に関する研究,セメント・コンクリート論文集,Vol. 46, pp. 964-969, 1992.
11) J Kolek : The External Vibration of Concrete, Civil Engineering and Public Works Review, Vol. 54, No. 633, pp. 321-325, 1959. 3.
12) 山田,石井,落合,佐久田,坂本:コンクリート振動機の性能試験―棒状振動機による締固め有効範囲の検討,竹中技術研究所報告,No. 20, pp. 86-93, 1978. 10.
13) 國府,早川,上野,牛島:硬練りコンクリートの締固め性評価について,日本コンクリート工学協会,コンクリートの品質評価試験方法に関するシンポジウム論文集, pp. 117-124, 1998. 12.
14) 早川,國府,上野:表面振動機による超硬練りコンクリートの締固め機構に関する研究,コンクリー

ト工学年次論文報告集,Vol. **17**, No. 1, pp. 593-598, 1995.
15) 上野,國府:表面振動機による超硬練りコンクリートの締固め性状に関する研究,コンクリート工学年次論文報告集,Vol. **14**, No. 1, pp. 433-438, 1992.
16) 上野,國府:表面振動機による締固めエネルギーとコンクリートの充填率に関する研究,コンクリート工学年次論文集,Vol. **15**, No. 1, pp. 1185-1188, 1993.
17) 杉森,國府,三栖,上野,早川:転圧コンクリートの配合設計,転圧設計および施工管理に対する締固め性試験の応用,土木学会・フレッシュコンクリートのコンシステンシー評価に関する技術の現状と課題,コンクリート技術シリーズ,No. 37, pp. 1-8, 2000. 7.
18) 福手,寺野,石井,國府:転圧コンクリート舗装の性能向上に及ぼす分級フライアッシュの効果,土木学会論文集,No. 526/V-29, pp. 85-95, 1995. 11
19) 國府,上野,花房:超硬練りコンクリートの締固め性に対する混和剤の効果に関する研究,セメント・コンクリート論文集,Vol. **47**, pp. 778-783, 1993.
20) 上野,大村,國府:RCCPの施工管理に対する締固め性試験の適用方法に関する検討,コンクリート工学年次論文集,Vol. **16**, No. 1, pp. 1305-1310, 1994.
21) 早川,三栖,國府:表面振動機による超硬練りコンクリートの振動応答挙動とその評価方法に関する研究,日本コンクリート工学協会,超硬練りコンクリート技術に関するシンポジウム論文集,pp. 99-104, 1998. 6.
22) 畑澤,坂西,菅井,遠藤:超硬練りコンクリートのレオロジー特性の同定,土木学会・フレッシュコンクリートのコンシステンシー評価に関する技術の現状と課題,コンクリート技術シリーズ,No. 37, pp. 9-12, 2000. 7.
23) 村田二郎,岩崎訓明,児玉和己:コンクリートの科学と技術,p.120-132,山海堂,1996.

第5章　グリーンコンクリートの変形

5.1　対象コンクリートおよび粘弾性モデル

　スリップフォーム工法(slip-form construction)は，型枠内にコンクリートを打込締め固め後，その型枠を滑動・脱型させることにより，きわめて短時間に連続的なコンクリート構造物をつくる施工法である．施工の原理は，コンクリートが締固め作業後，数時間で自立できる性質を利用している．本工法は，サイロ，タワー，煙突，タンク，高橋脚等の塔状構造物，およびトンネル，カルバート，道路用防護柵，水路，モノレールすべり溝等の水平状構造物の施工法に適用されている．水平状の構造物には，一般に即時脱型スリップフォーム工法が採用される．通常のスリップフォーム工法では，スランプ10～18 cmのコンクリートを材齢3～5時間において脱型する．即時脱型スリップフォーム工法では，スランプ2～4 cmの硬練りコンクリートを締固め作業完了直後において脱型する．本工法では打込み・締固め作業が完了してから脱型材齢までのコンクリート，すなわちグリーンコンクリート(green concrete)の性状を評価する必要がある．グリーンコンクリートとは，打込み・締固め作業が完了してからコンクリート上で軽微な作業ができる状態まで，一般に材齢12時間程度までを対象とする．

　スリップフォーム工法においては，施工上グリーンコンクリートが脱型されるが，その際の変形は，構造物の出来形を左右する．施工のシステム化を図るためには，これを定量化する必要がある．そのためには，グリーンコンクリートの脱型時における変形挙動を予測する解析手法を確立しなければならない．変形解析は，一般に，①材料構成式，②力の釣合い式，③変形の適合条件式，の3式を数学的に解く問題である．このうち，グリーンコンクリートの材料構成式について考えると，

脱型の際に生じる荷重，すなわち施工荷重は，自重による持続荷重作用であり，それによる変形は時間依存性である．

スリップフォーム工法の施工に伴う変形解析については，これまで長沢ら[1]および高桑[2]による弾性モデルを適用した研究，Anderalandら[3]による弾塑性モデルを適用した研究が報告されている．しかし，これらの研究は，時間依存性を表す粘性が取り入れられていない．本工法における施工荷重の形態を考えると，粘性の影響を取り入れた粘弾性モデルを念頭に置くべきである．そこで，グリーンコンクリートの材料構成式として 1.2 において述べた粘弾性モデルを採用し，それを用いた変形解析手法を以下に提示する．

5.2 グリーンコンクリートの粘弾性モデル

グリーンコンクリートは，締固め直後から材齢4時間くらいまでは流動体，材齢4～12時間では半固体へと大きく状態変化するため，複雑なモデルを用いた材料構成式が想定される．しかし，スリップフォーム工法において問題となるのは，脱型の際の自重による持続荷重作用下の変形挙動である．この挙動は，グリーンコンクリートがある材齢において一定持続圧縮応力を受けると，瞬間的に弾性的な変形が生じた後，時間経過とともに変形が徐々に増大し，最終的に一定値に落ち着く，というパターンの時間依存性変形であることが知られている．そこで，適用する粘弾性モデルとしては，図-5.1に示す3要素モデルと図-5.2に示す4要素モデルの2つのモデルについて検討する．3要素モデルの構成式を式(5.1)に示す．

$$\varepsilon = \frac{\sigma_0}{E} + \frac{\sigma_0}{E_I}\left\{1-\exp\left(-\frac{E_I}{\eta_I}t\right)\right\} \tag{5.1}$$

ここで，E：瞬間弾性係数(Pa)，E_I：遅延弾性係数(Pa)，η_I：遅延粘性係数(Pa·s)．

次に，4要素モデルの構成式を式(5.2)に示す．

$$\varepsilon = \frac{\sigma_0}{E} + \frac{\sigma_0}{\eta}t + \frac{\sigma_0}{E_I}\left\{1-\exp\left(-\frac{E_I}{\eta_I}t\right)\right\} \tag{5.2}$$

ここで，E：瞬間弾性係数(Pa)，E_I：遅延弾性係数(Pa)，η_I：遅延粘性係数(Pa·s)，η：緩和粘性係数(Pa·s)．

5.2 グリーンコンクリートの粘弾性モデル

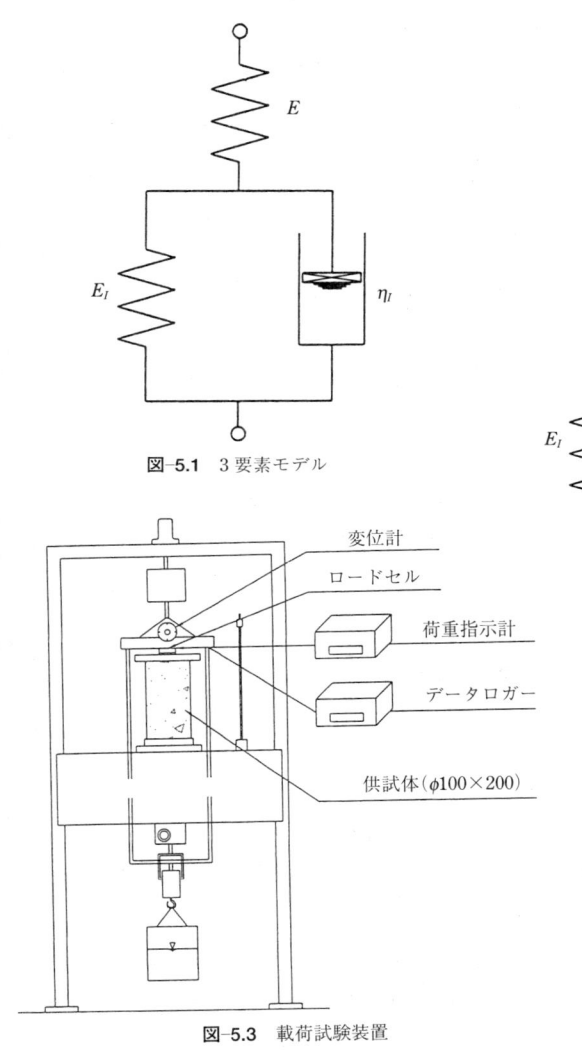

図-5.1 3要素モデル

図-5.2 4要素モデル

図-5.3 載荷試験装置

2つの粘弾性モデルの適合性を照査するため，グリーンコンクリートの持続圧縮応力ひずみ試験を行った．所定の材齢で脱型したあと，**図-5.3**に示した持続載荷試験装置を用いて，応力比0.35および0.60で圧縮載荷を30分間行い，ひずみの時刻歴を測定した．その実験結果を式(5.1)に示す3要素モデルおよび式(5.2)に示す4要素モデルへあてはめて，それらの適合性を検討した．あてはめは，非線形最小自乗法によって計算した[1]．その代表的な検討結果として材齢4時間の場合を**図-5.4**に示す．この結果，3要素モデルより4要素モデルがよく適合すると考えられる．以上から，グリーンコンクリートの材料構成式として4要素モデルが妥当であると判断した．

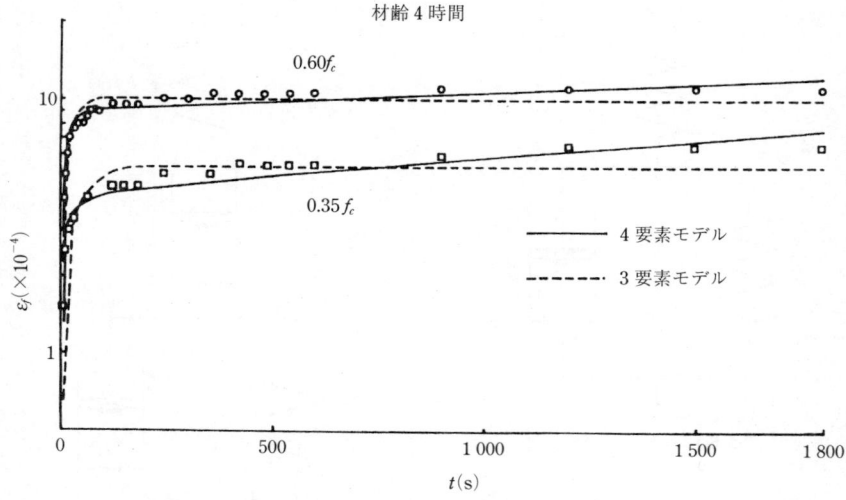

図-5.4 材齢4時間におけるクリープひずみ ε_f と時間 t の関係

5.3 グリーンコンクリートの粘弾性定数

5.3.1 水セメント比の影響

　水セメント比がグリーンコンクリートの粘弾性定数にどのような影響を及ぼすかについて述べる．水セメント比を40％，50％，および60％，環境温度を20℃一定にして持続載荷試験を行い，粘弾性定数を実験検討した．
　材齢と粘弾性定数の関係を片対数紙にプロットすると，瞬間弾性係数 E は図-5.5に，遅延弾性係数 E_l は図-5.6に，遅延粘性係数 η_l は図-5.7に，緩和粘性係数 η は図-5.8にそれぞれ示すとおりである．4個の粘弾性定数は，水セメント比が小さいと大きくなる傾向を示している．この理由は，セメントペーストが高濃度になると，骨材との接着力は強まり水和速度も大きくなるためであると考えられる．また，各定数とも材齢との関係はほぼ直線で近似できる．

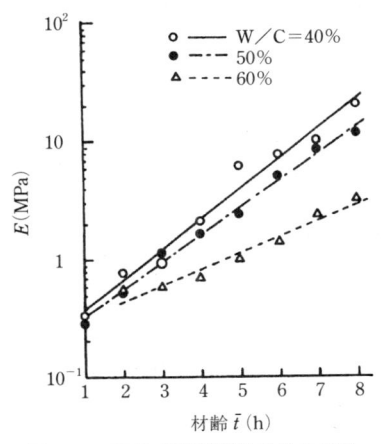

図-5.5 W/C が瞬間弾性係数 E に及ぼす影響

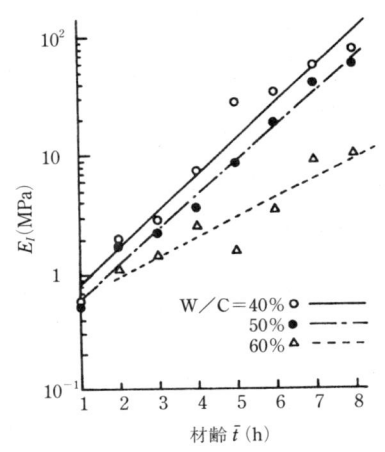

図-5.6 W/C が遅延弾性係数 E_l に及ぼす影響

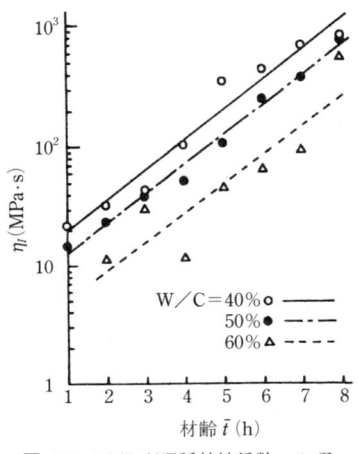

図-5.7 W/C が遅延粘性係数 η_l に及ぼす影響

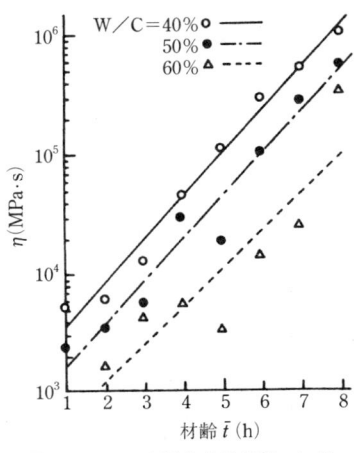

図-5.8 W/C が緩和粘性係数 η に及ぼす影響

5.3.2 環境温度の影響

環境温度10℃，20℃，および25℃の相違が粘弾性定数に及ぼす影響を実験検討した．

粘弾性定数の実験結果は，図-5.9 に瞬間弾性係数 E，図-5.10 に遅延弾性係数

E_I, 図-5.11 に遅延粘性係数 η_I, 図-5.12 に緩和粘性係数 η をそれぞれ示す．環境温度が高くなると，粘弾性定数は顕著に増大し，片対数紙上で直線関係が認められる．これは，環境温度が高くなると，セメントの水和反応が活性化しグリーンコンクリートの粘弾性発現が促進されることを表している．載荷応力比 35% と 60% の粘弾性定数を比較すると大差なく，載荷応力比が 60% 以下では，同じとみなす

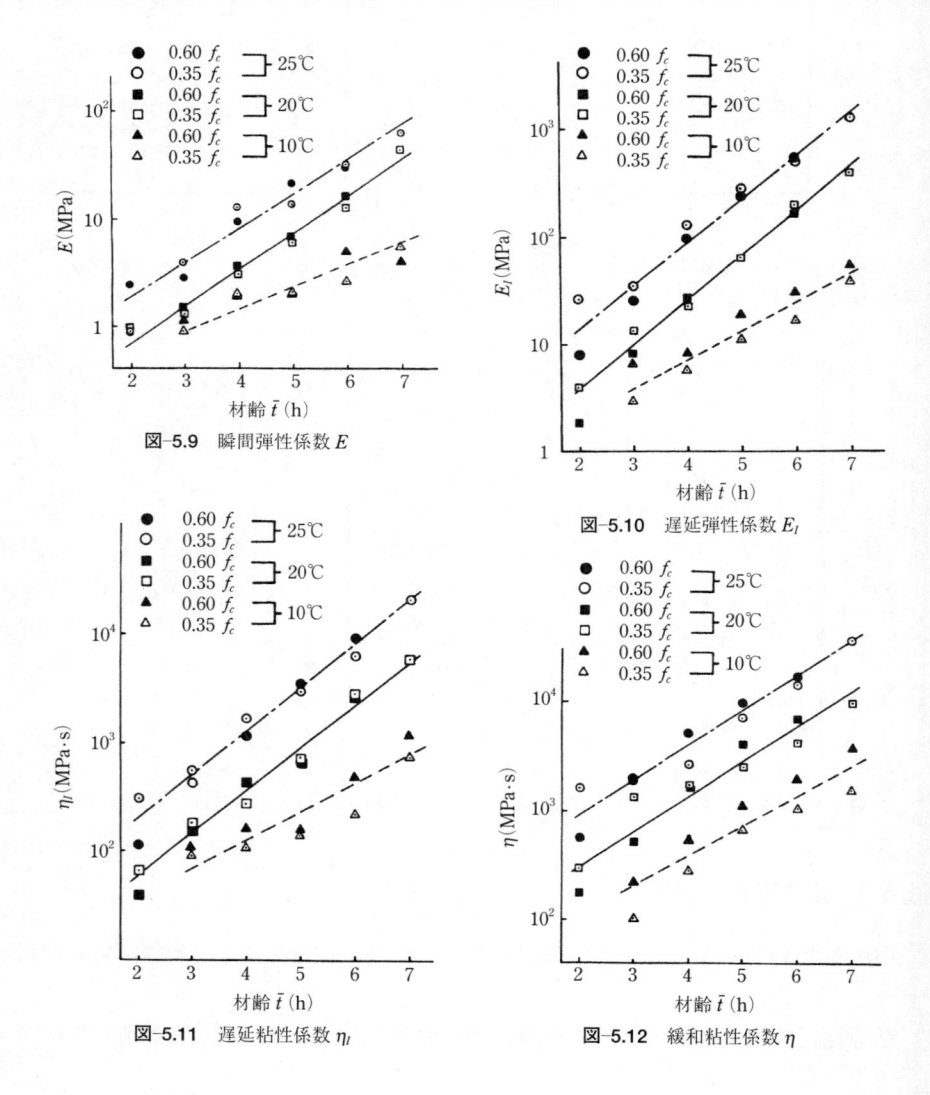

図-5.9 瞬間弾性係数 E

図-5.10 遅延弾性係数 E_I

図-5.11 遅延粘性係数 η_I

図-5.12 緩和粘性係数 η

5.3.3 粘弾性定数と圧縮強度の関係

4要素モデルによる粘弾性定数と圧縮強度の関係を応力比35％の実験結果について検討する．これらの関係を両対数紙に図示すると，瞬間弾性係数 E と圧縮強度の関係は図-5.13 に，遅延弾性係数 E_I と圧縮強度の関係は図-5.14 に，遅延粘性係数 η_I と圧縮強度の関係は図-5.15 に，緩和粘性係数 η と圧縮強度の関係は図-5.16 にそれぞれ示すとおりである．

E，E_I，η_I，および η のいずれの粘弾性定数とも，圧縮強度と良い相関が得られた．環境温度 10～25℃ の範囲内では温度が変化しても，E，E_I，η_I，および η と圧縮強度の関係は，回帰直線式で表すと，次式に示すとおりである．

$$\left.\begin{array}{l} E = 10^{1.79+1.12\,\log_{10}f_c} \\ E_I = 10^{3.11+1.49\,\log_{10}f_c} \\ \eta_I = 10^{1.20+1.49\,\log_{10}f_c} \\ \eta = 10^{2.47+1.21\,\log_{10}f_c} \end{array}\right\} \qquad (5.3)$$

ここで，f_c：圧縮強度(MPa)，E および E_I の単位は MPa，η_I および η の単位は MPa・s．

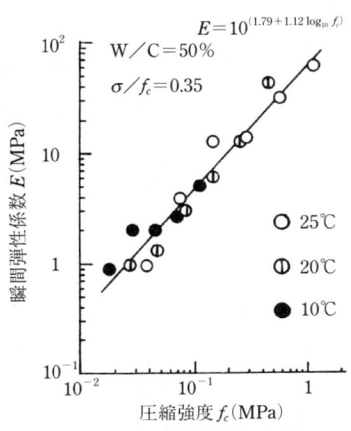

図-5.13 瞬間弾性係数 E と圧縮強度 f_c の関係

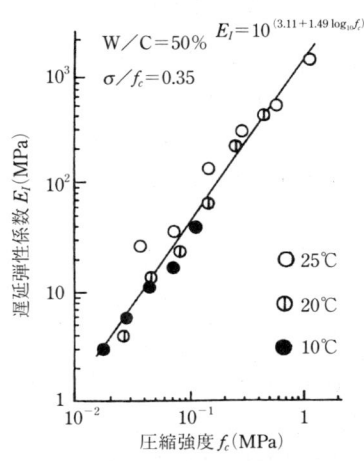

図-5.14 瞬間弾性係数 E_I と圧縮強度 f_c の関係

図-5.15 遅延粘性係数 η_l と圧縮強度 f_c の関係

図-5.16 緩和粘性係数 η と圧縮強度 f_c の関係

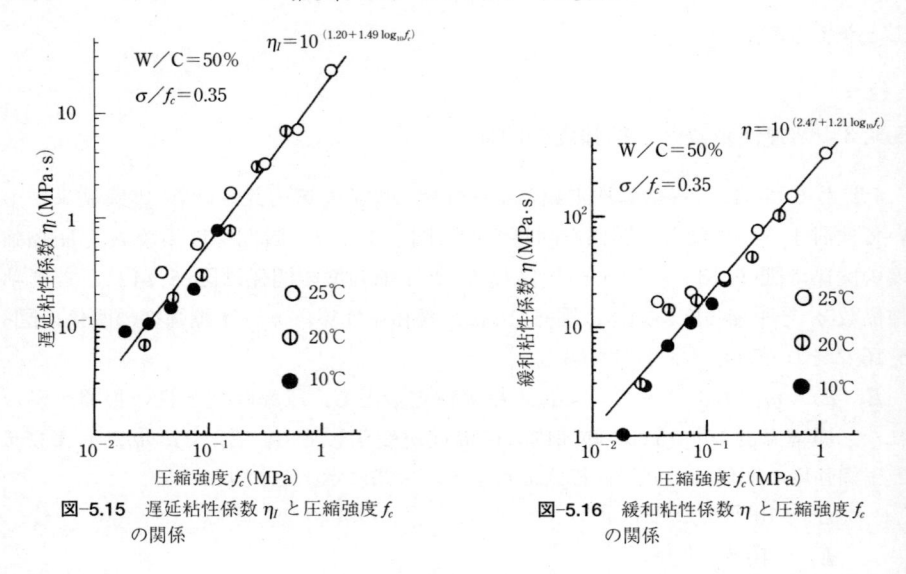

以上から，グリーンコンクリートの粘弾性定数は，実用上，圧縮強度から推定することが可能である．

5.3.4 等価弾性係数

ここでの変形解析法は線形弾性力学を基本に考えており，材料構成式としては，粘弾性モデルを弾性モデルに等価換算することにする．すなわち，4要素粘弾性モデルの式(5.2)と弾性式を等置することにより求められる．式(5.2)を変形することにより等価弾性係数は，次式で表される．

$$E_i = \cfrac{1}{\cfrac{1}{E} + \cfrac{1}{E_I}\left\{1-\exp\left(-\cfrac{E_I}{\eta_I}t\right)\right\} + \cfrac{1}{\eta}t} \tag{5.4}$$

ここで，E_i：等価弾性係数(MPa)，t：脱型からの時間(s)，E および E_I の単位は MPa，η_I および η の単位は MPa·s．なお，$t=0$ で，$E_i=E$ となる．E_i は時間経過とともに減少する．粘弾性定数を式(5.4)に代入して，載荷継続時間 $t=30$ 分における等価弾性係数を計算し，これと圧縮強度の関係を両対数紙に描くと，図-5.17に示すとおりとなる．この図から等価弾性係数と圧縮強度は良い相関が認め

られる．回帰直線式を求めると，環境温度 10～25℃の範囲内で次の推定式が得られる．

$$E_i = 10^{1.77+1.17\log_{10}f_c} \qquad (5.5)$$

ここで，f_c および E_i の単位は MPa．

5.3.5 グリーンコンクリートのポアソン比

変形解析ではポアソン比 ν が必要となる．グリーンコンクリートのポアソン比は，既往の研究を参照する．Byfors[5]は，圧縮強度 0.1 MPa 程度のグリーンコンクリートのポアソン比は，0.40～0.48 の実測値を示している．高桑[2]は，材齢 1～3 時間で 0.41～0.52 を実測している．Andersland ら[3]は，2.5 cm 以下の締固め直後のコンクリートに 0.40 を用いて解析している．いずれも硬化コンクリートより大きい値を示している．これは，グリーンコンクリートの領域では，体積変化を伴うダイレイタンシー成分が存在することによると思われるが，解析上，固体弾性として取り扱うことに問題はない．材齢 24 時間以降となると，ポアソン比は 0.12～0.20 となる報告[6]がある．材齢 2～4 時間のコンクリートに対し，ポアソン比 $\nu=0.45$ を採用するのが妥当である．

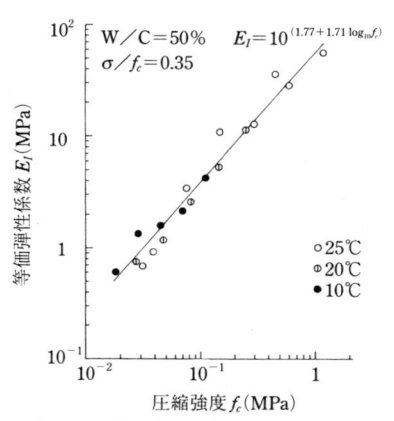

図-5.17 等価弾性係数 E_l と圧縮強度 f_c の関係（載荷時間 $t=30$ 分）

5.4 線形弾性力学による変形解析法

5.4.1 概　説

スリップフォーム工法において問題となる構造物は，比較的単純な断面形状の連続構造体である．そのため，平面解析が可能であることや，粘弾性の材料構成式は弾性の材料構成式に等価換算できることから，ここでは解析手法として線形弾性力学による平面解析を適用することにする．線形弾性力学法は比較的平易な計算によって変形量が得られる特徴を有する．

5.4.2 一般式

ここでは，線形弾性力学による平面解析を適用して，連続壁状体の自重変形を簡単に計算できる簡易解析法を提示する．ここでの材料構成式は，粘弾性4要素モデルを弾性式に等価換算することによって求める．

今，図-5.18に示す任意断面形状の連続壁状体を考える．等方性と仮定し，z方向のひずみは生じないとすると（$\varepsilon_z=0$），平面ひずみ状態として取り扱われる．平面ひずみにおける応力とひずみの関係式は，次式で表される．

$$\varepsilon_x = \frac{1}{E_i}\{(1-\nu^2)\sigma(x) - \nu(1-\nu)\sigma(y)\} \tag{5.6}$$

$$\varepsilon_y = \frac{1}{E_i}\{(1-\nu^2)\sigma(y) - \nu(1+\nu)\sigma(x)\} \tag{5.7}$$

$$\gamma_{xy} = \frac{1}{G}\tau_{xy} = \frac{2(1+\nu)}{E_i}\tau_{xy} \tag{5.8}$$

$$\sigma(z) = \nu\{\sigma(x) + \sigma(y)\} \tag{5.9}$$

ここで，ε_x：x方向の軸のひずみ，ε_y：y方向の軸のひずみ，$\sigma(x)$：x方向の垂直応力(Pa)，$\sigma(y)$：y方向の垂直応力(Pa)，$\sigma(z)$：z方向の垂直応力(Pa)，E_i：等価換算弾性係数(Pa)，ν：ポアソン比，γ_{xy}：xy面のせん断ひずみ，τ_{xy}：xy面に作用するせん断応力(Pa)，G：せん断弾性係数(Pa)．

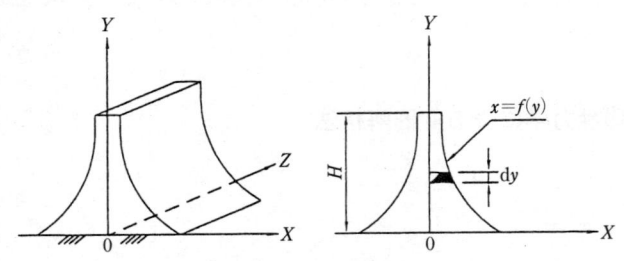

図-5.18 任意断面壁状体

図-5.18ではx方向の応力$\sigma_x=0$である．yの位置における上載自重$W(y)$は，単位奥行きを考えると，次の式で表される．

$$W(y) = \int_y^H w\,f(y)\,\mathrm{d}y \tag{5.10}$$

ここで，$W(y)$：y の位置における上載自重(N)，H：壁状体の高さ(m)，w：単位重量(N/m³)，$f(y)$：y の位置における断面積(m²)．

y の位置における自重による鉛直方向応力 $\sigma(y)$ は，次式で表される．

$$\sigma(y) = \frac{W(y)}{f(y)} = \frac{\int_y^H w\,f(y)\,\mathrm{d}y}{f(y)} \tag{5.11}$$

式(5.11)において，$y=H$ で $\sigma_{(y=H)}=0$ となる．もし天端において($y=H$)，上載等分布荷重が作用する時，鉛直方向応力 $\sigma(y)$ は，重ね合わせの原理から次式となる．

$$\sigma(y) = \frac{\int_y^H w\,f(y)\,\mathrm{d}y}{f(y)} + q_0 \tag{5.12}$$

ここで，q_0：天端における上載等分布荷重(N/m²)．

連続壁状体は一軸応力状態であるので，y の位置における鉛直変位および横方向変位は，式(5.6)および(5.7)に代入し，次の式で求められる．

$$\delta_y = \int_0^y \varepsilon_y\,\mathrm{d}y = \int_0^y \frac{1}{E_i}\{(1-\nu^2)\,\sigma(y)\}\mathrm{d}y \tag{5.13}$$

$$\delta_x = \int_0^x \varepsilon_x\,\mathrm{d}x = \int_0^x \frac{1}{E_i}\{-\nu(1+\nu)\,\sigma(y)\}\mathrm{d}x \tag{5.14}$$

ここで，δ_y：y の位置における鉛直変位(m)，δ_x：y の位置における横方向変位(m)．

5.4.3 線形変化断面を有する壁状体

図-5.19に示すような断面が一定勾配で線形変化する台形壁状体の自重変形解析法について述べる．

形状を表す方程式は，次のとおりである．

$$b_y = b - \frac{b-a}{H}y \tag{5.15}$$

ここで，b_y：y の位置における幅(m)，a：天端(上面)の幅(m)，b：底面の幅(m)．

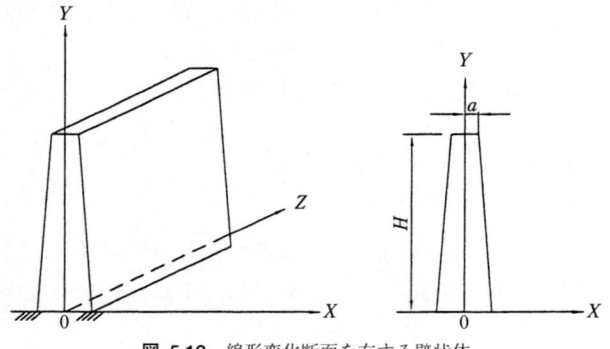

図-5.19 線形変化断面を有する壁状体

y における鉛直方向応力 $\sigma(y)$ は，次式のとおりである．

$$\sigma(y) = w\frac{\frac{1}{2}(H-y)\{(a+b)H-(b-b)y\}}{bH-(b-a)y} \tag{5.16}$$

$y=0$ の位置おける鉛直方向応力 $\sigma_{y=0}$ は，次式のとおりである．

$$\sigma_{y=0} = w\frac{(a+b)H}{2b} \tag{5.17}$$

$y=H$ の位置おける鉛直方向応力は，$\sigma_{y=H}=0$ となる．鉛直応力 $\sigma(y)$ の分布を**図-5.20**に示す．直線分布とみなしてよい．

y の位置おける鉛直変位 δ_y は，底面での変形拘束がないと仮定し，E_i および ν を一定とすると，式(5.13)を適用して次式で求められる．鉛直応力を y で積分する計算は，**図-5.20**に示した鉛直応力 $\sigma(y)$ の分布図において計算する位置 y より下方の台形面積を計算することにより簡便に求めることができる．

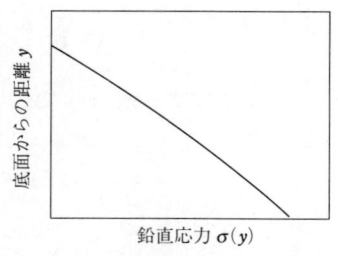

図-5.20 鉛直応力 $\sigma(y)$ の分布

$$\delta_y = \frac{(1-\nu^2)}{E_i}\int_0^y \sigma(y)\,\mathrm{d}y = \frac{(1-\nu^2)}{E_i}\left(\frac{\sigma_{y=0}+\sigma(y)}{2}y\right) \tag{5.18}$$

横方向変位 δ_x は，同様に式(5.14)を適用して次式で求められる．

$$\delta_x = \frac{\{-\nu(1+\nu)\}}{E_i}\int_0^x \sigma(y)\,\mathrm{d}x = \frac{\{-\nu(1+\nu)\}}{E_i}\{\sigma(y)b_y\} \tag{5.19}$$

$y=0$ で $\delta_y=0$, $y=H$ で $\delta_x=0$ となる．$y=H$ の位置おける鉛直変位 $\delta_{y(y=H)}$ は，次式で求められる．

$$\delta_{y(y=H)} = \frac{(1-\nu^2)}{E_i} w \frac{(a+b)H^2}{4b} \tag{5.20}$$

$y=0$ の位置おける横方向変位 $\delta_{x(y=H)}$ は，次式で求められる．

$$\delta_{x(y=H)} = \frac{\{-\nu(1+\nu)\}}{E_i} w \frac{(a+b)H}{2} \tag{5.21}$$

5.4.4 直立壁状体

図-5.21 に示す等断面の直立壁状体の自重変形について述べる．本問題では，一定幅であるから $f(y)=b$ となる．y の位置における鉛直方向応力 $\sigma(y)$ は，次のとおりである．

$$\sigma(y) = w(H-y) \tag{5.22}$$

よって，鉛直変位 δ_y と横方向変位 δ_x は，底面における変形拘束がないと考えると，次式で求められる．

$$\delta_y = \frac{(1-\nu^2)}{E_i} w\left(H-\frac{y}{2}\right)y \tag{5.23}$$

$$\delta_x = -\frac{\nu(1+\nu)}{E_i} w(H-y)b \tag{5.24}$$

ここで，b：断面幅(m)．

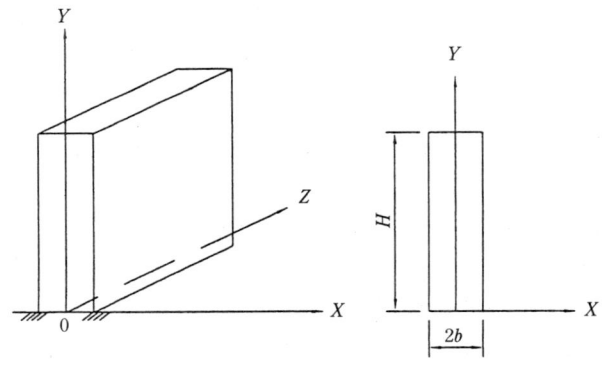

図-5.21 直立壁

|計算例 5.1| 鉛直スリップフォーム工法による塔状構造物の変形予測

鉛直スリップフォーム工法における施工時の変形予測を上述した簡易解析法を用いて計算する．対象とする構造物は，図-5.22 に示す一定断面形状を有する対称形の塔状構造物を鉛直スリップによって施工する際の自重変形を計算する．解析上，無筋コンクリート構造として取り扱う．施工条件は，スリップフォーム用の型枠高 $H=1.80$ m，1 回の打設高（1 リフト）$H_L=0.20$ m とする．材料・環境条件は，20℃，水セメント比 50％，コンクリートのスランプ 10 cm，単位重量 $w=23$ kN/m³ とする．

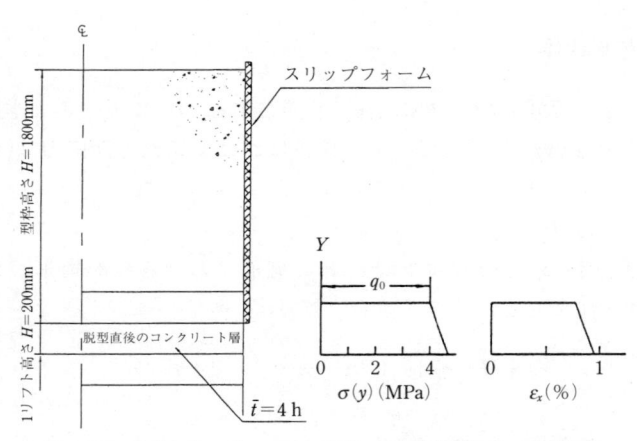

図-5.22 鉛直スリップフォーム工法による塔状構造物の変形解析

脱型時に要求される圧縮強度は，土木学会コンクリート示方書[7]による安全係数 $\alpha=2$ を適用すると，$f_c=2wH=0.083$ MPa に到達していなければならない．既往の強度試験結果から，この強度に到達する材齢は，4.0 時間と推定できる．すなわち材齢 4.0 時間で脱型することになる．この脱型時の変形予測を以下に示す．

変形予測は脱型直後（$t=0$），および脱型から 30 分経過した時の鉛直変位および側方ひずみを計算する．等価弾性係数は，式(5.3)および(5.4)によって求めると，$t=0$ において $E_{i(t=0)}=E=3.85$ MPa，$t=1800$ s において $E_{i(t=1800)}=3.25$ MPa である．ポアソン比は，$\nu=0.45$ とする．施工荷重としては図-5.22 に示すように型枠内のコンクリート自重による上載等分布荷重 q_0 が作用する．式(5.12)において $q_0=wH=0.041$ MPa である．対象としたリフトの下端より下方の鉛直変位はないものとして変形計算を行う．以上によって求められた鉛直応力，鉛直変位（沈

下量)および側方ひずみの計算結果を**表-5.1**に示す．また，鉛直応力と側方ひずみの分布については**図-5.22**にも示す．

表-5.1 鉛直スリップフォーム工法による塔状構造物の変形計算結果

位置 y	鉛直応力 $\sigma(y)$ (MPa)	鉛直変位 δ_y(mm)		側方ひずみ ε_x(%)	
		脱型直後 $t=0$ 分	脱型後 $t=30$ 分	$t=0$ 分	$t=30$ 分
リフト上端 $y=H_L$	0.0419	1.83	2.17	0.711	0.842
リフト下端 $y=0$	0.0466	0	0	0.79	0.936

入力材料条件：$t=0$ 分　$E_i=3.8$ MPa，$t=30$ 分　$E_i=3.2$ MPa，$\nu=0.45$．

　鉛直応力はリフト下端で最大となり 0.0466 MPa，脱型から 30 分経過した時，リフト上端の沈下量は 2.2 mm，ひずみでは 1.1％である．リフト下端における 30 分経過時の側方ひずみは 0.94％である．脱型されたコンクリート層の変形成分よりも上載等分布荷重 q_0 による変形成分が大きいことが明白である．

計算例5.2　水平スリップフォーム工法による連続壁状構造物の変形予測

　水平スリップフォーム工法による連続壁状構造物は，即時脱型スリップフォーム工法によって施工され，即時脱型の際の自重作用によってグリーンコンクリートが変形する．その変形挙動を予知することは，施工の合理化を推進する上で重要となる．ここでは，水平スリップフォーム工法による連続壁状構造物について，その形状の違いによって変形がどのようになるかを前述の変形解析法を用いて検討する．
　連続壁状構造物の形状は，**図-5.23**に示す道路防護壁，台形壁および直立壁の 3 タイプを検討した．道路防護壁は日本で施工実績の多い道路中央帯用防護壁の形状で，2つの線形変化部と直立部で構成されている．ここでは，連続壁状構造物の高さ ($H=1.0$ m) と断面積 ($A=0.387$ m^2) を一定とした．構造条件は，無筋コンクリート構造を対象とし，荷重として脱型に伴う自重のみを考え，底面の境界条件は，ローラ端とを計算した．解析は，平面ひずみ問題として，脱型の時刻 $t=0$ でコンクリート自重が作用するものとし，鉛直変位および側方変位を計算した．材料条件は，単位重量 $w=23$ kN/m^3，等価弾性係数 $E_i=0.80$ MPa，ポアソン比 $\nu=0.45$ とした．ここでは，鉛直応力 $\sigma(y)$ と，時刻 $t=30$ 分の時点における鉛直変位 δ_y および側方変位 δ_x を計算した．
　鉛直応力 $\sigma(y)$ は，**図-5.24**に示すとおりである．鉛直応力の最大値を比較すると，直立壁，台形壁，道路防護壁の順に大きくなる．道路防護壁では線形変化部の

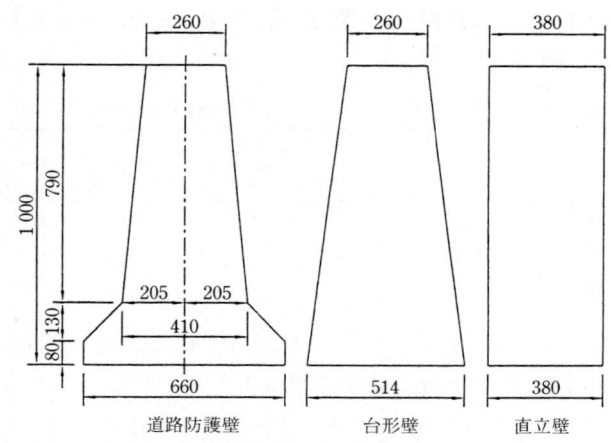

図-5.23 検討した連続壁状構造物の形状（高さ，断面積：同一）

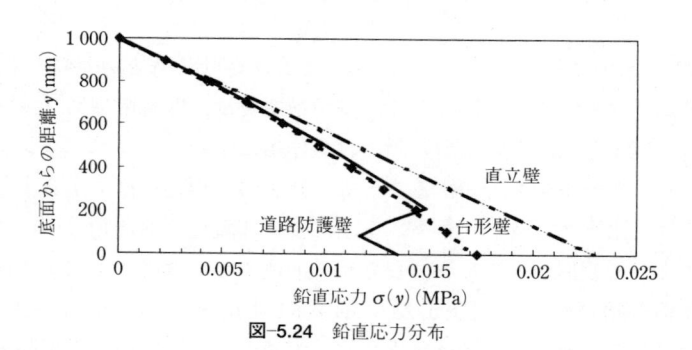

図-5.24 鉛直応力分布

勾配を緩和することによって応力が低減できることを表している．この応力解析は，自立性の検討において必要となる．すなわち最大鉛直応力が圧縮強度未満であれば自立可能となる．

　鉛直変位 δ_y および側方変位 δ_x の分布は**図-5.25** に示すとおりである．直立壁は他の2タイプに比べて両変位とも大きい．道路防護壁と台形壁を比較すると，鉛直変位は道路防護壁の方がわずかに小さく，側方変位は大差がない．変位は頂部から底部へ向って緩やかに変化している．底面では端面摩擦により横方向の変形が拘束されるため，実際には計算値より小さくなると考えられる．即時脱型式スリップフォーム工法の施工マニュアルによると構造物の出来形精度は高さに対して±20 mm，幅に対して−5 mm～+20 mm が提案されている．

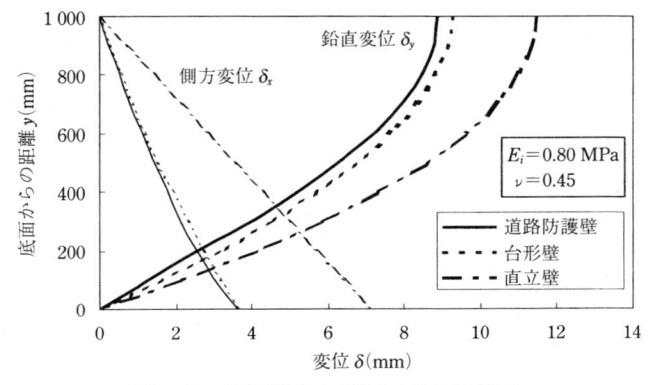

5.4 線形弾性力学による変形解析法

図-5.25 鉛直変位および側方の分布(計算値)

$E_i = 0.80$ MPa
$\nu = 0.45$

凡例：道路防護壁，台形壁，直立壁

計算例5.3　水平スリップフォーム工法によるコンクリート防護柵の変形予測と検証

道路中央帯用コンクリート防護柵の施工荷重による変形を上述した解析法を用いて予測し，実物大の変形実験を実施しその検証を行った結果を述べる．対象とする防護柵は，日本で施工実績が多い標準タイプで，その形状，寸法を図-5.26に示す．断面は，水平頂面a-bおよびb-cの線形変化部と，c-dの直立部から構成される．

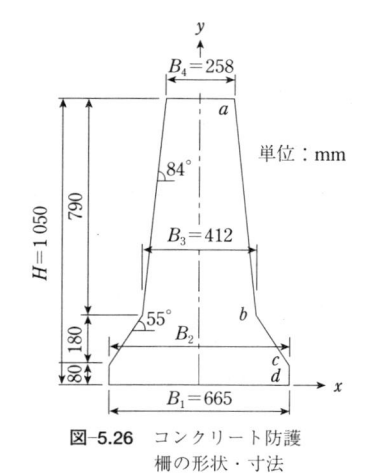

実物大の変形実験は，スリップフォーム工法に使用されている実機を用い，コンクリート防護柵を施工し，脱型後の変形を測定した．最終変形とみなせる脱型から30分後の出来形を実測した．測定箇所は，頂部の鉛直変位および4箇所の側方変位である．コンクリートは，スランプ2.0 cmのレディーミクストコンクリートを用いた．

図-5.26 コンクリート防護柵の形状・寸法

解析は，施工荷重として脱型時の自重のみを考え，底面の境界条件は，変形拘束がないものとし，平面ひずみ問題として計算した．解析に用いる粘弾性定数は，別途に持続圧縮応力ひずみ試験を行って求めた．スランプ2.0 cmのコンクリートの

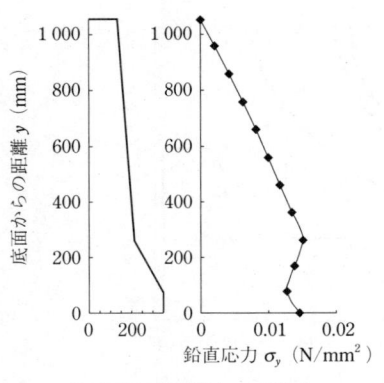

粘弾性定数を**表-5.2**に示す．単位重量は23 kN/m³ である．ポアソン比は0.45とした．鉛直応力分布の計算結果を**図-5.27**に示す．出来形実測および変形計算結果を**表-5.3**に示す．頂部の鉛直変位の計算値と実測値を**図-5.28**に示す．計算値と実測値はほぼ一致した．次に4箇所の側方変位の計算値と実測値を**図-5.29**に示す．計算値と実測値の間にかなりの差異が認められる．底部 b-c-d は，計算値より実測値が小さくなった．これは底面における変形拘束効果によると考えられ

図-5.27 鉛直応力 σ_y の分布

表-5.2 コンクリートの配合と粘弾性定数

水セメント比 W/C(%)	細骨材率 s/a(%)	単位水量 W(kg)	スランプ(cm)	温度(℃)	E (MPa)	E_1 (MPa)	η_1 (MPa·s)	η (MPa·s)
43	50	175	2.0	27	0.596	2.86	16.1	2 540

表-5.3 コンクリート防護柵の変形実験結果

	H	δ_y	B_1	δ_x	B_2	δ_x	B_3	δ_x	B_4	δ_x
型枠寸法(mm)	1 050		665		665		412		258	
測定値(mm)	1 038	−12	669	2	671	3	424	6	270	6
計算値(mm)	1 036.5	−13.5	669	4.1	672	3.5	417	2.6	258	0

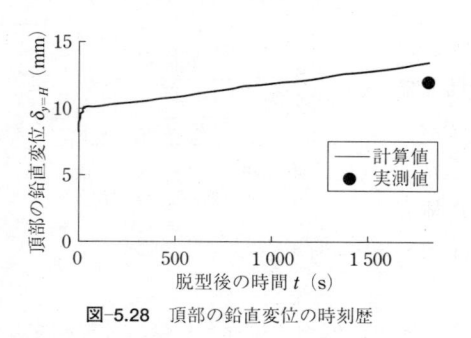

図-5.28 頂部の鉛直変位の時刻歴

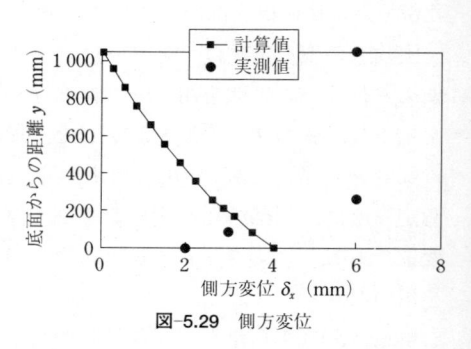

図-5.29 側方変位

る．線形変化部 a-b では，計算値より実測値が大きくなった．成型機の走行ぶれに起因すると推察される．この変形予測手法は，コンクリート防護柵の出来形管理

に応用できる．

文　献

1) 長沢保紀，野中稔，吉田哲二：スリップフォーム工法における若材令コンクリートに対する施工上の検討，清水建設報告書，RP-79-3422, pp. 1-9, 1979.
2) 高桑二郎：スライディングフォーム工法における硬化前コンクリートの力学的挙動に関する研究，錢高組技報，No. 7, pp. 45-53, 1983.
3) Andersland O. B. and Hsia F. T.: Horizontal slip-form construction—Section stability—, *Journal of the Construction Division*, ASCE, Vol. **104**, No. CO 3, pp. 269-277, 1978.
4) 岡本寛昭，伊藤直人：極初期材齢におけるコンクリートのクリープ挙動に関するレオロジー，舞鶴工業高等専門学校紀要，No. 22, pp. 100-108, 1987.
5) 42—CEA Committee : Properties of concrete at early ages, *Materials and Structures*, Vol. **13**, No. 75, pp. 265-274, 1980.
6) 竹下治之，浅沼潔，横田季彦：マスコンクリートの物性の基礎的特性，日本コンクリート工学協会，マスコンクリートの温度応力発生メカニズムに関するコロキウム論文集，pp. 27-34, 1982.
7) 土木学会：2002年制定コンクリート標準示方書［施工編］, pp. 144-145, 2002.

第6章　物性値測定法および推定法

6.1 概　　説

　前章までに述べたフレッシュコンクリートの流動および変形の解析は，いずれも採用した数学モデルを構成する物性値によって組み立てられている．したがって，これらの物性値を的確に求め得るかどうかは解析結果の実用性の成否の鍵となる．

　ビンガム体とみなせるスランプ 12～15 cm 以上の軟練りコンクリートまたは軟練りモルタルの物性値測定法として二重円筒型回転粘度計法，球引上げ粘度計法，傾斜管試験法（管型粘度計法）等があり，粉粒体（粘塑性体）とみなせるスランプ 12 cm 程度以下の硬練りコンクリートまたは硬練りモルタルに対しては，三軸圧縮試験法，一面せん断試験法，平行板プラストメータ法の適用が考えられる．

　フレッシュコンクリートの粘度測定において常に問題視されることは，試料と装置界面の相対移動である．二重円筒型回転粘度計の場合は，試料の流速分布を測定することによって解決できるが球引上げ式粘度計の場合は，球と試料間の相対移動を把握することが実際上できないから，ごく軟練りのコンクリートおよびモルタルの場合だけに適用される．傾斜管試験法は，グラウトの粘度測定法として考案されたものであり，土木学会基準（JSCE-F-546）に採用されており，大型の装置は高流動コンクリートに適用される．

　硬練りコンクリートの物性値の測定法としては，実用性，確実性から三軸圧縮試験法が適当である．したがって，今日までの研究の結果，軟練りおよび硬練りコンクリートまたはモルタルの物性値を確実に測定し得る方法として次のものが挙げられる（**表-6.1**参照）．

　次に物性値の推定法として，塑性粘度に対して粘度式が，降伏値に対してスラン

表-6.1 フレッシュコンクリートおよびモルタルの物性値測定法

試料	測定法
軟練りモルタル	二重円筒型回転粘度計法 球引上げ式粘度計法 傾斜管試験法（グラウト）
軟練りコンクリート	二重円筒型回転粘度計法 球引上げ式粘度計法 傾斜管試験法（高流動コンクリートに適用）
硬練りコンクリート	三軸圧縮試験法

プとの関係式が提示されている．これらは施工計画の立案の際に有効に用いられる．

6.2 測定法

6.2.1 二重円筒型回転粘度計法

本方法は，ビデオカメラによって，または非接触型ひずみ計を用いて試料の実際の流動を求めるものである．ビデオカメラによる測定の手順は，以下のとおりである．

① 回転粘度計によってコンクリートの塑性粘度を測定する場合の End effect を除去するためにロータの底部と外円筒底部との隙間に硬練りモルタル層（C：s：Wの比を1：3.5：0.4）を約1cm敷きつめる．

② 試料を2層に分けて詰め，各層25回均等に突き，上面を平らにして発砲スチロール粉末を散布する．

③ ビデオカメラをセットし，鉛直上方から試料の流動状況を撮影する．

④ 内円筒の回転数は 10 rpm を最初に選び，以降 5～10 rpm の間隔で順次高速回転まで断続的に撮影する．この時，各回転数に対応するトルクを記録し，試料の回転数とトルクを用いて試料の速度勾配とせん断応力を計算し，コンシステンシー曲線を描く．

なお，試料のコンシステンシーの程度によるが，内円筒の回転数が 80 rpm 程度に増加すると，コンシステンシー曲線は，M_s 点付近で急速に上昇する場合が

多い(図-6.1). したがって, 多少の余裕を
みて内円筒回転数として 90 rpm 程度まで
撮影すればよい. 発泡スチロール粉末は,
ビデオカメラで撮影する際の標点とする.

⑤ 試料の流動状況はテレビ画面上で確認す
るが, 正確さが要求されるので, コマスピ
ードはスローモーション撮影がよい.

レオロジー定数は, 以下のようにして求める.

ⓐ 横軸に内円筒壁面からの距離をとり, 縦
軸に試料表面各点の角速度をとって流速分
布曲線を描く.

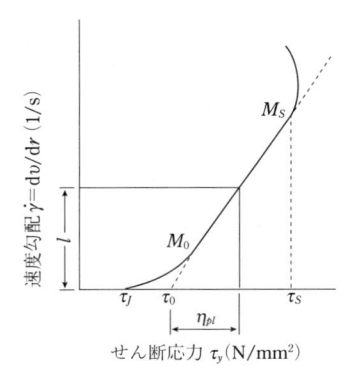

図-6.1 回転粘度計によるコンクリートのコンシステンシー曲線

ⓑ この流速分布曲線を 2 次曲線に近似させ, 横軸との交点を求めることによっ
て試料の流動部の外半径 r_0 を決定する. r_0 は, 内円筒の回転数に応じて変化
するが, 回転数 50 rpm 程度以上になれば試料の流動に応じて一定値に収斂す
ることが認められている.

ⓒ 内円筒になるべく近い点の試料の実測流速, 例えば内円筒壁面より 0.2 cm
点(半径 $r_{0.2}$)の流速 $\dot{\theta}_{0.2}$ と r_0 を用いてコンシステンシー曲線を描く.

ⓓ コンシステンシー曲線は,

$$V = \frac{2\,\dot{\theta}_{0.2}}{1-\left(\dfrac{r_{0.2}}{r_0}\right)^2} \tag{6.1}$$

ここで, $\dot{\theta}_{0.2}$:試料のロータ側面外側 0.2 cm 点の角速度(rad/s), $r_{0.2}$:ロー
タ側面外側 0.2 cm までの半径(cm), r_0:試料の流動半径(cm).

$$P = \frac{M}{2\pi r_{0.2}^2 h} \tag{6.2}$$

ここで, M:トルク(N・m), h:内円筒(ロータ)に接している試料の深さ
(cm).

この $V \sim P$ 図に内円筒の各回転数における内円筒側面から 0.2 cm の試料の
角速度および試料の受けるトルクを測定し, V と P の値を計算した結果を打
点し, 図-6.1 に示すコンシステンシー曲線のうち直線と認められる部分のデ
ータから最小自乗法によって直線式 $V = aP - b$ をつくる. 塑性粘度は, この

直線の逆勾配として求める．降伏値は，

$$\tau_y = \frac{\left(\frac{r_{0.2}}{r_0}\right)^2 - 1}{2\ln\left(\frac{r_{0.2}}{r_0}\right)} \frac{h}{3h + R_i} \tau_a \tag{6.3}$$

として求める．ここで，τ_a：コンシステンシー曲線における横軸の切片（図-6.1参照），h：試料に接する内円筒長さ(cm)，R_i：内円筒半径(cm)．

ⓔ 試料上面における流速分布が底面まで同じ分布をしていることを立証するため試料高さを相違させて流速分布を測定した（図-6.2）．これは，水セメント比40％，普通ポルトランドセメントを用いたフロー値約245のモルタルを用い，内円筒半径を7cm一定とし，長さを12，16，20および24cmに変化させた場合のレオロジー定数を比較したものである．実験結果を内円筒長さ当りのトルク（M/h）と回転数の関係で，内円筒の長さが変化してもM/hにほとんど差異は認められない．これは，多点法[1]の基礎となっている試料の流速分布の測定において，試料表面のみを実測しているが，その値は容器内試料全体の流速を表すと考えてよいことを示している．

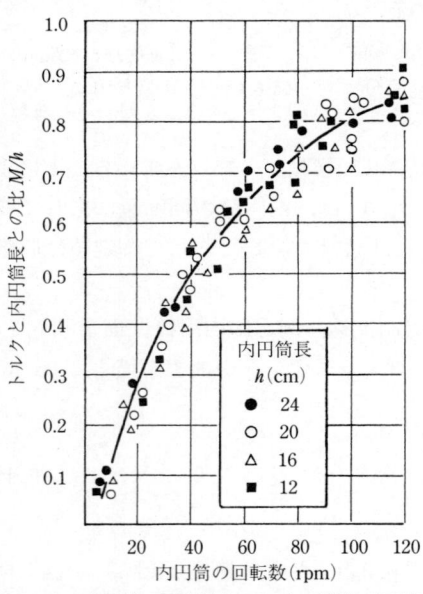

図-6.2 内円筒の回転数とM/hとの関係（W/C＝40％，s/a＝0.5，フロー値240〜250）

ⓕ モルタルの場合はコンクリートに比べて溶質の粒径が小さいので回転粘度計の諸元は，一般に小さくてよい．ここでは，内円筒半径R_i＝7cm，長さL＝12cm，外円筒の半径9cm，試料の流動幅は2cmを用いた．

ⓖ モルタルのレオロジー定数を測定する場合，コンクリートの場合と異なり，内円筒端末に硬練りモルタル層を敷く必要はない．

⑪ モルタルの場合も,試料上面における流速分布を測り,その結果からコンシステンシー曲線を描いてレオロジー定数を求める.レオロジー定数の求め方はコンクリートの場合とほぼ同じである.

⑫ モルタルおよびコンクリートのレオロジー定数の測定例を **6.3.2** に示す.

6.2.2 球引上げ粘度計法[3]

本方法は,比較的軟らかいコンシステンシーのセメントペースト,モルタルおよびコンクリートに適用される.試験装置は,容器に満たした試料内に挿入された剛球を一定速度で引き上げることができ,かつ球の引上げ速度は可変できるもので,球の引上げ速度と球に発生する抵抗力を測定できるものを用いる.試料容器は,一般に円筒形である.

(1) 球引上げ粘度計

球引上げ粘度計は,試料容器,引上げ球,荷重検出器,球引上げ装置(分銅法,回転モータ法),およびデータレコーダで構成されている(**図-6.3**).

表-6.2 にセメントペースト,モルタルおよびコンクリートに用いる試料容器および引上げ球の寸法の目安を示す.

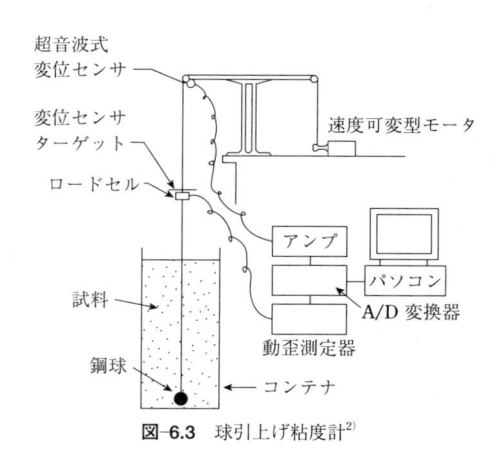

図-6.3 球引上げ粘度計[2]

表-6.2 球引上げ粘度計の諸元

試　料	引上げ球の直径(mm)	試料円筒容器(mm)
セメントペースト,モルタル	31.8	$\phi 284 \times 550$[2]
	31.4, 25.4, 15.9	$\phi 150 \times 300$[3]
	31.8, 25.4, 19.0, 12.5	$\phi 400 \times 400$[4]
コンクリート	約 99.8*	$\phi 600 \times 500$[3]

* $G_{max} = 20 \sim 25$ mm の約 $4 \sim 5$ 倍

(2) 球引上げ試験法[3,5)]

① 球を容器底面の中心に置き，鉛直上方へ引き上げられるようにする．
② 試料の練混ぜ条件は，測定結果に影響を及ぼすので，試料は，十分に練り混ぜたものを用意しておく．
③ 球の移動距離に相当する深さを数層に分けて試料を満たし，各層は，突き棒により十分に突いて締め固める．
④ 引上げ速度 V は，レイノズル数 Re (式 6.4)を $1\sim2$ 程度以下と慣性力が無視できる遅い速度より選ぶ(**表-6.3**)．

$$Re = \frac{Vd\rho}{\eta_{pl}} \tag{6.4}$$

ここで，V：球の引上げ速度(m/s)，d：球の直径(m)，ρ：試料の密度(kg/m³)，η_{pl}：塑性粘度(Pa·s)．

表-6.3 球引上げ速度の例

球(mm)	試　料	引上げ速度 V(mm/s)
31.8〜12.7	セメントペースト，モルタル	0.1〜6.0[2〜7)]
約99.8	コンクリート	3〜8[7)]

⑤ 球の引上げ速度 V が一定で，かつ抵抗力 F が安定した所で V および F を読み取る．
⑥ ⑤の試験を同一配合の試料について $V_1 \sim V_4$，あるいは V_5 の球の各引上げ速度で2回ずつ8〜10回程度行い，各試験値について τ，$\dot{\gamma}$ を計算してコンシステンシー曲線上にプロットし，直線回帰してレオロジー定数を求める．
⑦ 同一試料で繰り返し試験を行う場合は，容器内の試料を再攪拌し，均質な状態にしてから試験を行う．
⑧ 試験条件(試料温度，室内温度等)を記録しておく．

(3) 試験結果の計算

① 測定した時間-変位・張力曲線(**図-6.4**)の直線部の引上げ球の速度 V_i および張力 F_i よりひずみ速度 $\dot{\gamma}_i$ およびせん断応力 τ_i を求める．

$$\dot{\gamma}_i = \frac{V_i}{2r} \quad (1/s) \tag{6.5}$$

6.2 測定法

$$\tau_i = \frac{F_i}{12\pi r^2} \quad (\text{Pa}) \tag{6.6}$$

② $i=1\sim n$ の $\dot{\gamma}_i$ および τ_i により流動曲線を描く(**図-6.5**). この流動曲線は，ビンガム流体の基礎方程式(6.7)を直線式(6.8)に置き換えて表したもので，この回帰直線式の傾きの逆数から塑性数度 η_{pl}(Pa)および τ 軸の切片を τ'(Pa)とし，$\tau_y=\tau'/a$ から降伏値を求める(**1.1.6**「球引上げ粘度計試験の基礎式」参照).

$$\tau = \eta_{pl}\dot{\gamma} + \alpha\tau_y \tag{6.7}$$

$$\dot{\gamma} = \frac{1}{\eta_{pl}}(\tau - \alpha\,\tau_y) \tag{6.8}$$

ここで，$\alpha = 7\pi/24$.

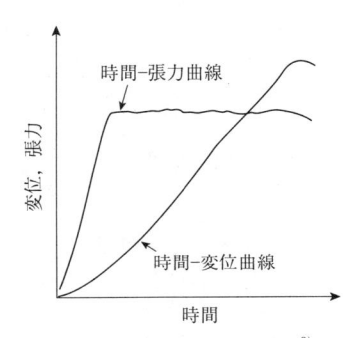

図-6.4 時間-変位・張力曲線[3]

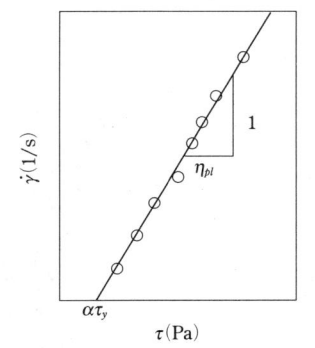

図-6.5 流動曲線[3]

(4) 測定結果の例示

① W/Cおよび粗骨材量と η_{pl}, τ_y の関係：W/Cが大きくなるほど η_{pl} および τ_y ともに小さくなり，また粗骨材量が大きくなるほど大きくなる(**図-6-6**[5], **6.7**[5]).

② スランプと τ_y の関係：スランプと降伏値の関係は，他のレオロジー試験法による測定結果と同様であり，降伏値は，スランプ値が大きくなるほど小さくなる(**図-6.8**[5]).

③ 流動化コンクリートの η_{pl}, τ_y：流動化剤の添加量が多くなるほど η_{pl} および τ_y は小さくなる．また，同一の η_{pl} および τ_i を得る流動化剤量は，後添加の場合，同時添加の約 $1/2\sim1/3$ と添加法による流動効果

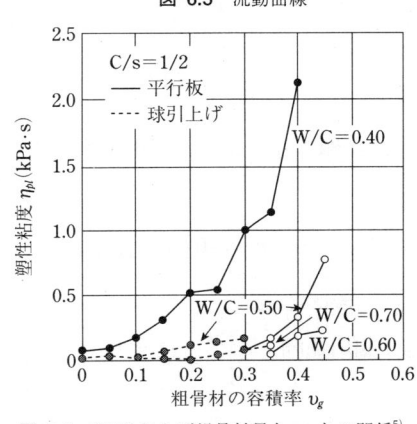

図-6.6 W/Cおよび粗骨材量と η_{pl} との関係[5]

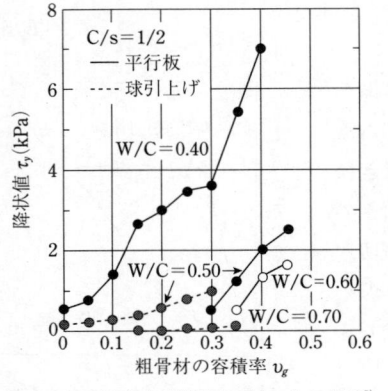

図-6.7 W/C および粗骨材量と τ_y との関係[5]

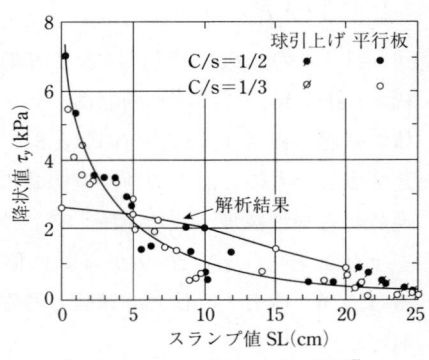

図-6.8 スランプ値と τ_y との関係[5]

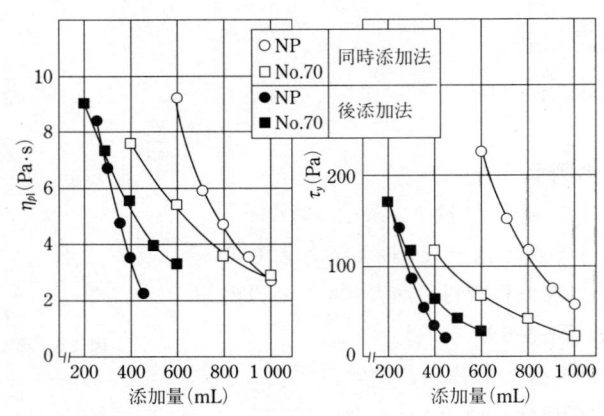

図-6.9 流動化剤の添加量,添加法の η_{pl}, τ_y の関係[6]

に顕著な差がある(**図-6.9**[6]).

6.2.3 グラウト用傾斜管試験

(1) 測定方法

a. 適用範囲　この試験方法は,P漏斗流下時間が16～22s程度のAE減水剤を用いたプレパックドコンクリート用注入モルタル(以降,グラウトモルタルと呼ぶ)およびJ漏斗流下時間が6～12s程度のPCグラウトや,高性能AE減水剤を用い

たグラウトモルタルおよび PC グラウトのレオロジー定数の測定に適用する．

b. 測定理論　　傾斜管法は，漏斗法の改良として考案したものである．すなわち，**図-6.10** を参照して漏斗内試料の液面と流出管の出口にエネルギー方程式を適用すれば[8),9)]，

$$\frac{V^2}{2g}+Z+l=\frac{V_0^2}{2g}+f_m\frac{V_0^2}{2g}+h_l \qquad (6.9)$$

ここで，V：漏斗内液面の流速(cm/s)，V_0：流出管出口流速(cm/s)，Z：液面の高さ(cm)，l：流出管の長さ(cm)，$f_m(V_0^2/2g)$：漏斗から流出管に流入する時の損失エネルギー(cm)，h_l：流出管における損失エネルギー，f_m：損失係数．

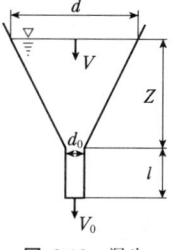

図-6.10　漏斗

式(6.9)に $V=\left(\dfrac{d_0}{d}\right)^2 V_0$ および $h_l=\dfrac{l}{K}V_0$ を代入し，V_0 について解けば，

$$V_0=\frac{2}{\dfrac{l}{K(Z+l)}+\sqrt{\dfrac{l^2}{K^2(Z+l)^2}+\dfrac{2}{g(Z+l)}\left\{1+f_m-\left(\dfrac{d_0}{d}\right)^4\right\}}} \qquad (6.10)$$

ただし，

$$K=\frac{\rho g R^2}{8\eta_{pl}}\left\{1-\frac{4}{3}\left(\frac{2\tau_y}{\rho g I R}\right)+\frac{1}{3}\left(\frac{2\tau_y}{\rho g I R}\right)^4\right\}$$

ここで，R：管の内半径(cm)，ρ：グラウトの単位容積質量(g/cm³)，I：エネルギー勾配，g：重力加速度(cm/s²)，η_{pl}：塑性粘度(Pa·s)，τ_y：降伏値(Pa)．

式(6.10)において，$l=0$ の場合

$$V_0=\sqrt{\frac{2gZ}{1+f_m-(d_0/d)^4}} \qquad (6.11)$$

となり，流出速度は漏斗の深さや内径および流出管の内径に関係し，グラウトの物性にはほとんど無関係となる．この場合，損失係数のみが物性値に関連するが，その値は1以下となっており，流出速度への影響は小さい．これに対して，流出管の長さが十分長い場合には，式(6.10)は次式で表される．

$$V_0=\frac{K(Z+l)}{l} \qquad (6.12)$$

したがって，漏斗の流出管を長くするほどグラウトの物性値と密接な関係を持つ測定値が得られる．土木学会規準に規定されている P 漏斗の流出管の長さは，3.8

cm，JA 漏斗および JP 漏斗はともに 3 cm で，漏斗の深さに比べて短く，J₁₄ 漏斗の場合には流出管がない．

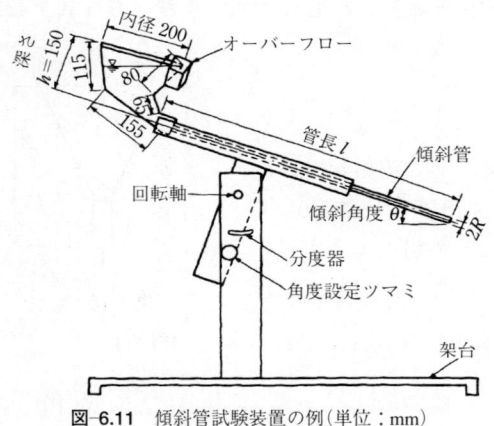

これらの検討結果を踏まえ，漏斗法の改良法である傾斜管試験装置の諸元について検討を重ねた結果[8]，流出管は直径 20 mm，長さ 70 cm のステンレス鋼管とし，これを水平近くに設置する．これは動水勾配を小さくして，管壁と試料間にすべりが生じないよう配慮したものである．漏斗の形状を上端内径 20 cm，深さ 15 cm のベルマウス形(朝顔形)とし，液面の流速を管内の流速に比べて十分小

図-6.11 傾斜管試験装置の例(単位：mm)

(1/100)となるようにするとともに，漏斗上端にオーバーフローを設け，試料の流れが定常流となるよう配慮した．傾斜管試験装置の概要を図-6.11 に示す．

この傾斜管内におけるグラウトモルタルや PC グラウトの流量は，バッキンガム式［式(6.13)］で与えられる．

$$Q = \frac{\pi R^4 \Delta P}{8 l \eta_{pl}} \left\{ 1 - \frac{4}{3}\left(\frac{r_y}{R}\right) + \frac{1}{3}\left(\frac{r_y}{R}\right)^4 \right\} \tag{6.13}$$

ここで，Q：流量(cm³/s)，ΔP：圧力差(Pa)＝$\rho g I l$，ρ：試料の単位容積質量(g/cm³)，l：管長(cm)，r_y：栓流半径(cm)＝$2 l \tau_y / \Delta P$

式(6.13)を書き換えて，

$$Q = \frac{\pi R^4 \rho g I}{8 \eta_{pl}} + \frac{2 \pi \tau_y^4}{3 \eta_{pl}(\rho g I)^3} - \frac{\pi R^3 \tau_y}{3 \eta_{pl}} = A \rho g I + \frac{B}{(\rho g I)^3} - C \tag{6.14}$$

ここで，$\rho g I$：動水勾配$\{= \rho g (\mathrm{h}\cos\theta + l \sin\theta)/l\}$，$h$：ホッパの深さ(cm)，$\theta$；傾斜角度(°)．

$$A = \frac{\pi R^4}{8 \eta_{pl}}$$

$$B = 2\frac{\pi}{3}\frac{\tau_y^4}{\eta_{pl}}$$

$$C = \frac{\pi R^3}{3}\frac{\tau_y}{\eta_{pl}}$$

式(6.14)から求めた定数 A および C を用い,塑性粘度および降伏値は,式(6.15)から算出する.

$$\left.\begin{array}{l} \eta_{pl} = \dfrac{\pi R^4}{8 A} \\[2mm] \tau_y = \dfrac{3 R C}{8 A} \end{array}\right\} \qquad (6.15)$$

式(6.14)および(6.15)を用いてレオロジー定数を決定する場合,傾斜角度を多数に変化させて流量を測定し,最小自乗法を適用してレオロジー定数の最確値を決定するのが望ましいが,動水勾配を3水準に変化させて測定した流量を用いた場合(以降,簡易法と呼ぶ)でも十分信頼度の高い試験値が得られる.すなわち,後述する測定結果の例(表-6.4参照)によれば,通常のコンシステンシーを有するグラウトモルタルについて傾斜管試験装置によって求めたレオロジー定数と回転粘度計によって求めた値とはほぼ一致しており,両者の比は塑性粘度で 0.82~1.13,降伏値で 0.94~1.15 となっている.

次に,図-6.12 は P 漏斗流下時間 16~20 s の3種類のグラウトモルタルを用いて,管長を 100~300 cm とし,それぞれの傾斜角度を 5~60° に変化させた場合の動水勾配と傾斜管流量と

表-6.4 傾斜管の内半径および管長[9]

	グラウトモルタル	PC グラウト
管の内半径 R(cm)	1	0.8
管長 l(cm)	70	50

の関係を示したものであって,動水勾配が 1.0 を超えると,実測流量は計算流量より次第に大きくなり,管壁面で試料がすべりを生じたことを示している.図-6.13 は,J 漏斗流下時間 6~12 s の3種類の PC グラウトを用い,管長を 50~200 cm とし,傾斜角度を 5~60° に変化させた場合の動水勾配と傾斜管流量との関係を示したものである.実測流量と計算流量とが一致する動水勾配の範囲は,グラウトモルタルと若干相違しているが,PC グラウトの配合の相違にかかわらず 0.4~1.2 の範囲で一致している.しかし,動水勾配がこれより大きくなると,実測流量は計算流量より次第に大きくなり,管壁面で試料がすべりを生じていることがうかがわれる.したがって,式(6.13)を用いてグラウトモルタルおよび PC グラウトのレオロ

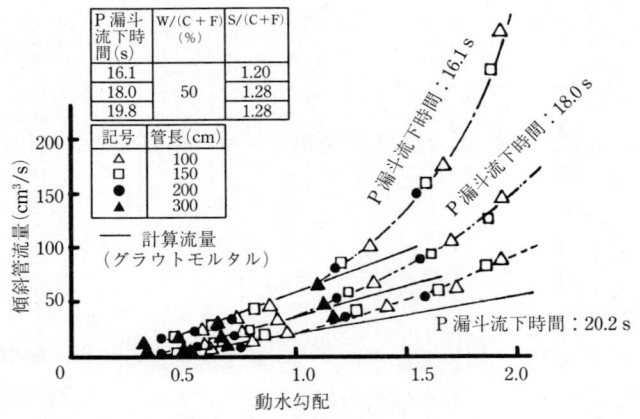

図-6.12 動水勾配と傾斜管流量との関係（グラウトモルタル）[9]

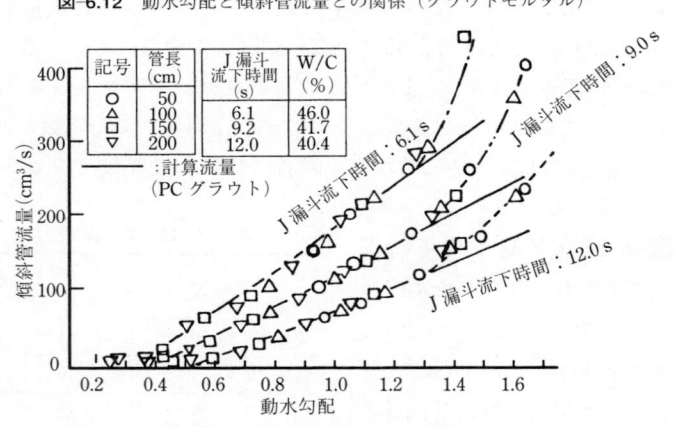

図-6.13 動水勾配と傾斜管流量との関係（PCグラウト）[9]

ジー定数を求めるには，グラウトモルタルの場合，動水勾配が1.0以下，PCグラウトの場合1.2以下となるような条件で流量を測定することが必要である．

なお，傾斜管試験の所要時間は約1分間であり，グラウト圧送の現場においても管理試験として活用できるし，事前に試験を行うことによりグラウトの圧送計画におけるポンプ機種の選定等にも利用できる[10]．

通常の単位容積質量を有するグラウトモルタルやPCグラウトの場合には，**表-6.4** および **図-6.11** に示す諸元の傾斜管試験装置を用い，傾斜角度を15°以下とすれば上記の範囲となり，管壁ですべりが発生することはなく，傾斜管試験によって

適切なレオロジー定数が測定できる．

c. 試験器具
① 傾斜管試験装置は，**図-6.11**のように，オーバーフローを設けた上端内径20 cm，深さ15 cmのベルマウス型の試料ホッパと**表-6.4**に示す寸法でシームレスのステンレス製の傾斜管および管の傾斜角度を5，10および15°に設定できる分度器を備えた支持台を有するものとする．
② 試料採取容器は，取手の付いたもので，容量2L程度のものとする．
③ はかりは，秤量5kg，目量が0.1gまたはこれより精度がよいのもとする．
④ 単位容積質量の測定容器は，JIS A 5002 5.12 b)に示される容量0.5Lのものとする．

d. 試験手順
① 傾斜管の傾斜角度を15°に設定した後，ホッパに試料を投入し，常にオーバーフローさせる．
② 傾斜管出口より試料が流出し始めて約5s後，試料を10s間，試料採取容器によって採取する．
　　備考　グラウトモルタルおよびPCグラウトの流動性は，練混ぜを完了してから試験終了までの時間や温度の影響を受けやすいので，試験は速やかに実施しなければならない．
③ 採取した試料の質量を測定し，wとする．
④ 傾斜角度15°の他に10°および5°についても②〜③の操作を繰り返し，それぞれの傾斜角度において試料を採取する．
⑤ 採取した試料を用い，JIS A 5002 5.12 d)に準じて，単位容積質量を測定する．

e. 結果の計算
① 単位時間当りの流量の計算：動水勾配を3水準に変化させて採取した試料の質量とそれぞれの試料採取時間および単位容積質量を式(6.16)に代入し，単位時間当りの流量Q_Aを求める．

$$Q_A = \frac{w}{t\,\rho} \tag{6.16}$$

ここで，Q_A；単位時間当りの流量(cm³/s)，w；採取した試料の質量(g)，t；試料採取時間(s)．

② 実験定数の計算:単位時間当りの流量を $Q_A=Q$ とし,これを式(6.14)に代入して連立方程式を解き定数 A および C を求める.
③ 塑性粘度および降伏値の算出:式(6.14)から求めた定数 A および C を式(6.15)代入し,塑性粘度および降伏値を四捨五入によって有効数字3桁まで求める.この求めたレオロジー定数に98.1を乗ずることによりSI単位のレオ

表-6.5 傾斜管流量から算定したレオロジー定数[3]

グラウトの種類	漏斗流下時間(s)	W/(C+F)(W/C)(%)	S/(C+F)	傾斜管流量 傾斜角度(°)	傾斜管流量 動水勾配	傾斜管流量 流量(cm³/s)	グラウトのレオロジー定数 傾斜管 η_{pl} (Pa·s)	グラウトのレオロジー定数 傾斜管 τ_y (Pa)	グラウトのレオロジー定数 回転粘度計 η_{pl} (Pa·s)	グラウトのレオロジー定数 回転粘度計	グラウトのレオロジー定数 回転粘度計 τ_y (Pa)	グラウトのレオロジー定数 回転粘度計	比=傾/回 η_{pl}	比=傾/回 τ_y
グラウトモルタル	P漏斗 16.0	50.0	1.20	5	0.579	61.8	0.22	8.24	0.23	0.23	9.81	7.16	0.96	1.15
				10	0.749	91.2			0.23		6.08			
				15	0.914	121			0.22		5.59			
	P漏斗 17.8		1.25	5	0.596	43.7	0.30	9.61	0.31	0.30	10.2	9.62	1.00	1.00
				10	0.771	66.2			0.30		11.0			
				15	0.786	88.2			0.30		7.65			
	P漏斗 19.8		1.28	5	0.607	30.0	0.44	9.91	0.43	0.42	11.9	10.2	1.05	0.97
				10	0.786	45.8			0.42		9.22			
				15	0.958	60.9			0.41		9.51			
	P漏斗* 36.3	35.2	1.28	5	0.642	34.8	0.71	0.00	0.88	0.87	0.00	0.00	0.82	—
				10	0.831	45.0			—		—			
				15	1.01	54.7			0.86		0.00			
セメントペーストグラウト	J漏斗 6.1	(46.0)	—	5	0.889	57.9	0.18	6.87	0.18	0.18	4.12	6.28	1.00	1.09
				10	1.04	70.5			0.16		7.16			
				15	1.18	82.5			0.19		7.55			
	J漏斗 9.2	(41.7)	—	5	0.906	21.2	0.26	17.4	0.24	0.23	18.0	16.7	1.13	1.04
				10	1.06	29.5			0.22		15.1			
				15	1.20	37.4			0.23		17.0			
	J漏斗 12.0	(40.4)	—	5	0.915	11.5	0.44	17.6	0.42	0.46	20.1	18.7	0.96	0.94
				10	1.07	17.0			0.45		18.0			
				15	1.22	22.2			0.52		17.9			

注) グラウトモルタル:管の内半径1cm,管長100cm,PCグラウト:管の内半径0.8cm,管長50cm
η_{pl}:塑性粘度,τ_y:降伏値,減水剤:PN 8 (Ad/C+F=0.25%).
* 高性能減水剤:CF 8 (C×0.10%).

ロジー定数を求めることができる．

(2) 測定結果の例示

表-6.5は，P漏斗流下時間16～20sおよび高性能AE減水剤を添加したグラウトモルタル，ならびにJ漏斗流下時間6～12sのPCグラウトについて，**6.1.2(1) d.** に従って傾斜管試験を行った結果を示したものである．また，同一バッチのグラウトモルタルおよびPCグラウトを用いて回転粘度計によるレオロジー定数を測定し，**表-6.5**に併記した．測定に用いた回転粘度計は，内円筒半径1.25cm，外円筒半径2.5cmの外円筒回転型の2重円筒型のものである．**表-6.5**において，傾斜角度を5～15°にすることにより，動水勾配はグラウトモルタルの場合1.0程度以下，セメントペーストグラウトの場合1.2程度以下となっており，管壁面で試料がすべりを生じない条件を満足している．また，傾斜管によるレオロジー定数の測定値は，回転粘度計による試験結果とほぼ一致している．

6.2.4 三軸圧縮試験

(1) 測定方法

a. 適用範囲　フレッシュモルタルおよびフレッシュコンクリートを対象とする．型枠に装着したゴムスリーブ内に詰めた試料は，型枠のまま試験装置内に設置し，所定の側圧を加えて脱枠する．その時，自立しないものは，試験に適用できない．したがって，本試験に用いる試料は，コンシステンシーが大きい硬練りのもので，その目安は，スランプ値で約10～12cmの範囲程度以下である．

b. 測定理論　試験は，せん断時における排水条件により，①非圧密非排水試験，②圧密非排水試験，③圧密排水試験の3種類の方法に分類される．これらの試験の測定原理は，次のとおりである[11～13]．

① 非圧密非排水試験（UU test）：側圧載荷時（等方圧力時）およびそれ以後の軸荷重の増加によるせん断時に供試体中の水の排水が行われない．

② 圧密非排水試験（CU test）：側圧載荷時（等方圧力時）に排水するが，それ以後の軸荷重の増加によるせん断時に供試体中の水の排水が行われない．

③ 圧密排水試験（CD test）：側圧載荷時（等方圧力時）およびそれ以後の軸荷重の増加によるせん断時ともに供試体中の水の排水が行われる．

以上から，土の場合，設計に必要とする強度定数を考慮し，土の性質や状態および現場条件等より最も妥当な試験方法を選定することとしている[13]．

また，強度定数(c, ϕ)を求める場合，全応力[$\sigma=\sigma_1-(\sigma_2=\sigma_3)$]を用いる場合と，間隙水圧($U$)を考慮した有効応力($\sigma'=\sigma-U$)を用いる場合の2通りあり，これも前述の試験方法と同様に選定することとしている．

そこで，フレッシュコンクリートの場合は，練混ぜ後の施工の取扱いにおいて施工が完了するまで均一で体積変化が起こらない．したがって，コンクリート中の間隙水の出入りはなく，その変形や流動は，外力および内力の作用によるものとなる．これらのことから試験方法は，①非圧密非排水試験を適用し，強度定数(c, ϕ)は，全応力($\sigma=\sigma_1-\sigma_2$)を求める．

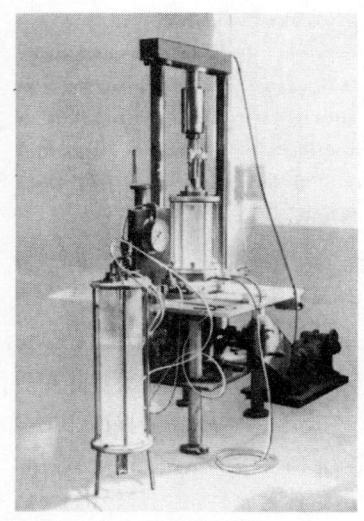

写真-6.1 三軸圧縮試験機
[提供：(株) 丸東製作所]

c. 装置諸元[14]　試験機の全容を**写真-6.1**に，装置の構成を**図-6.14**に示す．試験機は，$\phi 10\times 20$ cm 供試体用で，最大軸荷重および側圧が 50 kN および 0.7 MPa 載荷可能なもので，間隙水圧および体積変化の測定が行えるものである．**表-6.6**に試験機の性能を示す．

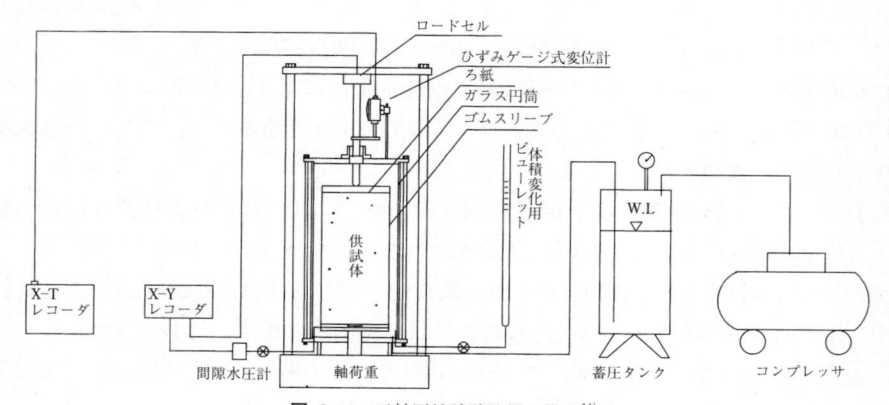

図-6.14 三軸圧縮試験装置の構成[14]

6.2 測定法

表-6.6 三軸圧縮試験機の性能[14]

載荷枠	耐力 50 kN (圧力計 5.0 kN)
三軸室	適用供試体 φ10×20 cm 用 (ガイドローラ付)
側圧	最大 0.7 N/mm² (圧力調整弁付)
ひずみ制御	速度 0.5～2 mm/min
	モータ 0.2 kW，100 V
透明蓄圧水槽	約 10 L (圧力計付)
機体概略寸法	約幅 230 mm×奥行 80×高さ 192 cm

① 主要部

1) 三軸圧力室；肉厚が 20 mm で，内径 170 mm×高さ 323 mm の試験状況の観察が可能な透明なアクリル製円筒に上蓋および底蓋をボルトで締め付けたものである．

2) 水圧装置；三軸圧力室に送る水圧水は，肉厚が 10 mm で，160 mm×高さ 500 mm の透明なアクリル製円筒の水槽内に貯水し用いる．水圧水の送水および水圧の調節は，コンプレッサで水槽内に蓄圧した圧力を水槽に装着した水圧調節弁により行う．

3) 軸荷重装置；軸荷重は，試験機台座にセットした三軸室を台座下部に装着した無段変速機モータにより上昇させ行う．

軸荷重は，三軸室の上蓋に装着してある上下可動式鉄製丸棒を介して，試験機にボルトで組み立てた反力用鉄製フレームに取り付けたロードセル (5.0 KN) により，変位は，軸棒に取り付けたひずみゲージ式のダイヤルゲージ型変位計でそれぞれ測定する．

4) 間隙水圧測定装置；フレッシュコンクリートの間隙水圧は，試料中央部と端部で相違ないことから，間隙水の取出しを操作が簡単に行える後述する付属品の供試体成形用底板の上面からとしている．

間隙水圧の測定は，間隙水の取出しパイプの途中に設置したひずみゲージ式間隙水圧計で行う．

5) 体積変化測定装置；体積変化の測定は，間隙水の増減量を間隙水の取出しパイプの分岐管に取り付けたビューレット内の水の増減を目視で読み取り行う．

② 付属品
1) ゴムスリーブ；ゴムスリーブは，供試体成形用側枠付底板の周囲に覆うようにして取り付けた後，底板に装着してある側枠の内側に設置する[図-6.15(a)]．

　　ゴムスリーブの厚みは，供試体の変形に影響を及ぼさない約 0.2～0.75 mm の範囲とし，耐久性をも考慮してなるべく薄いものを用いる[15]．

2) 供試体成形用自動開式側枠付底板；底板は，直径 100 mm で，排水用の直径 4 mm の中心孔を持つ．この底板には，供試体成形用の内径 101 mm の自動開式側枠を取り付けてある．

　　側枠の自動開は，側圧を加えた後，施部を空気圧で押し上げ行う[図-6.15(a)]．

3) 載荷版；直径 100 mm で 2 つのエア抜きバルブを装着している．材質は，自重の影響がないよう塩化ビニル等の軽いものである[図-6.15(a)]．

4) ろ紙；試料と載荷板間および底板間に敷き，エア抜き孔および排水孔の試料による目詰まり防止用として用いる[図-6.15(a)]．

5) 供試体傾斜防止用円板；厚み約 5 mm 程度のゴム製で，くり抜き孔を有する外径 170 mm および内径 110 mm のものである．この円板の設置は，型枠内の試料上面に載荷板を設置した時に載荷板高さ中央に設置する(図-6.16)．

6) 間隙水圧計；ひずみゲージ式変換器のダイヤフラム型のもので，間隙水圧

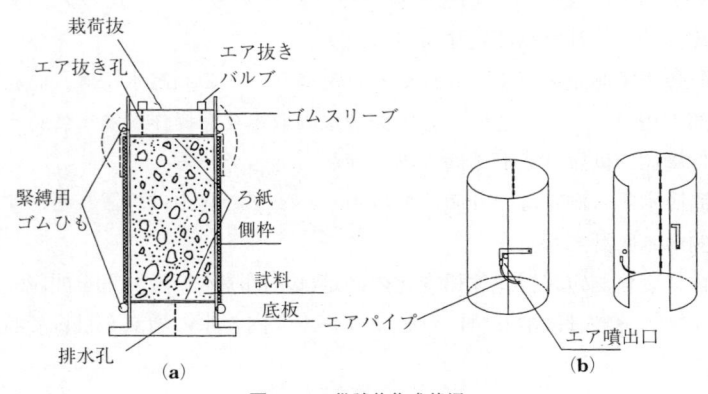

図-6.15　供試体作成状況

の受圧が円形断面とし，圧力容量は，約 0.2 MPa 程度(図-6.14).

7) 体積変化測定用ビューレット；ビューレット容量は，100 mL 程度(図-6.14).

8) 軸荷重検出用ロードセル；圧縮型のロードセルで，その容量は，約 5 kN 程度とし，受圧突起部に球座を介して用いるものとする(図-6.14).

9) 変位計；ひずみゲージ式変換器で，直読観察が可能なダイヤルゲージ型(1/100 mm)とし，変位容量は，50 mmm 程度のもの(図-6.14).

10) X-T レコーダ；軸荷重-変位曲線を記録する．

11) X-Y レコーダ；軸荷重-間隙水圧の関係を記録する．

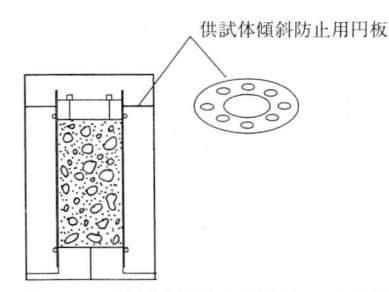

図-6.16 供試体傾斜防止用円板セット状況

d. 測定の手順[16]　図-6.17 に測定の手順のフローを示す．これらの手順の詳細は，以下のとおりである．

① 供試体の作製

1) 側枠付底板を三軸室外に取り出し，側枠内側にゴムスリーブを設置した側枠内に試料を詰め，上面を均し成形する．

　試料の作製は，JIS A 1132「コンクリートの強度試験用供試体の作り方」に準じ，試料は，底板上にろ紙を敷いた側枠内に 2 層に分けて詰め，各層の締固めを突き棒で 10 回ずつ行う方法による．

2) 均した試料上面にろ紙を敷き，その上に載荷板を設置する．この時，試料と載荷板間が密着するようエア抜きバルブによりエア抜きを行いながら設置する．載荷板を設置後，ゴムスリーブの端部は，載荷板を覆うように被せ，ゴムスリーブと載荷板間より水の出入りが起こらないようにゴムひもで緊縛する(図-6.15)．

② 供試体の三軸室への設置

1) 作製した供試体は，前述の状態のまま底板ごと設置用 T バーで持ち上げ，

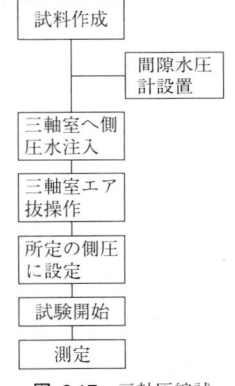

図-6.17 三軸圧縮試験の手順[16]

三軸室底面に設置する．ただし，設置前に間隙水管に通水し，間隙水圧を0に合わせバルブを閉めておく．また，体積変化測定用ビューレットも同様の手順でビューレット容量の約1/2ぐらいに通水し，バルブを閉めておく．
2) 極力振動を加えないようアクリル製の三軸室側枠を設置する．この設置後，直ちにゴム製の供試体傾斜防止用円板を装着する（図-6.16）．
3) 上下可動式鉄製丸棒を装着している三軸室用上蓋を設置する．この時，供試体を圧縮しないよう丸棒をあらかじめ上方向に移動させておくことに注意する．

③ 側圧の載荷（等方圧力）
1) 側圧水の送水は，三軸室上蓋のエア抜きバルブを開けておき，載荷側圧より小さい水圧に調節し行う．
2) 三軸室に注水後，エア抜きバルブを閉め，側圧を約 0.01 MPa 程度に調節し，上下可動式丸棒を載荷板に接触させ，これをネジで止めて固定する．
3) ロードセルの圧力は，丸棒を固定した状態で軸荷重装置を運転し，三軸室全体を上昇させ，圧力が 0 MPa になるようロードセルに接触させる．
4) 所定の側圧とする．側圧の大きさは，例えば一般にコンクリートの打設条件（打上がり速度 1～1.5 m/30 min）を考慮し，0.01～0.10 MPa の範囲で，0.02 MPa ごと 3～6 種類とする．
5) 変位計を設置する．

④ 軸方向圧縮荷重の載荷
1) 上下可動式鉄製丸棒の固定用ネジをゆるめ，丸棒をフリーの状態にする．
2) 三軸室を上昇させ載荷する．載荷は，ひずみ速度 0.5 %/min のひずみ制御法で行う（ひずみ速度を 1 %/min 程度と速くすると，間隙水や体積変化の正確な側圧値が得られにくい）．

⑤ 軸圧縮荷重の測定：ロードセルにより行う．
⑥ 間隙水圧の測定：間隙水圧測定用バルブを開け測定する．
⑦ 体積変化の測定：ビューレットのバルブを開け，ビューレット内の水の増減を目視により測定する．

e. **強度定数(c, ϕ)の決定**[16~18]
① 軸圧縮荷重-ひずみ曲線（図-6.18）より破壊時の軸圧縮応力 $\sigma_1 = P_1/A$（P_1：軸圧縮荷重，A：供試体断面積）を求める．軸圧縮荷重-ひずみ曲線において明

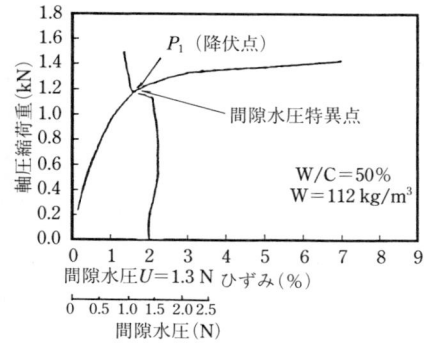

図-6.18 軸圧縮荷重-ひずみ・間隙水圧曲線[16]

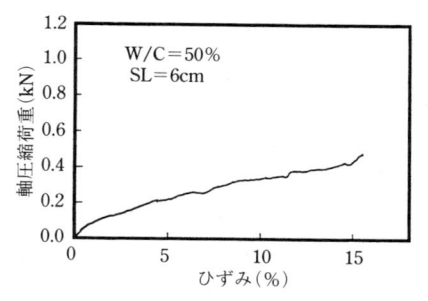

図-6.19 破壊点が現れない軸圧縮荷重-ひずみ 曲線[16]

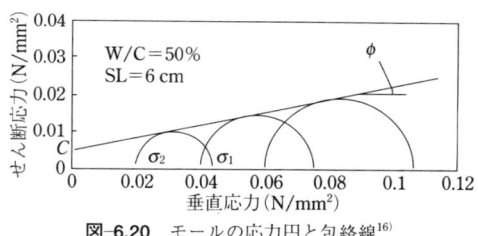

図-6.20 モールの応力円と包絡線[16]

瞭な破壊のピークが現れない場合（図-6.19），間隙水圧-軸圧縮荷重曲線において間隙水圧が急激に低下する特異点の軸圧縮応力 σ_1 を求める（図-6.18）．

② 軸差応力 $\sigma = \sigma_1 - \sigma_2$（$\sigma_2$：側圧）を求め，$\sigma$ を直径としたモールの応力円を描く．

③ 各側圧下における σ のモールの応力円の共通接触を描き，この傾斜角を内部摩擦角 $\phi(°)$ および縦軸（τ 軸）の切片を粘着力 C(Pa) とする（図-6.20）．

(2) 測定結果の例示[16～18]

a. コンクリートの品質と強度定数の関係

① スランプ値と強度定数：試験に用いたコンクリートは，表-6.7に示す配合であって，スランプ値 2, 4, 6, 8 および 10 cm のプレーンコンクリートである．

　結果は，図-6.21のとおりであって，同一水セメント比の場合，スランプ値の変化による粘着力の相違は認められない．しかし，内部摩擦角は，スランプ値が大きくなるほど小さくなる傾向を示した．

② 水セメント比と強度定数：結果は，図-6.22のとおりであって，同一スランプ値の場合，水セメント比が大きくなるほど粘着力は若干小さくなる．これに

表-6.7 コンクリートの配合[16]

水セメント比(%)	細骨材率(%)	目標スランプ(cm)	単位量(kg/m³)			
			水	セメント	細骨材	粗骨材
50	46.5	2	166	332	870	1 024
		4	169	338	864	1 017
		6	173	346	856	1 008
		8	176	352	850	1 000
		10	179	358	844	993

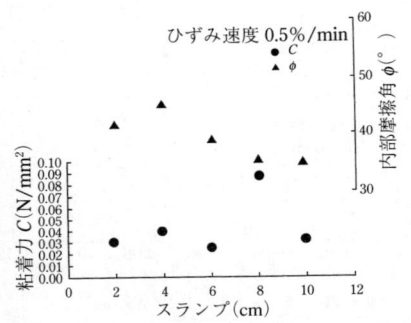

図-6.21 スランプと粘着力, 内部摩擦角の関係[16]

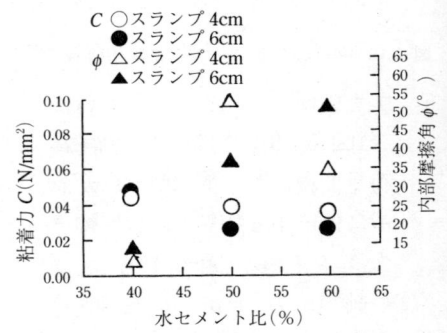

図-6.22 水セメント比と粘着力および内部摩擦角の関係[16]

対し, 内部摩擦角は, 明らかな増加を示した.

b. 体積変化　プレーンコンクリート, AE コンクリート, 人工軽量骨材コンクリートおよび粘稠コンクリートの結果を図-6.23～6.26 に示す.

これらの結果よりそれぞれのコンクリートの体積変化の特徴は, 次のとおりである.

① プレーンコンクリート:体積ひずみは, 軸圧縮荷重の増加とともに増加する傾向を示す.

② AE コンクリート:プレーンコンクリートに対し AE コンクリートの場合, 体積ひずみは, 軸圧縮荷重載荷後若干増大するが, ほぼ一定となり, その後減少することを示す.

③ AE 人工軽量骨材コンクリート:プレーンコンクリートと同様に体積ひずみは, 増加する.

④ 粘稠コンクリート:粘稠剤によりある程度以上の粘性とした粘稠コンクリー

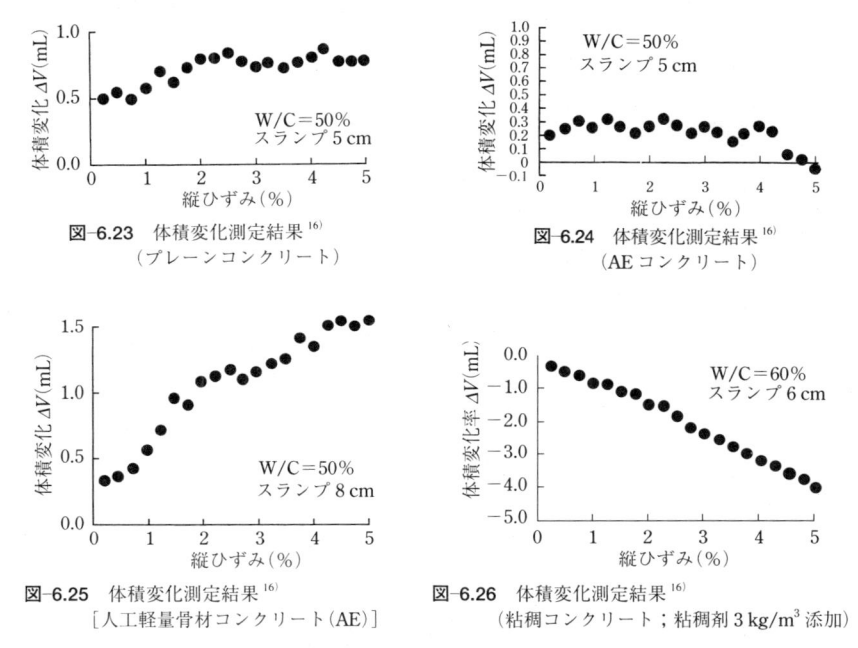

図-6.23 体積変化測定結果[16]
（プレーンコンクリート）

図-6.24 体積変化測定結果[16]
（AEコンクリート）

図-6.25 体積変化測定結果[16]
［人工軽量骨材コンクリート(AE)］

図-6.26 体積変化測定結果[16]
（粘稠コンクリート；粘稠剤 3 kg/m³ 添加）

トの場合は，体積ひずみが減少する傾向を示す．

以上のことは，コンクリートの種類によりせん断破壊性状が異なることを示すものである．すなわち，プレーンコンクリートは，骨材粒子が密に接触することから，形状変化は，体積の増加を伴う．AEコンクリートや粘稠コンクリートの場合は，良好なワーカビリティーとしていることや粘稠剤により不分離性としていることにより骨材粒子がマトリックス中でより締め固まった状態になるように容易に向きが変えられ，また，人工軽量骨材コンクリートの場合は，AEとしても骨材の大きな吸水性によりマトリックス中の水分が荷重の増加により骨材内部に吸収され，プレーンコンクリートと同様の傾向を示すことからである．

6.3 推定法

6.2に示したようにフレッシュコンクリートの物性値の測定は一般に手数がかかり熟練も要するので，粘度式による塑性粘度の推定ならびにスランプからの降伏値

の推定は，施工計画の立案や施工手順の事前照査等に際しきわめて有効である．

6.3.1 粘度式による塑性粘度の推定

粘度式に関する研究が本格的に行われるようになったのは Newton の粘性法則の発表以来，約 200 年を経過した 19 世紀末からである．これらの粘度式の主要なものを発表された年代別に**表-6.8**に示す．

表-6.8に示すように粘度推定法に関する研究は，Einstein の希薄サスペンションの粘度式に始まり，モデルとして等径球を用いた高濃度サスペンションの粘度式の研究へと進み，さらにこれらを一歩進めてセメントコンクリートの粘度式の開発が行われている．

(1) セメントペーストの粘度式

標準状態(20℃練混ぜ直後)のセメントペーストの粘度式を次に示す．これは，Roscoe 式[式(6.20)参照]の団粒の形状係数をセメントの粉末度(ブレーン比表面積)の一次関数で表し，任意性を与えたものである(**図-6.27**参照)．また，K_2 はセメントの体積濃度によって変化し，**図-6.28**に示すようにセメントの体積濃度の指数関数で表される．

$$\eta_{re} = \frac{\eta}{\eta_0} = \left(1 - \frac{1}{C}V\right)^{-(k_1\phi + k_2)} \tag{6.17}$$

ここで，η_{re}：セメントペーストの相対粘度，η：セメントペーストの塑性粘度(Pa·s)，η_0：溶媒(水)の粘度(Pa·s)，C：セメントの実積率，V：セメントの体積濃度，ϕ：セメントのブレーン比表面積(cm²/g)，k_1，k_2：実験定数($k_1 = 3.11 \times 10^{-5}$，$k_2 = k_3 V^j$，$k_3 = 1.32$，$j = -1.43$)．

団粒状態のセメントの実積率は，$C = \xi C'$ で表される．ξ の値は不明であるが，団粒状態のセメントは，互いに点接触と考えられるので，ξ は近似的に 1.0 と考えてよい．

セメントの実積率は，次の方法で求める．すなわち，顔料における試験方法[19]を参考にして JIS R 5201 に規定するブレーン空気透過装置のセルとプランジャを用いプランジャの深さからセメントの容積を求め，その時のセメントの質量から実積率 C' を計算する．**表-6.9**は，このようにして求めたポルトランドセメントの単

6.3 推定法

表-6.8 粘度式の研究成果

発表年	研 究 者	粘 度 式	摘 要
1911	A. Einstein[25]	$\eta_{re}=1+2.5V$	稀薄な剛体球の懸濁液 V：体積濃度
1936	E. Guth[26] R. Simha[26]	$\eta_{re}=1+2.5V+14.1V^2$	等径球懸濁液 V：体積濃度
1943	R. N. Weltman[27] H. Green[27]	$\eta_{rt}=(\eta_0+A)e^{BC}$	S. Arrhenius 式の応用 $A,\ B$：実験定数
1948	V. Vand[28]	$\eta_{re}=1+2.5V+7.349V^2$	等径球懸濁液 V：体積濃度
1949	J. V. Robinson[29]	$\eta_{re}=\dfrac{KV}{1-V/c}$	K：実験定数，V：体積濃度 c：溶質の実績率
1951	M. Mooney[30]	$\eta_{re}=\exp\left(\dfrac{2.5V}{1-KV}\right)$	K：材料特性値 V：体積濃度
1952	H. C. Brinkman[31]	$\eta_{re}=(1-V)^{-2.5}$	広い粒径分布で高濃度 V：体積濃度
1952	R. Roscoe[32]	$\eta_{re}=(1-1.35V)^{-2.5}$	等径球で高濃度　V：体積濃度
1956	森　芳郎[33] 乙竹　直[33]	$\eta_{re}=1+\dfrac{3}{(1/V-1/C)}$	C：極限高濃度 V：体積濃度
1976	E. M. Petrie[34]	$\eta_{re}=(1-1.35V)^{-2.5}$	Roscoe 式を始めてセメントペーストに応用
1978	角田　忍[35] 明石外世樹[35]	$\eta_{re}=1+\dfrac{3}{1/V-1/0.52}$	森，乙竹の式をセメントペーストに応用．V：体積濃度
1979	W. Vom. Berg[36]	$\eta_{re}=7.72\times10^{-5}\,e^{18.8V}\,S^{2.47}$	V：体積濃度
1981	水口裕之[37] 大山亮一[37]	$\eta_{pl}=a\,e^b\,V$	$a,\ b$：実験定数 V：体積濃度
1985	村田二郎[38] 菊川浩治[38]	$\eta_{re}=\left(1-\dfrac{V}{c}\right)^{-aV^{\beta}\phi^{\gamma}}$	$a,\ \beta,\ \gamma$：実験定数 V：体積濃度，c：実績率
1992	J. Murata[39] H. Kikukawa[39]	$\eta_{re}=\left(1-\dfrac{V}{c}\right)^{-(a\mu+b)}$	$a,\ b$：実験定数，V：体積濃度，C：実績率，μ：粗粒率

η_{sp}：比粘度，$\eta_{sp}=\dfrac{\eta}{\eta_0}-1=\eta_{re}-1$

η_{re}：相対粘度，$\eta_{re}=\dfrac{\eta}{\eta_0}$，ただし，$\eta_0$ は懸濁液の粘度

η_{pl}：塑性粘度 (Pa·s) (1 ポイズ=0.1 Pa·s)

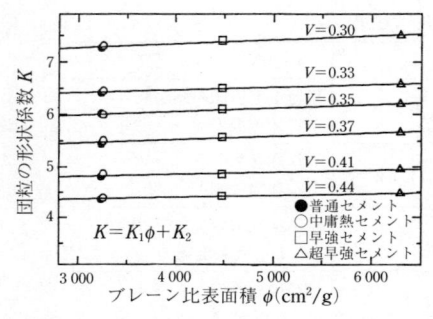

図-6.27 セメントペーストにおける団粒の形状係数とブレーン比表面積

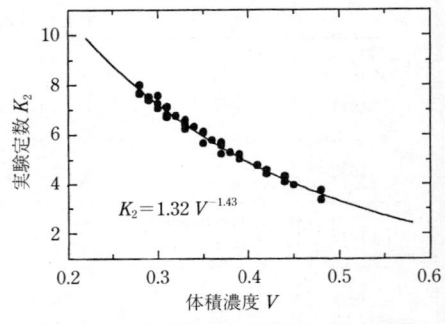

図-6.28 実験定数 K_2 と体積濃度 V との関係

表-6.9 ポルトランドセメントの単位容積質量

種類	普通			早強	超早強	中庸熱
	A	B	C			
単位容積質量(kg/m³)	1 677	1 713	1 746	1 672	1 595	1 720

表-6.10 水の粘度

$t(℃)$	$\eta(10^{-3}\,\mathrm{Pa\cdot s})$	$t(℃)$	$\eta(10^{-3}\,\mathrm{Pa\cdot s})$
0	1.792	40	0.653
5	1.520	50	0.528
10	1.307	60	0.467
15	1.138	70	0.404
20	1.002	80	0.355
25	0.890	90	0.315
30	0.797	100	0.282

位容積質量である．

式(6.17)の誘導にあたり，セメントは普通，早強，超早強および中庸熱セメントの4種，水セメント比は，40％から5％ずつ増加させて100％まで10種類(途中90％，95％を除く)総数40種類の組合せの試料について粘度測定を行い図-6.27および図-6.28に示す結果を得た．

表-6.10は，水の温度と粘性係数との関係表[20]である．ここで水の場合，温度が高くなると粘度が低下するが，セメントペーストの場合，逆に温度が高くなると，塑性粘度は増加する．これは，懸濁媒和による粘性の増加が水の粘性低下より卓越するためであると思われる．

セメントペーストの温度，練混ぜ後の経過時間が標準状態と相違する場合は，次式を用いて補正する[21]．

$$\Delta\eta_t = a_1(\mathrm{W/C})^2 + b_1(\mathrm{W/C}) + c_1 \tag{6.18}$$

ここで，$\Delta\eta_t$：温度1℃の変化に対する塑性粘度の増大量(Pa·s/℃)，W/C：水セメント比(％)，a_1, b_1, c_1：実験定数，$a_1=0.0015$, $b_1=-0.18$, $c_1=5.6$．

$$\Delta \eta_{ct} = \alpha_1 t^2 + \beta_1 t + \gamma_1 \tag{6.19}$$

ここで，$\Delta\eta_{ct}$：練混ぜ後の経過時間に伴う単位時間当りのセメントペーストの塑性粘度の増大量(Pa・s/h)，t：試料の温度(℃)，α_1, β_1, γ_1：実験定数で，その値は**表-6.11**に示す．

表-6.11 係数表

W/C	40	45	50	55	60
α_1	0.016	0.0033	0.0017	0.0017	0.0012
β_1	−0.29	−0.019	−0.015	−0.031	−0.033
γ_1	3.40	1.39	0.99	0.66	0.50

これらの式は，普通セメント1銘柄を用い，水セメント比40％から60％まで5％ずつ増加させた5種類のセメントペーストについて，練混ぜ時の温度を約10℃から5℃ずつ30℃まで変化させ，練混ぜ後の経過時間は0分から30分間隔に150分まで設定した総数55試料の粘度測定の結果から導かれている．

(2) コンクリートの粘度式

コンクリートは一種の高濃度サスペンションであるから，高濃度サスペンションの粘度式，すなわち，Roscoe式等を基本とする．Roscoe式の基本形を次に示す．

$$\eta_{re} = \left(1 - \frac{V}{C}\right)^{-k} \tag{6.20}$$

ここで，η_{re}：等径球高濃度サスペンッションの相対粘度，V：等径球の体積濃度，C：等径球の実績率，k：球体の形状係数．

Roscoe式を基礎として多種の材料・配合のセメントペースト，モルタルおよびコンクリートの粘度測定の結果(二重円筒型回転粘度計による)に基づく実用性の高い粘度式[22)]を以下に示す．

$$\eta_{re} = \left(1 - \frac{1}{C}V\right)^{-(a\mu+b)} \tag{6.21}$$

ここで，η_{re}：モルタルまたはコンクリートの塑性粘度(Pa・s)，C：細粗骨材の実積率，V：細粗骨材の体積濃度，μ：細粗骨材の粗粒率，a, b：実験定数(モルタルの場合 $a=-0.57$, $b=3.40$，コンクリートの場合 $a=-0.91$, $b=9.35$)．

コンクリートは，一種の高濃度サスペンションである．高濃度サスペンションと

してのコンクリートにおいては，その懸濁質は，粗骨材で懸濁媒はモルタルであると考える．また，モルタルは，その懸濁質が細骨材で，懸濁媒は，セメントペーストと考えるのが適当である．したがって，セメントペーストの粘度式は，モルタルおよびコンクリートの粘度式の基礎となるものであり，セメントペーストの粘度式からモルタルにおける懸濁媒の粘度を推定し，モルタルの粘度式からコンクリートの懸濁媒粘度を推定し，最終的にコンクリートの粘度式からコンクリートの塑性粘度を推定することを考えると，セメントペーストの粘度式は，きわめて重要なものとなる．

6.3.2 計算例

① セメントメントペーストの場合：式(6.17)を用いて標準温度(20℃)における塑性粘度を計算する．試料の温度が異なる場合，および練混ぜ後，時間が経過した場合は，式(6.18)，(6.19)を用いて塑性粘度を補正する．**表-6.12**に普通ポルトランドセメントを用い水セメント比50％の場合の推定例および精度を示す．

② モルタルおよびコンクリートの場合：モルタルおよびコンクリートの塑性粘度の推定には式(6.21)を用いる．この式を用いてコンクリートの塑性粘度を計算した推定例を**表-6.13**に示す．この表から配合条件および試料の温度ならびに経過時間が異なる場合でも，かなりの精度で塑性粘度を推定できることが理解できる．

普通ポルトランドセメントと川砂，川砂利を用い，粗骨材の最大寸法20 mm，水セメント比60％，細骨材率43％，20℃におけるスランプ20 cmのコンクリートについて，練混ぜ後の経過時間を30分および60分とした場合の塑性粘度の推定値と精度を**表-6.13**に示した．この場合の塑性粘度の推定値は，次の手順によって求めた．すなわち，

ⓐ セメントペーストの粘度式[式(6.17)および温度補正式(6.18)，さらに経過時間に対する補正式(6.19)]を用いてセメントペーストの塑性粘度を求め，これを所定温度および所定経過時間後のモルタルの懸濁媒粘度とし，モルタルの粘度式(6.21)を用いてモルタルの塑性粘度を推定する．この方法で求めたモルタルの塑性粘度をコンクリートの懸濁媒粘度とし，コンクリートの粘度式(6.

6.3 推定法

表-6.12 セメントペーストの塑性粘度の推定値と精度

水セメント比(%)	レオロジー定数	経過時間(min)	10℃ 測定値	10℃ 推定値	20℃ 測定値	20℃ 推定値	30℃ 測定値	30℃ 推定値	推定値/測定値 10℃	20℃	30℃
50	塑性粘度 η_{pl} (Pa·s)	0	0.32	0.26	0.62	0.57	1.06	0.88	0.82	0.92	0.83
		30	0.37	0.32	0.68	0.64	1.15	0.98	0.86	0.94	0.85
		60	0.42	0.37	0.78	0.71	1.27	1.08	0.88	0.91	0.85
		90	0.47	0.42	0.84	0.78		0.89	0.93		
		120	0.52	0.47					0.90		

注) 塑性粘度の推定値の計算方法は以下の手順による.
1) 式(6.17)によって20℃におけるそれぞれの水セメント比の塑性粘度を算出する.
2) 温度補正式(6.18)を用い,それぞれの水セメント比における塑性粘度の増減量を求め20℃における塑性粘度に加減する.
3) それぞれの水セメント比における練混ぜ後の塑性粘度の増大量を式(6.19)より求め,経過時間ごとにそれぞれの塑性粘度に加算する.表中の空白部分は,試料のフロー値が小となり測定不能を示す.

表-6.13 試料の温度および経過時間の影響を受けるコンクリートの塑性粘度の推定値と精度
W/C=60%, s/a=43%, 粗骨材最大寸法 20 mm

試料の温度(℃)	経過時間(min)	塑性粘度の推定値(Pa·s) セメントペースト A_cT_1	A_cT_2	モルタル A_mT_1	A_mT_2	コンクリート AT_1	AT_2	コンクリートの塑性粘度の実測値 BT_1	$\dfrac{AT_1}{BT_1}$	$\dfrac{AT_2}{BT_1}$
10	0	0.19	0.20	2.02	2.13	46.3	48.8	59.2	0.78	0.82
	30	0.20	0.21	2.17	2.28	49.7	52.2	69.0	0.72	0.76
	60	0.22	0.23	2.32	2.43	53.1	55.6	75.9	0.70	0.73
20	0	0.32	0.30	3.42	3.25	78.3	74.4	80.6	0.97	0.92
	30	0.33	0.32	3.60	3.42	82.4	78.3	111	0.74	0.71
	60	0.35	0.33	3.77	3.60	86.3	82.4	131	0.66	0.63
30	0	0.45	0.43	4.83	4.59	110	105	103	1.07	1.02
	30	0.48	0.46	5.15	4.91	118	112	178	0.66	0.63

注) A_cT_1:セメントペーストの粘度式[式(6.17)]および温度補正式[式(6.18)]と経過時間に対する補正式[式(6.19)]を用いて計算したセメントペーストの塑性粘度の推定値.
A_cT_2:所定温度におけるセメントペーストの実測値を基準とし,セメントペーストの経過時間に対する補正式[式(6.19)]を用いて計算したセメントペーストの塑性粘度の推定値.
A_mT_1:セメントペーストの塑性粘度の推定値(A_cT_1)をモルタルの懸濁媒粘度とし,モルタルの粘度式[式(6.21)]を用いて計算したモルタルの塑性粘度の推定値.
A_mT_2:セメントペーストの塑性粘度の推定値(A_cT_2)をモルタルの懸濁媒粘度とし,モルタルの粘度式[式(6.21)]を用いて計算したモルタルの塑性粘度の推定値.
AT_1 :モルタルの塑性粘度の推定値(A_mT_1)をコンクリートの懸濁媒粘度とし,コンクリートの粘度式[式(6.21)]を用いて計算したコンクリートの塑性粘度の推定値.
AT_2 :モルタルの塑性粘度の推定値(A_mT_2)をコンクリートの懸濁媒粘度とし,コンクリートの粘度式[式(6.21)]を用いて計算したコンクリートの塑性粘度の推定値.

21)を用いてコンクリートの塑性粘度を推定する．なお，きわめてまれな場合，この方法のほかにⓑの方法がある．

ⓑ　所定温度のセメントペーストの塑性粘度が実測されている場合には，セメントペーストの経過時間に対する補正式(6.19)を用いて，所定時間におけるセメントペーストの塑性粘度を求め，これをモルタルの懸濁媒粘度とし，モルタルの粘度式(6.21)を用いてモルタルの塑性粘度を推定する．この方法で求めたモルタルの塑性粘度をコンクリートの懸濁媒粘度とし，コンクリートの粘度式(6.21)を用いてコンクリートの塑性粘度を推定する．**表**-6.13に示したように，それぞれの経過時間における塑性粘度の推定値と実測値との比は，ⓐの方法の場合，試料数16個で0.66～1.07，平均0.79，変動係数18.0％，ⓑの方法の場合，試料数16個で0.63～1.02，平均0.78，変動係数16.6％であった．

したがって，ばらつきがやや大であるが，ⓐ，ⓑのいずれかの方法を用いても練混ぜ後の経過時間に伴うコンクリートの塑性粘度をある程度推定できると思われる．

6.3.3　降伏値の推定

降伏値と配合条件との関係の法則性を見出すことは困難であるので，実用上スランプを測定し降伏値とスランプとの関連性を利用し，次式から降伏値を推定する方法がある[23]．

降伏値とスランプとの関係を**図**-6.29に示す．

$$\tau_y = A \log \mathrm{SL} + B \qquad (6.22)$$

ここで，τ_y：コンクリートの降伏値(gf/cm², 1 gf/cm²=98 Pa)，A, B：実験定数(A=4.83, B=7.29)，SL：スランプ値(cm)．

実測したコンクリートのスランプ値と降伏値との関係を**表**-6.14に示し，この結果を用いて**図**-6.29を描いた．この図において，打点は実験値，破線は式(6.

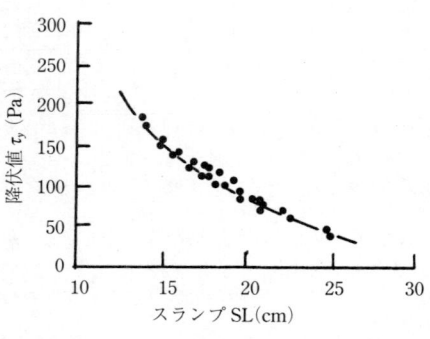

図-6.29　コンクリートの降伏値とスランプとの関係(粗骨材最大寸法 20 mm, W/C=55 %, 60％)

22)による理論曲線である．コンクリートのスランプ値が 12 cm 程度以上の場合，実測値は式(6.22)の理論曲線にほぼ一致する(**図-6.29** 参照)．

式(6.22)より求めた降伏値の理論値と実測値の比は，試料数 28 で 0.64～1.17，平均値 0.91，変動係数 7.8％であった．

表-6.14 コンクリートのスランプ値と降伏値の実測値および理論値とその精度

種別	体積濃度 V	単位量(kg/m³)				τ_{y_1}(Pa)		スランプの測定値 SL_1 (cm)	降伏値の理論値 τ_{y_2} (Pa)	τ_{y_1}/τ_{y_2}
		セメント C	水 W	細骨材 S	粗骨材 G	測定値	平均値			
川砂利 $\phi20\sim5$ mm FM 6.68 密度 2.59 s/a=1.68 W/C=55%	0.15	552	303	927	388	83.3 85.3	84.3	21.6	103	0.81
	0.20	519	286	872	518	90.2 94.1	92.2	20.0	111	0.83
	0.25	487	268	818	647	100 99.0	99.5	19.5	114	0.87
	0.28	467	257	785	725	111 112	112	18.2	121	0.93
	0.31	448	246	752	803	123 125	124	17.5	129	0.96
	0.35	422	232	708	906	144 144	144	16.5	140	1.03
	0.38	402	221	676	984	173 179	176	13.5	150	1.17
川砂利 $\phi20\sim5$ mm FM 6.68 密度 2.59 s/a=1.68 W/C=60%	0.10	565	339	950	259	47.0 46.1	46.6	24.5	73.0	0.64
	0.20	502	302	844	518	68.6 67.6	68.1	21.4	92.0	0.74
	0.25	471	283	791	647	87.2 88.2	87.7	19.7	108	0.81
	0.28	452	271	760	725	99.0 98.0	98.5	18.4	114	0.86
	0.38	389	233	654	984	120 122	121	16.4	124	0.98
	0.41	371	222	622	1062	133 136	135	15.1	133	1.02
	0.46	339	204	570	1191	155 155	155	13.6	144	1.08

注) τ_{y_2}：降伏値の理論式[式(6.22)]によって計算した降伏値．

6.3.4 塑性粘度の推定例

(1) セメントペーストおよびモルタル

a. レオロジー定数決定法　　実験により得られたトルク値よりレオロジー定数を求める手順は以下のようである．

① 実測したフロー値(J漏斗流下時間)と内円筒の回転数から各回転数における浮子の回転数をビデオ撮影して求める．

② ①より算出された浮子の回転数とロータの壁面より0.2 cmの点(半径 $R_{0.2}$)における速度勾配 D_a，せん断応力 τ_a を式(6.23)，(6.24)に値を代入し計算する．

$$D_a = \frac{\pi}{15\left\{1-\left(\frac{R_{0.2}}{R_0}\right)\right\}} \quad (\text{rpm}) \tag{6.23}$$

$$\left.\begin{array}{l} \tau_a = \dfrac{1}{2\pi h R_{0.2}^2} \dfrac{1}{1+a} M \\[2mm] a = \dfrac{R_i^2}{8 h h'}\left\{1-\left(\dfrac{R_i}{R_0}\right)^2\right\} \end{array}\right\} \tag{6.24}$$

ここで，$R_{0.2}$：ロータの半径$+0.002$(m)，R_0：流動幅(m)，rpm：浮子の回転数(ロータ近傍の試料の回転数)，h：試料に接しているロータの長さ(m)，h'：内円筒と外円筒の高さの差，M：トルク値(N・m)．

③ 計算値より縦軸に速度勾配 D_a，横軸にせん断応力 τ_a をとったコンシステンシー曲線を描く．

④ コンシステンシー曲線の直線上に並んだと思われる測点5点を最小自乗法によって直線式 $D_a = \alpha \tau_a - \beta$ をつくる．塑性粘度は，この直線の逆勾配として求める．すなわち，

$$\eta_{pl} = \frac{1}{\alpha} \quad (\text{Pa·s})$$

である．

降伏値 τ_y は，$D_a = 0$ の時，すなわち，

$$\tau_a = \frac{\beta}{\alpha}$$

であるから，

$$\tau_y = \frac{\left(\frac{R_{0.2}}{R_0}\right)^2 - 1}{2 \ln\left(\frac{R_{0.2}}{R_0}\right)} \frac{3h}{3h + R_i} \tau_a \quad \text{(Pa)}$$

として求める.

b. レオロジー定数決定例

① セメントペースト

1) 塑性粘度の実測値;試料は水セメント比 0.45 の練り混ぜ直後の試料温度 20℃である. フロー値は 298 である.

ⓐ 実験により得られたトルク値とフロー値 298 におけるの浮子の回転数を用い,式(6.23),(6.24)に表-6.15 の値を代入し表-6.16 を完成させる.

ⓑ 表-6.16 よりグラフに縦軸に速度勾配 D_a,横軸にせん断応力 τ_a の値をプロットし図-6.30 のコンシステンシー曲線を描く.

ⓒ 図-6.30 より直線上に並んだと思われる測点 5 点の近似直線式は

表-6.15 セメントペーストおよびモルタルの粘度計の装置条件

内円筒半径 R_i(m)	0.07
外円筒半径 R_0(m)	0.09
内円筒から 0.2 cm の位置 $R_{0.2}$(m)	0.072
外円筒から 0.2 cm の位置 R_r(m)	0.088
内円筒高さ h(m)	0.12
内円筒と外円筒の高さの差 h'(m)	0.01

表-6.16 内円筒の回転数におけるせん断応力および速度勾配の関係(セメントペーストの場合)

内円筒の回転数(rpm)	実測トルク M(N·m)	浮子の回転数(rpm)	せん断応力 τ_a(Pa)	速度勾配 D_a(1/s)
10	0.086	4.9	18.370	3.11
20	0.100	8.4	21.292	5.33
25	0.104	9.9	22.127	6.28
30	0.120	11.3	25.467	7.16
35	0.124	13.3	26.302	8.43
40	0.128	15.5	27.346	9.83
45	0.133	17.7	28.389	11.22
50	0.141	19.9	30.059	12.62
55	0.143	22.5	30.477	14.27
60	0.146	24.5	31.103	15.53
70	0.152	30.5	32.355	19.34
80	0.158	36.8	33.608	23.33

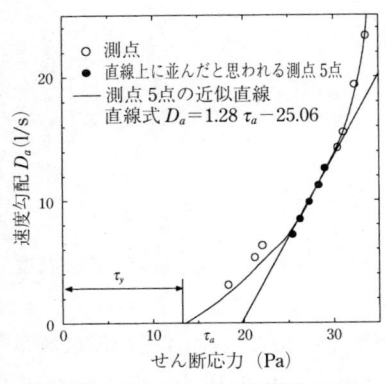

図-6.30 セメントペーストにおけるコンシステンシー曲線

$D_a = 1.275\,\tau_a - 25.06$ となる. よって, 塑性粘度は,

$$\eta_{pl} = \frac{1}{1.275} = 0.78$$

である.

降伏値 τ_y は, $D_a = 0$ の時, すなわち,

$$\tau_a = \frac{25.06}{1.275} = 19.27$$

であるから,

$$\tau_y = \frac{\left(\frac{7.2}{8.8}\right)^2 - 1}{2\ln\left(\frac{7.2}{8.8}\right)} \times \frac{3 \times 12}{3 \times 12 + 7} \times 19.27$$

$$= 13.26\,\text{Pa}$$

となる.

　　　　塑性粘度 $\eta_{pl} = 0.784\,\text{Pa·s}$　　　降伏値 $\tau_y = 13.3\,\text{Pa}$

2) 塑性粘度の推定値；セメントペーストの塑性粘度を推定する場合, 式(6.10)を用い, 諸条件を代入すれば簡易に塑性粘度を推定することができる.

$$\eta_{re} = \frac{\eta_p}{\eta_0} = \left(1 - \frac{V}{C}\right)^{-(K_1Y + K_2)}$$

式(6.10)に**表-6.17**の条件を代入し, セメントペーストの塑性粘度を算出する.

表-6.17 粘度式における諸条件および実験定数

C	V	Y	K_1	K_2
0.544	0.414	2.22	−1.07	7.08

$K = -1.07 \times 2.22 + 7.08 = 4.71$

$\eta_0 = 0.001\,(\text{Pa·s})$ より

$$\eta_p = 0.001 \times \left(1 - \frac{0.414}{0.544}\right)^{-4.7} = 0.82\,(\text{Pa·s})$$

塑性粘度の実測値 $\eta_{pl} = 0.784\,\text{Pa·s}$, 塑性粘度の推定値 $\eta_{pl} = 0.835\,\text{Pa·s}$ となり, 実測値と推定値は, ほぼ一致しており, 式(6.10)を用いて塑性粘度は推定できるものと考えられる.

② モルタル

1) 塑性粘度の実測値；試料は水セメント比 0.45 の練り混ぜ直後の試料温度

6.3 推定法

表-6.18 内円筒の回転数におけるせん断応力および速度勾配の関係(モルタルの場合)

内円筒の回転数(rpm)	実測トルク M(N·m)	浮子の回転数(rpm)	せん断応力 τ_a(Pa)	速度勾配 D_a(1/s)
10	0.159	3.7	33.817	2.35
20	0.212	7.2	45.089	4.56
25	0.238	8.8	50.725	5.58
30	0.268	10.4	56.987	6.59
35	0.288	12.1	61.371	7.67
40	0.307	13.7	65.337	8.69
45	0.330	15.5	70.138	9.83
50	0.346	17.1	73.687	10.84
55	0.368	19.0	72.280	12.05
60	0.396	21.0	84.333	13.31
70	0.429	24.7	91.222	15.66
80	0.459	28.2	97.693	17.88

20℃におけるモルタルである．フロー値は267である．

ⓐ 実験により得られたトルク値とフロー値267の浮子の回転数を用い，式(6.23)，(6.24)に**表-6.15**の値を代入し**表-6.18**を完成させる．

ⓑ **表-6.18**よりグラフに縦軸に速度勾配 D_a，横軸にせん断応力 τ_a の値をプロットし**図-6.31**のコンシステンシー曲線を描く．

ⓒ **図-6.31**より直線上に並んだと思われる測点5点の近似直線式は $D_a = 0.252\,\tau_a - 7.81$ となる．

よって，塑性粘度は，

$$\eta_{pl} = \frac{1}{0.252} = 3.96$$

である．

降伏値 τ_y は，$D_a = 0$ の時，すなわち，

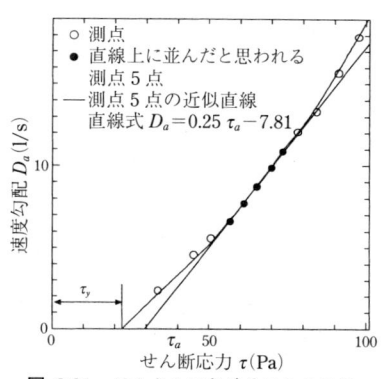

図-6.31 モルタルにおけるコンシステンシー曲線

$$\tau_a = \frac{7.81}{0.252} = 30.93$$

であるから,

$$\tau_y = \frac{\left(\frac{7.2}{8.8}\right)^2 - 1}{2\ln\left(\frac{7.2}{8.8}\right)} \times \frac{3\times 12}{3\times 12 + 7} \times 30.93 = 21.28\,\text{Pa}$$

となる.

塑性粘度 $\eta_{pl} = 3.96\,\text{Pa·s}$　　　降伏値 $\tau_f = 21.28\,\text{Pa}$

2) 塑性粘度の推定値；モルタルの塑性粘度を推定する場合, 式(6.10)と(6.13)を用い, 諸条件を代入すれば簡易に塑性粘度を推定することができる.

$$\eta_{re} = \frac{\eta_m}{\eta_p} = \left(1 - \frac{V}{C}\right)^{-(a\mu + b)}$$

式(6.10)と(6.13)に表-6.19の条件を代入し, モルタルの塑性粘度を算出する.

表-6.19 粘度式における諸条件および実験定数

C	V	μ	a	b
0.616	0.344	2.98	−0.69	4.13

$K_1 = -1.07 \times 2.22 + 7.08 = 4.71$

$\eta_0 = 0.001\,\text{Pa·s}$ より

$$\eta_p = 0.001 \times \left(1 - \frac{0.414}{0.544}\right)^{-4.71} = 0.82$$

$K_2 = -0.69 \times 2.98 + 4.13 = 2.04$

$$\eta_{pl} = 0.82 \times \left(1 - \frac{0.344}{0.616}\right)^{-2.04} = 4.31\,\text{Pa·s}$$

塑性粘度の実測値 $\eta_{pl} = 3.96\,\text{Pa·s}$, 塑性粘度の推定値 $\eta_{pl} = 4.31\,\text{Pa·s}$ となり, 実測値と推定値は, ほぼ一致しており式(6.13)を用いて塑性粘度は推定できるものと考えられる.

(2) コンクリート

a. **レオロジー定数決定法**　　実験により得られたトルク値よりレオロジー定数を求める手順は以下のようである.

① 実測した内円筒の回転数から各回転数における浮子の回転数ビデオカメラに

よって算出する．

② ①より算出された浮子の回転数とロータの壁面より 0.002 m の点（半径 $R_{0.2}$）における速度勾配 D_a，せん断応力 τ_a を式(6.23)，式(6.24)に値を代入し計算する．

$$\tau_a = \frac{1}{2\pi h R_{0.2}^2} M \tag{6.25}$$

ここで，$R_{0.2}$：ロータの半径$+0.002$(m)，h：試料に接しているロータの長さ(m)，M：トルク値(N・m)．

③ 計算値より縦軸に速度勾配 D_a，横軸にせん断応力 τ_a をとったコンシステンシー曲線を描く．

④ コンシステンシー曲線より直線上に並んだと思われる測点5点を最小自乗法によって直線式 $D_a = \alpha \tau_a - \beta$ をつくる．塑性粘度は，この直線の逆勾配として求める．すなわち，

$$\eta_{pl} = \frac{1}{\alpha} \quad (\text{Pa}\cdot\text{s})$$

である．

降伏値 τ_y は，$D_a = 0$ の時，すなわち，

$$\tau_a = \frac{\beta}{\alpha}$$

であるから，

$$\tau_y = \frac{\left(\frac{R_{0.2}}{R_0}\right)^2 - 1}{2 \ln\left(\frac{R_{0.2}}{R_0}\right)} \tau_a \quad (\text{Pa})$$

表-6.20 粘度計の装置条件(コンクリート)

内円筒半径 R_i(m)	0.15
外円筒半径 R_0(m)	0.2
内円筒から 0.2 cm の位置 $R_{0.2}$(m)	0.152
外円筒から 0.2 cm の位置 R_r(m)	0.198
内円筒高さ h(m)	0.12

として求める．

今回使用した回転粘度計の装置条件は，表-6.20 に示した．

b. **レオロジー定数決定例**

① 塑性粘度の実測値：試料は水セメント比 0.60 の練り混ぜ直後の試料温度 20℃である．

　1) 実験により得られたトルク値と浮子の回転数を用い，式(6.23)，(6.25)に表-6.20 の値を代入し，表-6.21 を完成させる．

表-6.21 内円筒の回転数におけるせん断応力および速度勾配の関係（コンクリートの場合）

内円筒の回転数(rpm)	実測トルク M(N·m)	浮子の回転数(rpm)	せん断応力 τ_a(Pa)	速度勾配 D_a(1/s)
10	2.069	3.5	440.45	2.72
20	3.266	7.4	659.12	5.75
25	4.501	11.7	958.14	9.09
30	5.031	14.7	1070.86	11.42
35	5.629	18.0	1198.20	13.99
40	6.188	21.2	1317.18	16.43
45	6.796	24.5	1446.60	19.04
50	7.218	29.2	1536.36	22.65
60	8.159	34.8	1736.76	27.04
70	8.169	42.7	1738.85	33.18
80	9.669	50.4	2058.22	39.16

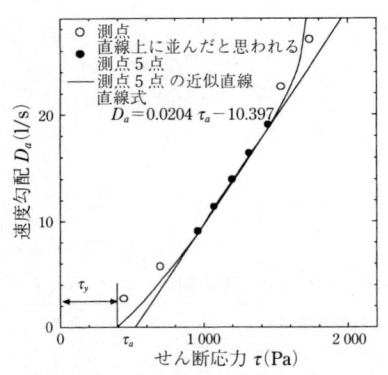

図-6.32 コンクリートにおけるコンシステンシー曲線

2) 表-6.21よりグラフに縦軸に速度勾配 D_a，横軸にせん断応力 τ_a の値をプロットし，図-6.32のコンシステンシー曲線を描く．

3) 図-6.32より直線上に並んだと思われる測点5点の近似直線式は $D_a = 0.0204\,\tau_a - 10.397$ となる．すなわち，塑性粘度は，

$$\eta_{pl} = \frac{1}{0.0204} = 49.02\,\text{Pa·s}$$

である．

降伏値 τ_y は，$D_a = 0$ の時，すなわち，

$$\tau_a = \frac{10.397}{0.0204} = 509.66$$

であるから，

$$\tau_y = \frac{\left(\frac{15.2}{19.8}\right)^2 - 1}{2\ln\left(\frac{15.2}{19.8}\right)} \times 509.66 = 391.42 \text{ Pa}$$

となる.

　　　　塑性粘度 $\eta_{pl} = 49.0$ Pa·s　　　　降伏値 $\tau_y = 391$ Pa

② 塑性粘度の推定値:コンクリートの塑性粘度を推定する場合,式(6.10),(6.13)および(6.14)を用い,諸条件を代入すれば簡易に塑性粘度を推定することができる.

表-6.22 粘度式における諸条件および実験定数

C	V	μ	a	b
0.611	0.288	5.91	-0.67	9.02

$$\eta_{re} = \frac{\eta_c}{\eta_m} = \left(1 - \frac{V}{C}\right)^{-(a\mu + b)}$$

式(6.10),(6.13)および(6.14)に表-6.22の条件を代入し,コンクリートの塑性粘度を算出する.

$K = -1.19 \times 1.67 + 7.32 = 5.33$

$\eta_0 = 0.001$ Pa·s より

$\eta_p = 0.001 \times \left(1 - \frac{0.365}{0.544}\right)^{-5.33} = 0.35$

$K_2 = -0.73 \times 2.98 + 4.13 = 1.95$

$\eta_m = 0.35 \times \left(1 - \frac{0.344}{0.616}\right)^{-1.95} = 1.73$

$K_3 = -0.67 \times 5.90 + 9.02 = 5.07$

$\eta_{pl} = 1.73 \times \left(1 - \frac{0.288}{0.611}\right)^{-5.07} = 48.72$ Pa·s

塑性粘度の実測値 $\eta_{pl} = 49.0$ Pa·s,塑性粘度の推定値 $\eta_{pl} = 43.72$ Pa·s となり,実測値と推定値は,ほぼ一致しており式(6..4)を用いて塑性粘度は推定できるものと考えられる.

文　献

1) 村田二郎,菊川浩治:まだ固まらないコンクリートのレオロジー定数側定法に関する一提案,土木学会論文報告集,第284号,1979.4

2) 小門武,宮川豊章:スランプフロー試験による高流動下のレオロジー定数評価法に関する研究,土木学会論集, No. 634, pp. 113-129, 1999. 11.
3) 吉野公:流動性コンクリートのワーカビリティー評価に関する研究(学位論文),第3章,1994. 5.
4) 岸谷孝一,菅原進一,岡成一:フレッシュコンクリート・モルタルの流動性に関する研究,第2回コンクリート工学年次講演会講演論文集, pp. 113-116, 1980.
5) 水口裕之,藤崎茂,大城豊治:フレッシュコンクリートの塑性粘度および降伏値の測定,セメント技術年報, 28巻, pp. 154-158, 1974.
6) 西林新蔵,矢村潔,吉野公:流動化コンクリートのフレッシュ状態での特性評価に関する一実験,土木学会フレッシュコンクリートの物性値ならびに挙動に関するシンポジウム論文集, pp. 25-32, 1983. 3.
7) 明石外世樹,角田忍:フレッシュコンクリートの挙動の解析と施工作業のシステム化への応用に関する研究,昭和60,61,62年度科学研究費補助金[総合研究(A)]研究成果報告書(研究代表村田二郎), pp. 9-18, 1988. 3.
8) 村田二郎;フレッシュコンクリートの挙動に関する研究,土木学会論文集,第378号, p. 24, 1987. 2.
9) 村田二郎,鈴木一雄:傾斜管試験方法によるグラウトの粘度測定,フレッシュコンクリートの物性値の測定ならびに挙動に関するシンポジウム論文集, pp. 1-8, 1983. 3.
10) J. Murata, K. Suzuki: New method of testing the flowability of grout, Magazine of Concrete Research, pp. 269-276, 1997. 12.
11) 土質工学会:土質試験法, pp. 398-450, 1975. 3.
12) 土質工学会:土質調査試験結果の解釈と適用例, pp. 190-237, 1975. 4. 25.
13) 土質工学会:N値およびcとϕの考え方, 1984. 6. 15.
14) 株式会社丸東製作所.
15) 越川茂雄,中村憲治:まだ固まらないコンクリートの三軸圧縮試験方法について,土木学会第30回次学術講演会概要集, pp. 77-79, 1975. 10.
16) 村田二郎,越川茂雄,他:フレッシュコンクリートの三軸圧縮試験方法に関する研究,昭和606162年度科学研究費補助金[総合研究(A)]研究成果報告書(研究代表村田二郎), pp. 37-45, 1988. 3.
17) 村田二郎,越川茂雄,大作淳:フレッシュコンクリートの物性値測定法に関する共通試験結果,コンクリート工学, Vol. 26, pp. 20-29, 日本コンクリート協会, 1988. 8.
18) 越川茂雄,伊藤義也:フレッシュコンクリートの挙動と締固め性に関する研究,フレッシュコンクリートの挙動とその施工への応用に関するシンポジウム論文集, JCI-C 17, pp. 19-24, 1989. 4.
19) W. K. Asbek, G. A. Scherer, M. V. Loo: Paint Viscosity and Ultimate Pigment Volume Concentration, *Ind. Eng. Che.*, Vol. 47, pp. 1472-1476, 1955.
20) 国立天文台編:理科年表, pp. 375, 2003.
21) 菊川浩治:フレッシュコンクリートの粘度式とその適用に関する研究,東京都立大学博士学位論文, pp. 71-81, 1987.
22) 菊川浩治:フレッシュコンクリートの粘度式の研究,セメント技術年報, 38, pp. 222-225, 1984.
23) 菊川浩治:モルタルおよびコンクリートの粘度式に関する研究,土木学会論文集,第414号/V-12, pp. 109-118, 1990.
24) 村田二郎監修:フレッシュコンクリートの物性値とその施工への適用に関するシンポジウム論文集, pp. 190-192, 土木学会, 1986. 3.
25) A. Einstein: Eine neue Bestimmung del Molekuldimensionen, *Ann. Physik*, Vol. 19, p. 289, 1906. Vol. 34, p 591, 1911.
26) E. Guth, R. Simha: Colloid Z, 74, 266, 1936.
27) H. Green, R. N. Weltman: Ind. Eng. Chem., AnalEd, 15, 201, 1943.

28) V. Vand : Viscosity of Solution and Suspension 1, *J. Phys. and Colloid Chem.*, Vol. 52, pp. 277-299, 1948.
29) J. V. Robinson : The Viscosity of Suspension of Spheres 1, *J. Phys.andColloid Chem.*, Vol. 53, pp. 1049-1056, 1949.
30) M. Mooney : The Viscosity of Concentrated Suspension of Spherical Particles, Colloid Sci, Vol. 6, pp. 162-170, 1951.
31) H. C. Brinkman : The Viscosity of Concentrated Suspension and Solution, *J. Chemical Physics*, Vol. 20, No. 4, p. 571, 1952.
32) R. Roscoe : The Viscosity of Suspension of Spheres, *British J. of Applied Pyhsics*, Vol. 3, pp. 267-269, 1952.
33) 森芳郎, 乙竹直：懸濁液の粘度について, 化学工学, Vol. 20, pp. 488-493, 1956.
34) E. M. Petrie : Effect of Surfactant on the Viscosity of Portland Cement-water Dispersion, *Ind. Eng. Chem. Prod.* Res. Dev., Vol. 15, No. 4, 1976.
35) 角田忍, 明石外世樹：セメントペーストの粘度式について, セメント技術年報, 32, pp. 88-91, 1978.
36) W. Vom. Berg : Influence of Specific Surface and Concentration of Solid upon the Flow Behavior of Cement Paste, *Magazine of Concrete Research*, Vol. 31, No. 109, pp. 211-216, 1979.
37) 水口裕之, 大山亮一：フレッシュコンクリートの流動特性と配合要因との関係, 土木学会第39回年次学術講演会講演概要集, pp. 173-174, 1984.
38) 村田二郎, 菊川浩治：ポルトランドセメントペーストの粘度式に関する研究, 土木学会論文集, 第354号, pp. 109-118, 1985.
39) J. Murata, H. Kikukawa : Viscosity Equation for Fresh Concrete, *A. C. I Materials Journal*, Vol. 89, No. 3, May-June, 1992.

索　引

【あ】

圧縮強度　183
圧送圧力推定手順　93
圧送性の評価　92, 93
圧密排水試験　212
圧密非排水試験　212
圧力損失(曲がり管の)　61, 74, 89
圧力損失(鉛直曲がり管の)　65
圧力方程式　113
RCCP工法　155
RCD工法　155

【い】

位置エネルギー　61, 142
一面せん断試験法　33, 197

【う】

運動エネルギー　142

【え】

AEコンクリート　218
液体摩擦　71
エネルギー方程式　60, 205
FEM　109
遠心加速度　103, 131
遠心力締固め　102
鉛直スリップフォーム工法　190
鉛直変位　187

【お】

Eulerの式　106
横圧係数　57
応力緩和　23

【か】

回転粘度計　15
外部振動機　155
拡散混合　40
仮想細管　96
仮想細管群　102
　　——の平均径　97
硬練りコンクリート　3, 32
　　——の物性値測定法　197
　　——の変形　119
硬練りモルタル　3, 32
　　——の物性値測定法　197
管型粘度計法　197
慣性力　142, 157
完全流体　106
管体形成評価　131
管内流動　11, 54, 58, 71, 82
管の曲率半径　75
管壁にすべりを伴うビンガム流れ　54, 56
管路内の流れ(高低差のある)　63, 77, 90

【き】

幾何減衰　151
起振力　139, 162
キャビテーション　148
吸引効率　92, 95
球引上げ試験法　202
球引上げ粘度計　21, 201
球引上げ粘度計法　197, 201
境界減衰　148, 149
境界減衰曲線　149
境界減衰係数　149
強度定数　217
曲率半径　75
距離減衰　165

距離減衰曲線　149

【く】
グラウトの管内流動　58
グラウトの透過係数　116
グラウトの粘度測定法　197
グラウトモルタル　204
グラウト用傾斜管試験　204
Green 関数　116
グリーンコンクリート　177
クリープ　23
クーロン式　32, 118

【け】
経時変化　168
傾斜管　207
傾斜管試験　204
傾斜管試験装置　206
傾斜管試験法　73, 197, 204
限界加速度　157

【こ】
高周波振動機　140
剛性支持　166
構造粘性　9
構造モデル　170
剛体的回転　16
高低差のある管路内の流れ　63, 77, 90
高濃度サスペンションの粘度式　223
降伏応力　9
降伏値　9, 226
抗力係数　21
固形分濃度　104
Couette-Hatschek の装置　16
コンクリート　3
　——の管内流動　82
　——の挙動　1
　——の挙動の定量化　1
　——の材料モデル　167
　——の施工　1
　——の塑性粘度　224
　——の体積変化　218
　——の練混ぜ機構　44
　——の練混ぜ技術　49
　——の粘度式　223
　——の物性値　3
　——の力学モデル　3
　——のレオロジー定数　232
コンクリート圧送における配管計画　91
コンクリート施工設計学　1
コンクリート防護柵　193
混合　39
混合度　40
コンシステンシー曲線　198
コンシステンシー変数　12

【さ】
細骨材の平均径　98
最終変形　118
最適細骨材率　161
材料減衰係数　150
材料構成式　177
材料モデル　167, 170
サスペンジョン　96
差分法　109
三軸圧縮試験　33, 197, 211
サンプナン体　31
3要素モデル　28

【し】
J 漏斗　204
軸圧縮荷重-ひずみ曲線　217
仕事量　143
仕事率　143
支持条件　166
持続荷重作用　178
CD test　212
湿った粉粒体　32, 118
締固め　138
締固めエネルギー　143, 156

索　引

締固め関数　158
締固め完了仕事量　160
締固め曲線　158
締固め係数　159
締固め効率　160
締固め仕事量　156
締固め性試験　159
締固め性の径時変化　167
締固め半径　151
締固め率　158
CU test　212
充填率　157, 165
自由表面　106
初期充填率　160
Searle の装置　17
振動エネルギー　142
振動数　139
振動ローラ　155
振幅　139

【す】

水平換算距離　89
水平スリップフォーム工法　191
数値計算手法　4
すべり抵抗応力　111
スラッジ発生現象　102
スランプ　203, 226
スリップフォーム　177

【せ】

施工荷重　178
節点力　110
セメントペーストの塑性粘度　224
セメントペーストの粘度式　220
セメントペーストのレオロジー定数　229
線形弾性力学　184
線形粘弾性　25
せん断混合　40
せん断ひずみ速度　8
栓流　13

栓流半径　99, 206

【そ】

装置定数　21
挿入間隔（内部振動機の）　151
増粘剤　102
層流状態　11
速度係数　57
速度勾配　8
粗骨材量　203
塑性体　31
塑性粘度　10, 199, 220
　――の推定値　229, 232
損失エネルギー　61, 205
損失係数　61, 205

【た】

台形壁状体　187
体積変化　218
ダイラタンシー　9
対流・移動混合　39
多点法　200
ダッシュポット　25
達成可能充填率　160
縦波　140
Darcy 則　115
弾性剛性マトリックス　110
弾性支持　166

【ち】

チキソトロピー　9
超硬練りコンクリート　155
跳躍　164, 171
直立壁状体　189
直管換算距離　63, 75, 89
直管路内の流れ　58, 71, 82

【て】

定常運動　107
定常流　206

伝播速度(波動の)　140

【と】

等価弾性係数　184
塔状構造物　190
動水勾配　206, 207
動粘性係数　108
等方圧力　216
Drag theory　97

【な】

内部振動機　145
　——の挿入間隔　151
内部摩擦角　32, 130, 131
内部摩擦抵抗　157
Navier-Stokesの式　106
軟練りコンクリート　3
　——の物性値測定法　197
　——の変形　124
軟練りモルタル　3
　——の物性値測定法　197

【に】

二重円筒型回転粘度計法　197, 198
ニュートン体　7, 25
　——の流動曲線　8

【ね】

練混ぜ　39
粘性　7
粘性係数　8
粘性抵抗　165
粘性摩擦係数　56, 72, 84
粘性率　8
粘塑性体　9, 32, 118
粘塑性有限要素法　109
粘弾性　23
粘弾性定数　183
粘着係数　57
粘着力　32, 130, 131

粘稠コンクリート　218
粘度式　220, 223

【は】

Hydraulic Radius Theory　97
バーガーズモデル　29
ハーゲン-ポアズイユの法則　11
バッキンガム(Buckingham)の式　4, 14, 56, 206
波動関数　152
波動シュミレーション解析　154
波動の伝播速度　140
バネ　24
半固体流れ　54, 57
反射波　153

【ひ】

非圧密非排水試験　212
比栓半径　99, 104
非ニュートン体　8
表面振動機　155
P漏斗　204
Bingham, E. C.　2
ビンガム数　22
ビンガム体　9
　——の流動曲線　9
ビンガム流れ　54, 56
ビンガム-レイノルズ数　22, 61

【ふ】

フォークト(Voigt)モデル　24, 167
負荷減衰係数　146
付着応力　111
付着力　56, 72, 85
フックの法則　24
ブリーディング　96
フレッシュコンクリート　2, 138
　——の管内流動　54
　——の粘度測定　197
　——の分離現象　96
プレパックドコンクリート　115

索　引

プレーンコンクリート　219
P 漏斗　204
粉粒体　32
分離現象(フレッシュコンクリート)　96

【へ】

平行プラストメータ法　197
ペースト分離現象　97
変形解析　177
変形速度テンソル　110
偏差応力テンソル　110
　——の 2 次不変量　110
偏心質量　139

【ほ】

ポアソン比　185
ボルツマンの重ね合わせの原理　25

【ま】

曲がり管の圧力損失　61, 74, 89
曲がり管の損失係数　61
曲がり管の直管換算長　75
曲がり管路内の流れ　60, 74, 88
摩擦応力　57
摩擦係数　57, 111
マックスウェル(Maxwell)モデル　24
MAC 法　109

【み】

見かけの加速度　163
見かけの振幅　163

【も】

毛細管流れ　10
毛細管粘度計　12
モルタルの管内流動　71
モルタルの塑性粘度　224

モルタルのレオロジー定数　230
モールの応力円　33

【よ】

横波　140
横方向変位　187
4 要素モデル　29

【ゆ】

有効圧力勾配　63, 89
UU test　212

【ら】

Reiner-Riwlin の式　21
ラビング抵抗測定装置　71, 82
ラビング抵抗力　56, 72, 83

【り】

流出速度　205
流動解析手法　106
流動化コンクリート　203
流動化剤量　203
流動測定の手順　198

【れ】

レイノルズ数　22, 61
レオロジー　2
レオロジー定数　3, 199, 205
レオロバー定数決定法　227
レオロジーモデル　3
連続の式　106
連続壁状構造物　191
連続壁状体　186

【ろ】

漏斗の流出管　205
Roscoe 式　223

監修者略歴

村田二郎　むらたじろう

専攻：土木工学
大正13年　東京都に生まれる
昭和22年　東京帝国大学第一工学部土木工学科卒業
昭和23年　山梨工業専門学校助教授
昭和29年　山梨大学助教授
昭和36年　東京都立大学助教授
　　　　　工学博士
昭和42年　東京都立大学教授
昭和63年　日本大学生産工学部土木工学科講師
現在　東京都立大学名誉教授

主著
高強度軽量骨材コンクリート，山海堂，1966
人工軽量骨材コンクリート，(社)セメント協会，1967
コンクリート工学，彰国社，1967
土木材料2，共立出版，1974
土木施工法講座22，山海堂，1978
フレッシュコンクリートのレオロジー，山海堂，1980
コンクリート工学演習(第4版)，技報堂出版，1992
コンクリート技術100講(改訂新版)，山海堂，1993
コンクリート茶話館，技術書院，1994
コンクリートの科学と技術，山海堂，1996
土木材料コンクリート(第3版)，共立出版，1997
新土木実験指導書ーコンクリート編ー(第3版)，技報堂出版，2001
コンクリート工学(1)施工(新訂第5版)(わかり易い土木講座10，土木学会編)，
　彰国社，2002
コンクリートの水密性とコンクリート構造物の水密性設計，技報堂出版，2002
入門鉄筋コンクリート工学(第3版)，技報堂出版，2004

コンクリート施工設計学序説　　　定価はカバーに表示してあります

2004年10月22日　1版1刷発行　　ISBN 4-7655-1672-5 C 3051

監修者　村　田　二　郎
発行者　長　　祥　　隆
発行所　技報堂出版株式会社

〒102-0075　東京都千代田区三番町8-7
　　　　　　　　　　(第25興和ビル)

日本書籍出版協会会員　　電　話　営　業(03)(5215)3165
自然科学書籍協会会員　　　　　　編　集(30)(5215)3161
工　学　書　協　会　会　員　　FAX　　　　　(30)(5215)3233
土木・建築書協会会員　　振替口座　00140-4-10
Printed in Japan　　　http://www.gihodoshuppan.co.jp/

ⓒ Jiro Murata, et al., 2004　　装幀　海保　透　印刷・製本　㈱シナノ

落丁・乱丁はお取り替え致します．
本書の無断複写は，著作権法上での例外を除き，禁じられています．

【図書紹介】

コンクリートの水密性とコンクリート構造物の水密性設計

村田 二郎 著　　　　A 5 判・160 頁　定価＝3,500 円＋税
　　　　　　　　　　　ISBN 4-7655-1623-7　C 3051

第1章　コンクリート中の水の流れ
第2章　コンクリート中の水の流れの法則とコンクリートの水密性を表す諸係数
第3章　コンクリートの透水試験方法
第4章　各種要因がコンクリートの水密性に及ぼす影響
第5章　現場コンクリートの水密性
第6章　コンクリート構造物の水密性設計
付　録　拡散係数の換算表について

ネビルのコンクリートバイブル
Properties of Concrete—Fourth and final Edition

A. M. Neville 著／三浦 尚 訳　　A 5 判・988 頁　　定価＝10,000 円＋税
　　　　　　　　　　　　　　　　ISBN 4-7655-1663-6　C 3051

第1章　ポルトランドセメント　　　　　　　　第2章　各種のセメント状材料
第3章　骨材の性質　　　　　　　　　　　　　第4章　フレッシュコンクリート
第5章　混 和 剤　　　　　　　　　　　　　　第6章　コンクリートの強度
第7章　硬化コンクリートのその他の問題　　　第8章　コンクリートにおける温度の影響
第9章　弾性，収縮，およびクリープ　　　　　第10章　コンクリートの耐久性
第11章　凍結融解の影響と塩化物の影響　　　　第12章　硬化コンクリートの試験
第13章　特殊な性質のコンクリート　　　　　　第14章　コンクリートの配合割合の選択（配合設計）

コンクリート構造物の難透水性評価

辻 幸和・小西 一寛・藤原 愛 著　　A 5 判・132 頁　　定価＝3,000＋税
　　　　　　　　　　　　　　　　　ISBN 4-7655-2479-5　C 3051

第1章　まえがき　　　　　　　　　　　　　　　　　　第2章　本書の概要
第3章　鉄筋コンクリート構造物の透水性評価方法　　　第4章　コンクリート自体の透水性状
第5章　ひび割れを制御した中空円筒形鉄筋コンクリート構造物の透水性状
第6章　ひび割れを防止した中空円筒形鉄筋コンクリート構造物の難透水性状
第7章　中空円筒形鉄筋コンクリート構造物における温度ひび割れ指数と平均透水係数の関係
第8章　まとめ

―――――――技報堂出版―――――――
TEL 営業 03-5215-3165　編集 03-5215-3161　FAX 03-5215-3233　http://www.gihodoshuppan.co.jp/